# Tus defensas frente al coronavirus

## Jorge Laborda

# Tus defensas frente al coronavirus

## Una breve introducción al sistema inmunitario

## Jorge Laborda

**TÍTULO:**
Tus defensas frente al coronavirus. Una breve introducción al sistema inmunitario

**AUTOR:**
Jorge Laborda
© Jorge Laborda Fernández, 2021

**EDICIÓN:**
Jorge Laborda

**MAQUETACIÓN:**
Jorge Laborda

**PORTADA:**
Jorge Laborda
Imagen arriba derecha: Novel Coronavirus SARS-CoV-2
Esta imagen de microscopio electrónico de transmisión muestra el SARS-CoV-2, el virus que causa la COVID-19, aislado de un paciente en los EE.UU. Las partículas del virus se muestran emergiendo de la superficie de las células cultivadas en el laboratorio. Los picos en el borde exterior de las partículas del virus, en forma de corona, dan a los coronavirus su nombre. Crédito: NIAID-RML

**IMPRESIÓN:**
Lulu

**ISBN:** 978-0-244-57978-4

*Para Rosa*

*En memoria de mi abuelo*
*Daniel Fernández Frechín*

## Sobre el autor

Jorge Laborda es catedrático de Bioquímica y Biología Molecular (BBM) en la Facultad de Farmacia de la Universidad de Castilla-La Mancha. Entre sus contribuciones científicas cabe reseñar los descubrimientos que desvelan la existencia de dos genes reguladores de la actividad de los receptores Notch, unos de los más importantes para el control del crecimiento y la diferenciación celulares y para el funcionamiento del sistema inmunitario.

Durante su trabajo en la FDA, de 1991 a 1999, fue responsable de la evaluación de numerosos proyectos sobre nuevas terapias anticancerosas basadas en anticuerpos monoclonales. Desde noviembre de 2003 a mayo de 2004, fue nombrado Experto Nacional Destacado en la Comisión Europea, donde trabajó en la gestión e impulso del área de la Biología Sintética. En abril de 2004, fue elegido Decano de la Facultad de Medicina de la UCLM. De junio de 2007 a junio de 2011, ocupó el cargo de Concejal de Ciencia Tecnología y Consumo del Ayuntamiento de Albacete. Una de sus principales contribuciones en ese cargo es la creación del Paseo de los Planetas, una reproducción a escala del Sistema Solar en la ciudad de Albacete.

Entre las extensas contribuciones en el área de divulgación científica se incluyen el ser IP de ocho proyectos de divulgación financiados por la FECYT para la divulgación de las actividades científicas de la UCLM a través del programa "Hablando con Científicos". Ha sido autor de veintidos libros de temática científica. Doce de estos corresponden a recopilaciones de los más de mil artículos de divulgación científica publicados en el periódico la Tribuna de Albacete, diarios del grupo Promecal, y El País, disponibles en el blog "Quilo de Ciencia". Ha participado numerosas veces como divulgador en los programas "Vanguardia de la Ciencia" y "Hablando con Científicos". Elabora también el podcast Quilo de Ciencia. Igualmente, ha sido el impulsor y realizador del podcast Ciencia Fresca. Finalmente, fue uno de los impulsores iniciales de la iniciativa "Ciencia en el Parlamento en España", en la que participó como uno de los seis expertos nacionales para desarrollarla.

# Tabla de contenidos

# 1.- INTRODUCCIÓN

Existen numerosos libros de divulgación científica sobre los más diversos temas, pero no abundan sobre Inmunología. La escasez de libros de divulgación científica sobre el sistema inmunitario puede deberse a una variedad de causas, entre las que sospecho la principal sea que es un tema realmente complicado de explicar de manera que las personas con conocimientos básicos de biología lo puedan comprender. Mi experiencia en el aprendizaje y la enseñanza de Inmunología a los alumnos de Medicina y de Farmacia de la Universidad de Castilla-La Mancha, así lo indica. Por ello, considero un serio desafío y una aventura divulgativa fascinante, intentar explicar las bases de cómo funciona el sistema inmunitario de manera lo más sencilla posible, estimulando a los lectores interesados a conocer más o a refrescar sus conocimientos y también a los estudiantes de grados relacionados con las ciencias de la salud a sumergirse poco a poco desde la superficie de esta materia hasta alcanzar algunas de sus más fascinantes profundidades.

Sin duda, parece existir un elevado interés en las *defensas*, nombre con el que se suele denominar popularmente al sistema inmunitario. Mantener las defensas en buen estado es uno de los objetivos de mantener cada día una alimentación adecuada. Existen incluso productos alimenticios en el mercado que son publicitados por su supuesto papel sobre el mantenimiento de las defensas, más que por sus cualidades de sabor o valor nutritivo. Es igualmente cierto que uno de los temas que preocupa es la vacunación. ¿Cómo se fabrica una vacuna inofensiva de manera que el sistema inmunitario "crea" no obstante que se trata de un microorganismo peligroso que es necesario erradicar? ¿Supone esta manipulación del sistema inmunitario algún peligro? Si es así, ¿cuál es su importancia y cuál la probabilidad de que se materialice? Son estas cuestiones que podremos intentar responder solo si conocemos algo mejor los realmente sorprendentes procesos de funcionamiento del sistema inmunitario y la interacción dinámica entre los microorganismos que intentan sobrevivir a sus eficaces métodos para aniquilarlos.

A pesar de que las defensas interesan, no es menos cierto que son un ente ciertamente misterioso, del que solo se conoce, en general, que sirven para luchar contra las infecciones. Sin embargo, nuevos descubrimientos indican que las defensas son fundamentales para mantener a raya también al cáncer, e incluso imprescindibles para nuestra capacidad de aprender y recordar y para mantener un buen estado de ánimo y no deprimirnos. Unas defensas en mal estado no solo aumentan nuestro riesgo de infecciones, sino que aumentan igualmente el riesgo de padecer otras enfermedades y pueden afectar incluso a nuestro equilibrio mental. Además, fallos en el funcionamiento de las defensas que conducen a confundir células propias con microorganismos extraños generan una diversidad de las llamadas enfermedades autoinmunes, que incluyen la diabetes mellitus de tipo 1, la esclerosis múltiple, el lupus eritematoso sistémico, o la artritis reumatoide, entre las más frecuentes y conocidas.

Probablemente, el interés sobre las defensas y sobre las vacunas se ha visto trágicamente incrementado por la aparición de la pandemia del virus SARS-CoV-2, perteneciente a la familia de los coronavirus y popularmente conocido como "el coronavirus". La infección con este coronavirus causa la enfermedad COVID-19. Aprovechando este interés, confieso que me he dado toda la prisa que he podido para publicar este libro de forma que llegue cuanto antes a la mayor cantidad posible de lectores. Tras explicar las bases del funcionamiento de las defensas, abordaré brevemente el origen de esta pandemia, cómo el coronavirus nos infecta y a qué puede ser debido que algunas personas no sufran síntomas, otros los sufran de manera leve y aún otros mueran a causa de la enfermedad causada por este terrible virus.

Así pues, vamos a adentrarnos en el fascinante mundo de las defensas. Vamos, poco a poco, a conocer a sus protagonistas, cómo estos se comunican entre sí para coordinar su actividad contra los enemigos, cómo aprenden a distinguir a los suyos de estos, y cómo los suyos manifiestan su identidad, lo que es fundamental para que las células de las defensas, literalmente, les perdonen la vida. Intentaremos comparar los mecanismos de las defensas con aspectos conocidos de la vida corriente y con sistemas más o menos familiares, como los bailes de máscaras, que pretenden enmascarar la identidad de quienes en ellos participan, o el ejército, el cual se organiza en parte de manera similar como lo hace el sistema inmunitario, puesto que, como este, su misión es defendernos de los enemigos y rebeldes.

Para comenzar a comprender el complejo mundo del sistema inmunitario, conviene que lo tratemos como si de una fotografía o de un cuadro se tratara. Esto es importante, porque las fotografías y los dibujos solo se entienden cuando los contemplamos en su globalidad. No es posible captar la totalidad de una imagen centrándose solo en una de sus esquinas, o en una parte lateral. Igualmente, una imagen sería difícil de comprender si solo pudiéramos ver un centímetro cuadrado de ella cada día, es decir, pudiendo captar solo una pequeña proporción de sus detalles cada vez que la miramos, sin tener acceso a la globalidad de lo representado en ella sino hasta que la hayamos contemplado muchas veces.

La anterior es una de las principales dificultades que, en mi opinión, conlleva la comprensión del sistema inmunitario. Siendo este como una imagen, si pudiéramos verlo todo globalmente "desde arriba" como sobrevolándolo con un dron, lo comprenderíamos más fácil y rápidamente. Huelga decir que no podemos hacer eso. Debemos ir desvelando la imagen del sistema inmunitario poco a poco, como si de un puzle se tratara. No nos queda más remedio que ir examinando las piezas que lo componen y, con paciencia, averiguar dónde y cómo encajan en la imagen final.

Evidentemente, existen puzles simples y puzles complejos, dependiendo del número y tamaño de las piezas que los forman. La misma imagen puede descomponerse en cien piezas grandes o en mil pequeñas. Afortunadamente, aunque el puzle del sistema inmunitario contiene miles de piezas, estas vienen agrupadas en piezas mayores, las cuales podemos empezar a utilizar para componerlo sin necesidad de separar las piezas más pequeñas que las componen. Es como si se tratara de un puzle que puede ser resuelto, en primer lugar, por principiantes utilizando las piezas grandes y, más tarde, por expertos que ya pueden utilizar las piezas pequeñas que componen las grandes, al conocer ya la forma de estas y dónde encajan. Puesto que no tenemos más remedio que ir formando un puzle para comprender el sistema inmunitario, vamos a comenzar obviamente con el puzle de piezas grandes, un puzle relativamente sencillo. Una vez formado este puzle, podremos dedicarnos a analizar las piezas más pequeñas con más detalle, y estudiar cómo estas encajan para componer cada pieza grande, hasta quedarnos satisfechos con nuestro nivel de comprensión. Esta segunda etapa de resolución del puzle, que intentaré desarrollar en la segunda mitad del libro, dependerá de la motivación e interés de cada lector y de si este desea profundizar más en este tema.

Un importante consejo que te ruego consideres es que, además de tener paciencia con la construcción del puzle, te dispongas a construirlo al menos dos veces. El funcionamiento del sistema inmunitario desde que se produce el primer ataque hasta la victoria final es como una novela de acción: suceden muchas cosas y muchos personajes y sucesos se ven involucrados en la historia. Como ocurre con las buenas historias, en ocasiones es necesario y placentero leerlas dos o hasta tres veces para extraerles todo el jugo, para realmente comprender las motivaciones de los protagonistas y las razones de sus actos. Lo mismo sucede con el sistema inmunitario, con sus personajes y con sus motivaciones: conviene leer la historia de nuevo para comprender en profundidad los mecanismos y las razones de su desarrollo. En resumen, estimado lector o lectora, estimado estudiante, no necesitas una paciencia, sino al menos dos. No obstante, te prometo que la paciencia y tenacidad que te pido habrá merecido la pena, porque comprender la inmunología te ayudará también a comprender las batallas cotidianas de la vida y el funcionamiento general de los sistemas, incluido el sistema del que formas parte: la sociedad.

Me encantaría que te embarcaras en esta aventura conmigo. Te aseguro que, tras completar este apasionante recorrido por nuestras defensas, quedarás para siempre maravillado con una de las más extraordinarias adquisiciones de la Naturaleza a lo largo de la evolución: tu sistema inmunitario.

# 2.- ESTRATEGIAS DEFENSIVAS

## 2.1.- ¡MALDICIÓN, ESTAMOS RODEADOS!

Vamos a comenzar con una importante aclaración: el sistema inmunitario no funciona solo cuando sufrimos una infección y caemos enfermos, funciona en todos los momentos del día y de la noche y, cuando lo hace bien, evita que suframos infecciones y otras enfermedades. La razón de que el sistema inmunitario esté siempre funcionando, como igualmente lo hacen otros órganos o sistemas del organismo, es que estamos rodeados de potenciales enemigos por todas las superficies de nuestro cuerpo; enemigos que se encuentran en el aire que respiramos, en los líquidos que bebemos y en el alimento que ingerimos; enemigos que también se encuentran sobre las superficies del cuerpo e intentan penetrar en nuestro organismo y muchas veces lo consiguen; enemigos que si penetran es necesario eliminar por completo y sin piedad alguna, o acabarán con nuestra vida. El sistema inmunitario normalmente responde a todas estas amenazas de manera muy eficaz, y esta respuesta es la denominada **respuesta inmunitaria**, que no es sino el conjunto de acciones que el sistema inmunitario lleva a cabo para defendernos frente a las amenazas de los múltiples enemigos que pretenden acabar con nosotros. No es una exageración; es la cruda realidad.

Las superficies epiteliales del cuerpo son la primera barrera de defensa contra la permanente amenaza de invasión enemiga. Estas superficies no se limitan a la piel externa, sino que incluyen también lo que podríamos llamar las "pieles internas", como las que recubren el intestino, el pulmón o los conductos secretores del aparato urinario-genital. Nuestros cuerpos son como esas antiguas fortalezas cuyos muros servían para evitar la invasión enemiga. En nuestro caso, sin embargo, el enemigo vive ya pegado al muro, acechando y esperando cualquier desperfecto en el mismo para penetrar dentro de la fortaleza. Numerosas especies de bacterias viven sobre nuestra piel, y no digamos ya sobre la superficie epitelial de los pulmones, del sistema excretor y del intestino, es decir, sobre cualquier superficie exterior o interior del cuerpo que se encuentre en contacto con el ambiente externo a través de cualquier orificio. Se estima que la cantidad de bacterias adheridas a nuestras superficies epiteliales es superior a diez veces el número de células de nuestro cuerpo. Esa es la magnitud de los enemigos potenciales que nos acechan a cada momento, muchos de los cuales poseen, además, temibles mecanismos contra defensivos.

Los muros, sin embargo, no están en nuestro caso formados por piedras inertes, sino que están vivos y actúan para mantener a raya a los enemigos, impidiendo que estos los penetren. Para defendernos, además de formar una capa, en principio impenetrable para las bacterias y otros microorganismos mientras no esté dañada, además de reparar dicha capa rápidamente si se daña, las células que participan en la formación de las superficies epiteliales, como los llamados queratinocitos (productores de la proteína queratina de la piel, pelo, cuernos y uñas y pezuñas), y algunas células del sistema inmunitario que se encuentran en la piel, como los **macrófagos**, producen varios tipos de proteínas. Ciertas de ellas cumplen la misión de controlar la cantidad de bacterias que se puedan adherir a las superficies epiteliales, para minimizar la probabilidad de que estas las penetren. Entre estas se encuentran las **mucinas**, unas proteínas que contienen unidas altas cantidades de hidratos de carbono, lo que las convierte en pegajosas para las bacterias. Las mucinas son componentes fundamentales del **moco**, un líquido adhesivo y viscoso, secretado por las superficies epiteliales internas del organismo. Estas, además de contar con células especializadas en la producción de moco, cuentan también con células que participan en la generación de movimientos que lo hacen fluir, lo que impide que las bacterias se adhieran a esas superficies y consigue que simplemente "naden" sobre ellas, adheridas al moco. Por ejemplo, el intestino, gracias a los movimientos peristálticos necesarios para hacer circular los alimentos, hace circular también el moco que secreta y que sale formando parte de las heces, arrastrando así fuera numerosas bacterias intestinales. La superficie de los pulmones posee células con unos pelitos microscópicos llamados cilios, que están continuamente en movimiento para hacer fluir el moco secretado sobre ella. La importancia de producir un moco de calidad adecuada que permita defendernos de infecciones bacterianas queda puesta de manifiesto en la enfermedad llamada **fibrosis cística**. Esta se caracteriza por la producción de un moco demasiado espeso y deshidratado, debido a un defecto en un gen necesario para su correcta producción. Este espeso moco no es capaz de fluir con normalidad por las superficies epiteliales del pulmón, lo que permite que las bacterias tengan mayores oportunidades de penetrarlas y conlleva que estos pacientes sufran de infecciones pulmonares recurrentes causadas por bacterias.

Además de estos procedimientos físicos para evitar la penetración de las bacterias, las superficies epiteliales cuentan con numerosos mecanismos químicos de defensa antibacteriana. En ellos participan los llamados péptidos y proteínas antimicrobianos, y también enzimas que digieren ciertos componentes de las paredes bacterianas. La pared bacteriana no es una simple membrana, como sucede en las células eucariotas. Es un entramado molecular que recubre a la bacteria por el exterior de su membrana lipídica interna y le confiere rigidez y protección frente a la entrada de sustancias indeseables, incluida la entrada de demasiada agua desde el exterior, que acabaría por hinchar y romper a la bacteria.

Los mecanismos químicos de defensa están constituidos sobre todo por enzimas, entre las que se encuentran principalmente dos: **la lisozima** y **la fosfolipasa A$_2$**, secretadas con las lágrimas, el moco y la saliva. La lisozima es un enzima que provoca la lisis, es decir, la ruptura de las bacterias y su muerte. Actúa mediante la digestión de ciertos carbohidratos que forman el entramado de la pared celular de, sobre todo, las bacterias Gram-positivas.

¿Qué son las bacterias Gram-positivas? Simplemente, son el tipo de bacterias que se tiñen de color azul violeta mediante la tinción de Gram. Hagamos un breve paréntesis para explicarlo. La tinción de Gram se debe al bacteriólogo danés Christian Gram (1853-1938), quien desarrolló esta técnica de tinción en 1884. Esta consiste principalmente en la utilización de un colorante llamado **cristal violeta** y de un procedimiento de decoloración. La exposición de las bacterias al cristal violeta, junto con otras sustancias químicas que contienen yodo, consigue que el cristal violeta penetre en el interior de las bacterias y las tiña a todas, tanto a las Gram-positivas, como a las Gram-negativas. Un procedimiento subsiguiente de decoloración es incapaz de hacer que las bacterias Gram-positivas pierdan la coloración adquirida; sin embargo, sí la pierden las bacterias Gram-negativas. Así pues, las bacterias Gram-positivas son las que no se decoloran tras la tinción, y las Gram-negativas las que sí lo hacen.

La diferencia de comportamiento frente al procedimiento de tinción y decoloración de Gram se debe, en parte, a la diferencia en la estructura química de la pared bacteriana. Esta diferencia de estructura hace más susceptibles a la acción de la lisozima a las bacterias Gram-positivas que a las Gram-negativas. No obstante, la lisozima puede digerir la pared de ambos tipos de bacterias, lo que provoca la entrada de agua a través de la membrana lipídica de estas y a la rotura (lisis) de las bacterias.

La lisozima es producida por células presentes en varios tipos de superficies epiteliales, y por los llamados fagocitos, de los que luego hablaremos, y secretada al exterior. Se encuentra principalmente en las lágrimas que evitan así las infecciones bacterianas oculares, en la saliva, en la leche materna y en el moco. La lisozima es también secretada al interior del intestino por unas células, especializadas en la producción de esta y de numerosas sustancias antibacterianas, que se encuentran en la base de las llamadas criptas del intestino delgado. Estas células se denominan **células de Paneth**.

La saliva, las lágrimas y la leche también contienen **fosfolipasa $A_2$**. Además, las células de Paneth producen y secretan esta enzima al intestino. Las fosfolipasas son enzimas que degradan a los fosfolípidos, los cuales son los principales lípidos componentes de las membranas bacterianas. Al destruir los fosfolípidos, la fosfolipasa $A_2$ destruye a la membrana bacteriana y mata a la bacteria. Esto puede resultar algo sorprendente, pero es que debemos tener siempre presente la idea de que, en el caso de las células, las unidades fundamentales de la vida, lo que separa al mundo vivo del mundo no vivo es, en todos los casos, dos finas capas adosadas de moléculas de lípidos. Esta membrana lipídica, o bicapa lipídica, es la que permite el desequilibrio de iones y sustancias necesario para mantener el flujo de energía propio de la vida. Las membranas lipídicas funcionan en este sentido como lo hacen las presas hidráulicas, impidiendo que se llegue a un equilibrio en el nivel del agua que impediría la obtención de energía. Las membranas mantienen desequilibrios, también llamados gradientes, a uno y otro lado de ellas, desequilibrios que hacen posible la vida. La rotura de la membrana supone la rotura de la presa, el colapso inmediato del desequilibrio y, por consiguiente, la muerte.

Otro grupo de moléculas antibacterianas secretadas por las células epiteliales y por los fagocitos presentes en las barreras epiteliales y en los tejidos del organismo son los llamado **péptidos antimicrobianos**. Los péptidos son fragmentos cortos de proteínas, formados solo por la unión de unos pocos aminoácidos entre sí. Su pequeño tamaño y la naturaleza química de los aminoácidos que los forman hacen posible que se inserten en las membranas lipídicas y las desestabilicen, lo que induce la muerte de las bacterias y también la inactivación de algunos virus que están recubiertos por membranas lipídicas robadas a las células a las que parasitan. Existen tres clases principales de estos péptidos antimicrobianos: las **defensinas**, las **catelicidinas** y las **histatinas**, aunque todos ellos actúan sobre las membranas lipídicas, impidiendo que estas mantengan el desequilibro a ambos lados que hace posible la vida.

### Mecanismos de defensa de las barreras epiteliales

| Tipo de defensa | Piel | Intestino | Pulmones | Ojos, fosas nasales, boca |
|---|---|---|---|---|
| **Física** | Barrera formada por oclusión entre las células epiteliales | | | |
| | | Flujo longitudinal de líquidos | Movimiento de los cilios | Lágrimas, cilios nasales |
| **Química** | Grasas epidermis y dermis | Acidez Enzimas (pepsina), Moco | Moco (adhesivo) | Enzimas de las lágrimas (lisozima) |
| | Péptidos antibacterianos: defensinas, catelicidinas, histatinas | | | Fosfolipasa $A_2$ (saliva) |
| **Microbiológica** | Flora microbiana normal | | | |

Estas sustancias consiguen que aproximarse a los muros epiteliales suponga ya un riesgo para los microorganismos. Es como si al atacar un castillo, todos aquellos infortunados soldados que intentaran superar sus muros fueran envenenados por sustancias producidas por las piedras de este y, si acaso sobrevivieran al veneno, resultarán seriamente debilitados. No hay duda de que los muros venenosos hubieran sido un buen mecanismo de defensa en los castillos de la Edad Media, si alguien hubiera pensado en ello y hubiera podido desarrollar la tecnología para conseguirlos. Pues bien, los organismos han "inventado" esos muros y en parte gracias a ellos somos capaces de sobrevivir cada día.

## 2.2.- AGUJEROS EN EL MURO

Sin embargo, lo que no ha podido ser inventado todavía son los muros totalmente impenetrables. Ni la Naturaleza, la mejor inventora de todos los tiempos, lo ha conseguido. ¿Qué sucede cuando el muro se daña y puede ser penetrado por los enemigos adheridos al mismo, muchos de los cuales son capaces de sobrevivir a pesar de las sustancias antibióticas que este produce? En esa situación es cuando, además de los fascinantes mecanismos de cicatrización de las heridas, se ponen en marcha los extraordinarios mecanismos del sistema inmunitario.

El daño en el muro puede ser producido por una herida, o por una agresión química (por ejemplo, demasiada ingesta de alcohol, que puede dañar la pared intestinal), dependiendo del tipo de muro de que se trate y su localización en el organismo. Los muros dañados pueden ser penetrados por las bacterias, los virus o los hongos que puedan vivir adosados al mismo, sobre la superficie de la piel o del intestino.

¿Qué sucede si se produce una penetración enemiga? Aquí es cuando las cosas comienzan a ponerse interesantes y el sistema inmunitario debe activarse de inmediato para frenar la invasión. Que lo consiga más pronto o más tarde depende de varios factores. Uno de ellos es la suerte, de la cual depende que las células del sistema inmunitario encuentren en poco tiempo o no al enemigo que ha penetrado y reaccionen contra él. Otro factor es el estado de las proteínas y células del sistema inmunitario: que exista una cantidad adecuada de ellas, que las células estén bien alimentadas, etc. Analicemos esta situación en mayor detalle.

Supongamos que al coser un botón nos pinchamos con la aguja. La barrera epitelial de, por ejemplo, nuestro dedo índice de la mano izquierda ha sido dañada. Una gota de sangre comienza a aparecer sobre nuestra piel. La salida de la sangre y la activación de la coagulación sanguínea son factores que dificultan que las bacterias presentes sobre la piel penetren por la herida con facilidad. La salida de la sangre constituye un flujo que expulsa a las bacterias hacia el exterior. La rápida coagulación intenta taponar el enorme agujero (considerando la diferencia de tamaño entre la punta de una aguja y una bacteria) que la aguja ha perforado en el muro epitelial y en los vasos sanguíneos cercanos. No obstante, algunas bacterias han penetrado ya gracias al pinchazo, empujadas por la aguja, y se las apañan para adherirse al interior de la piel e intentar establecer una colonia enemiga en la dermis o incluso más profundamente, dependiendo de la magnitud del pinchazo.

En este último caso, pueden suceder varias cosas. La primera es que las bacterias se van a encontrar bañadas por los líquidos internos del organismo, en particular los presentes en la dermis. Estos contienen ya sustancias y enzimas antibacterianos que van a atacar a las bacterias e intentar impedir que estas establezcan una colonia enemiga en la que reproducirse. Los líquidos corporales contienen también unas proteínas propias del sistema inmunitario que forman el llamado **sistema del complemento**, del que hablaremos más adelante en mayor detalle **(sección 2.3)**. Este sistema se activa al detectar ciertos componentes de la pared de todo tipo de bacterias y produce el recubrimiento de las bacterias con proteínas que facilitan su captura y su destrucción por ciertas células del sistema inmunitario. El complemento induce también la formación de poros en la membrana bacteriana, poros que ponen en contacto ambos lados de esta, lo que rompe el bien conocido desequilibrio necesario para la vida y culmina con la muerte de las bacterias.

En todo caso, si solo ha penetrado un escaso número de bacterias estas suelen ser eliminadas sin que nos enteremos de ello. No obstante, a pesar de estar rodeadas de sustancias tóxicas para ellas, algunas bacterias son capaces de sobrevivir, ya que cuentan con fascinantes mecanismos de evasión del sistema inmunitario **(sección 7)**. Si esto sucede, es posible también que las bacterias que sobrevivan a la acción de las sustancias tóxicas, por suerte para nosotros, se encuentren de inmediato con una o unas pocas células del sistema inmunitario, a las que me gusta llamar **células centinela**. Las células centinela (más adelante daremos más detalles de sus características) se encuentran en el interior de la piel, de la que forman parte, donde residen a la espera de potenciales enemigos que hayan podido penetrar el muro epitelial. Tengamos en cuenta que la actividad diaria puede dañarlo de varias maneras: roces con objetos, golpes, cortes, etc. Es necesario mantener un nutrido destacamento de células centinela en las superficies interiores de las murallas epiteliales para controlar los múltiples intentos de invasión que pueden producirse cada día.

Si la penetración de las bacterias ha sucedido, por suerte, en un lugar de la piel donde se encuentran una o varias células centinela, estas se dan de "narices" con el enemigo y actúan de inmediato, uniendo fuerzas con el sistema del complemento y otras sustancias antibacterianas. Su misión es, en general, intentar capturar a este enemigo y eliminarlo digiriéndolo en su interior. Además, cada célula centinela que se encuentra con un enemigo da la alarma (mediante la producción y secreción a su entorno de ciertas moléculas que luego veremos), con el objetivo de atraer al lugar donde se ha producido el intento de invasión a más células centinela y a células que yo llamo células "soldado", en particular a los **neutrófilos** y a los **monocitos**, los cuales se convierten en **macrófagos** que, junto con los neutrófilos, van a perseguir y capturar a las bacterias. Una vez capturadas, estas células "se comen" a las bacterias, razón por lo que se denominan, en lenguaje científico, **fagocitos**, palabra que deriva de dos palabras griegas: *phagein*, que significa 'comer', y del sufijo -*cito*, que significa 'célula'.

Además de fagocitar a las bacterias y destruirlas, los macrófagos y los neutrófilos pueden producir sustancias oxidantes que son muy tóxicas para los microorganismos y pueden también causar daño a nuestros propios tejidos. Estas sustancias incluyen el **óxido nítrico, el anión superóxido** (de carga negativa) **y el agua oxigenada, o peróxido de hidrógeno**. A partir de esta se pueden generar otras sustancias tóxicas, como **el anión hidroxilo** ($OH^-$) y **el hipoclorito** ($OCl^-$), que se encuentra también en la lejía, un anión con propiedades antisépticas. La producción de estas sustancias se realiza en un proceso enzimático que se denomina **explosión respiratoria**, ya que es necesario el oxígeno para generarlas. La explosión respiratoria no suele producirse, no obstante, al principio de la infección, sino cuando esta ha avanzado y es necesario usar los métodos más poderosos de los que se dispone para eliminarla. Más adelante veremos cómo el sistema inmunitario decide en qué condiciones debe desencadenarse o no la explosión respiratoria.

Si entre las primeras células centinela y los fagocitos que van llegando capturan y digieren, o matan con sus enzimas y péptidos antimicrobianos, a todas las bacterias que han penetrado en la herida, antes de que estas tengan tiempo de reproducirse, aquí paz y después gloria, no ha pasado nada y las células centinela y fagocitos retoman sus funciones de vigilancia y patrullaje con la "sensación celular y molecular" de un trabajo bien hecho, trabajo del que nadie se ha enterado y que nadie les agradecerá, aunque con él hayan llegado incluso a salvar la vida de todas las células del organismo. Héroes anónimos nunca debidamente reconocidos, estas pobres células centinela y esos pobres fagocitos no saben que lo son.

Sin embargo, es posible que, tras habernos pinchado con la aguja que ha perforado nuestra piel, permitiendo con ello la penetración de las bacterias, ninguna célula centinela las encuentre. Las bacterias que han penetrado y que sean capaces de resistir a la acción de las sustancias antimicrobianas siempre presentes en los tejidos, se hallan, por esta razón, momentáneamente al menos, en un paraíso bacteriano: una zona a una temperatura ideal, húmeda y rebosante de nutrientes y en donde las sustancias tóxicas presentes en la piel no pueden hacerles suficiente daño. Estimuladas por tanto bienestar repentino, las bacterias se ponen a celebrarlo de la única manera que saben: comenzando a reproducirse como locas, y eso a pesar de que no disfrutan del sexo. Las bacterias establecen así lo que se llama un **foco de infección**, es decir, un lugar en el organismo desde donde amenazan con infectarlo todo y pueden incluso colaborar unas con otras para conseguirlo.

Esto merece un corto inciso. Puesto que cuando nos hacemos una herida nos sale sangre, tal vez podamos creer que las bacterias que han entrado por la herida pasan a la sangre. Aunque es posible que alguna pueda pasar, a pesar de que la sangre sale y expulsa a las bacterias hacia el exterior, estas bacterias no formarán parte del foco de infección, ya que serán arrastradas por el torrente sanguíneo hacia el interior del organismo. Normalmente estas bacterias serán eliminadas al pasar por **el bazo**, que es el órgano especializado en limpiar a la sangre de microorganismos, sobre todo durante la infancia, además de participar en las funciones generales del sistema inmunitario. Las bacterias de un foco de infección no se encuentran en la sangre, sino en nuestros tejidos u órganos, es decir, localizadas fuera de los vasos y capilares sanguíneos del sistema circulatorio, los cuales forman un complejo e intrincado sistema ramificado de tubos por los que circula la sangre. Esto no excluye que, en algunas ocasiones, la infección bacteriana sea tan importante que, en efecto, acabe por alcanzar la sangre y diseminarse por el organismo. En ese caso, la respuesta inmunitaria subsiguiente generalizada en todo el organismo puede causar el llamado **choque séptico**, potencialmente mortal. Más adelante hablaremos con mayor detalle de esta posibilidad, pero por el momento vamos a limitarnos a las infecciones localizadas en puntos concretos del organismo, como el punto en el que nos hemos pinchado el dedo con la aguja.

En las condiciones favorables del interior de nuestro organismo, las bacterias se reproducen cada veinte o treinta minutos, lo que hacen creciendo y dividiéndose en dos, un proceso que se denomina **fisión celular**. La división por fisión celular genera un aumento de la población bacteriana en progresión geométrica. De una bacteria inicial, en unos treinta minutos, como máximo, tenemos dos; en una hora, cuatro; en dos horas, dieciséis, etc. En general, no somos conscientes del poder de las progresiones geométricas. Hagamos una pequeña pausa para calcular cómo irían creciendo las bacterias si estas dispusieran de recursos ilimitados y nada pusiera freno a su crecimiento. La masa de la Tierra es un poco menos de seis mil billones de billones de gramos ($6,0 \times 10^{27}$ gramos). Una bacteria típica de nuestro intestino, la *Escherichia coli*, pesa unos 95 picogramos ($95 \times 10^{-12}$ gramos), siendo un gramo igual a un billón de picogramos. ¿Cuánto tiempo tardaría una bacteria hasta que su descendencia alcanzara la masa de nuestro planeta, reproduciéndose cada treinta minutos? Los cálculos que he realizado, y que he tenido que repetir varias veces para creerlos, indican que en solo algo más de tres días una simple bacteria se habría reproducido hasta que su descendencia superara la masa del planeta Tierra. Solo ocho horas más serían necesarias para que las bacterias alcanzaran la masa del Sol. Este es el enorme poder del crecimiento exponencial.

Evidentemente, las bacterias nunca se encuentran en condiciones de crecimiento ideales. No todas las bacterias que se reproducen dan descendencia viable, por lo que la progresión geométrica no es tan rápida como la delineada arriba. Tampoco disponen de recursos ilimitados, porque el organismo dispone de varios mecanismos para limitárselos. La capacidad de crecimiento de las bacterias es, no obstante, fenomenal, y lo es en particular cuando se encuentran en las condiciones propicias del interior de nuestro organismo, tras haber penetrado una barrera epitelial. Por esta razón, si las bacterias introducidas en nuestro organismo después de habernos pinchado con la aguja son capaces de sobrevivir haciendo frente a las sustancias tóxicas y no se encuentran con ninguna célula centinela, pueden generar un foco de infección en pocas horas, en el que se encontrarán miles de bacterias. Si sobreviven inicialmente mil bacterias, en media hora tendremos cerca de dos mil; en una hora, cerca de cuatro mil, etc. En estas condiciones, cuando finalmente una célula centinela se encuentra con una o varias de estas bacterias y las detecta, aunque dé la alarma, las otras células centinela y "células soldado" que acuden pueden no ser capaces de dar abasto para fagocitar a las siempre crecientes bacterias. Las bacterias que logran establecer un foco de infección amenazan con invadir a todo el organismo. Antes del descubrimiento de los antibióticos, solo las células y moléculas del sistema inmunitario podían impedírselo, lo que han hecho, siempre que han podido, por centenares de millones de años durante la historia evolutiva de los animales. Sin embargo, a pesar de los antibióticos, las enfermedades infecciosas siguen siendo la principal causa de mortalidad en el mundo.

Conviene hacer aquí otro paréntesis. Cuando decimos que las bacterias intentan invadir todo el organismo no es, obviamente, que tengan la intención consciente de hacerlo. Las bacterias responden a mecanismos moleculares inconscientes que, de no ser controlados y frenados, desembocarán, en efecto, en la invasión de la totalidad del organismo y la muerte de este, y también en la muerte de la mayoría de las bacterias que lo hayan invadido. La invasión sin freno no es la mejor estrategia para la supervivencia del propio organismo invasor, pero es, no obstante, adonde se dirige el crecimiento bacteriano de no ser este frenado por el sistema inmunitario.

En el foco de infección se desarrolla una batalla encarnizada. Por un lado, las bacterias están siendo fagocitadas por las células centinela y por los fagocitos que acuden a la llamada de las que primero se encontraron con las bacterias. Las células que van llegando en respuesta a la señal de alarma inicial, refuerzan la llamada de alarma y consiguen que acudan cada vez más y más fagocitos, las células más eficaces para la búsqueda y captura de bacterias.

Es importante tener claro desde este mismo momento que las señales de alarma las constituyen moléculas, y son transmitidas mediante modificaciones moleculares. Cuando en el mundo de las células hablamos de señales siempre estamos hablando, en realidad, de moléculas y de procesos en los que unas moléculas actúan sobre otras para transmitir la información de un sitio a otro de la célula, en particular desde la membrana al núcleo celular. Así, las células fagocíticas cuentan con moléculas en su membrana celular que son capaces de detectar a ciertas moléculas producidas por el metabolismo bacteriano, moléculas que las bacterias no pueden evitar producir si quieren seguir viviendo.

Estas moléculas atraen a los fagocitos hacia las bacterias y, de hecho, los fagocitos son capaces de producir los llamados pseudópodos, o falsos pies, y desplazarse con ellos persiguiendo a las bacterias hasta que las capturan y las ingieren. Las bacterias, no obstante, no se dejan capturar con facilidad. Algunas están provistas de una capa de moléculas de hidratos de carbono particulares que las convierte en escurridizas para los fagocitos y evita que estos las capturen. Por ello, si el número de bacterias es demasiado grande para permitir que todas puedan ser destruidas, lo más que los fagocitos pueden hacer es contener la velocidad de expansión de la infección y ayudar a poner en marcha otros mecanismos de ataque antibacteriano más eficaces. Estos mecanismos dependen de la activación de células especializadas del sistema inmunitario: **los linfocitos**, de los que hablaremos más tarde. Por el momento, recordemos esto y sigamos adentrándonos en la pelea.

## 2.3.- EL SISTEMA DEL COMPLEMENTO

Afortunadamente, como hemos dicho, las células centinela y los fagocitos no se encuentran solos. No son el único medio de defensa que se halla en la parte interior del muro epitelial dañado. Todos los tejidos del cuerpo están bañados en un líquido. Este líquido es similar al plasma sanguíneo, aunque normalmente no contiene células de la sangre, excepto, precisamente, cuando estas la abandonan para atacar a un foco de infección, o patrullar el organismo.

El líquido que baña los tejidos y órganos contiene una serie de moléculas que actúan contra las bacterias. En primer lugar, contiene ciertas moléculas producidas por el hígado en respuesta a la infección (las llamadas proteínas de fase aguda, de las que hablaremos más tarde). En segundo lugar, contiene un sistema molecular de defensa llamado **el sistema del complemento**. Este sistema molecular está especializado en detectar a ciertas moléculas propias de las bacterias, o a bacterias y otros microorganismos recubiertos de anticuerpos (unas interesantísimas moléculas defensivas de las que también hablaremos en detalle más adelante). El complemento detecta, por consiguiente, de manera directa, o indirecta –gracias esta última a los anticuerpos–, moléculas de los enemigos bacterianos que intentan infectarnos. Por si esto fuera poco, aunque cuando detecta una infección se activa con fuerza, el sistema del complemento está siempre espontáneamente activo de todos modos, haya detectado bacterias o no, por si acaso alguna bacteria, algún virus, u otros microorganismos que hayan podido penetrar hasta los líquidos corporales pasara desapercibido a los macrófagos e iniciara un foco de infección o comenzara a infectar nuestras propias células al no ser eliminados a tiempo. El sistema del complemento está siempre en estado de alerta frente a los enemigos.

Este sistema está formado por veinticinco proteínas que se encuentran en un estado inactivo, pero que se activan en lo que constituyen **tres cascadas de reacciones bioquímicas**, inicialmente independientes, y que luego confluyen en un punto común, a partir del cual los mecanismos bioquímicos son idénticos. Las tres cascadas independientes, activadas de tres maneras diferentes, pero complementarias para luchar contra las bacterias, llevan desde la activación de unas proteínas iniciales a la activación de proteínas intermedias, ya comunes a las tres cascadas y, por último, a la activación de un complejo final de proteínas, igualmente común a las tres cascadas. Las tres cascadas se denominan la **vía clásica**, la **vía de la lectina** (las lectinas son proteínas que se unen a hidratos de carbono) y la **vía alternativa**. La activación de las proteínas iniciales se produce por **proteólisis**, es decir, por lisis o fragmentación de unas proteínas precursoras inactivas que, al lisarse de manera enzimática, generan los componentes activos.

Las tres vías del complemento no se activan en respuesta a los mismos desencadenantes. De hecho, la vía alternativa, llamada así porque se descubrió como una alternativa a las otras, es, sin embargo, la más importante. Esta es la que está siempre activada espontáneamente en un nivel basal incluso en ausencia de infección. Esto indica que una activación del sistema del complemento "por si las moscas" es importante para mantener a raya a potenciales microorganismos que puedan penetrar las barreras epiteliales. La necesidad de esta activación continuada es indicativa también de la persistente amenaza de infección que sufrimos, ya que, a lo largo de la evolución, al parecer, solo los individuos que pudieron desarrollarla han sobrevivido. La vía de la lectina se activa cuando ciertas proteínas de fase aguda (de las que hablamos en el siguiente apartado) se unen a carbohidratos presentes en la superficie de las bacterias. Por último, la vía clásica se activa cuando la primera proteína de esta vía, la llamada **C1q**, se une a anticuerpos unidos a la superficie de los microorganismos, a la superficie de algunas bacterias directamente, a la **proteína C reactiva**, o a la **lectina de unión a manosa (sección 2.4)**, unas proteínas de fase aguda. La activación de todas estas vías del complemento cumple diversas misiones, que vamos a intentar explicar a continuación.

El paso más importante en la acción del complemento es la lisis y activación de una proteína intermediaria. Esta proteína, denominada **factor C3 del complemento**, es el punto de confluencia de las tres cascadas de activación, que hasta este momento se activan y progresan de manera independiente unas de otras. Esto quiere decir que las tres cascadas proteolíticas confluyen en este mismo punto, que es la etapa crucial en el proceso de activación del complemento. Este punto supone la generación de un enzima activo denominado **C3 convertasa** que, como su nombre indica, convierte a la proteína C3 desde su variante inactiva a su variante activa. La proteína C3, al activarse por proteólisis por la acción de este enzima, se une mediante un enlace covalente a la superficie de las bacterias y las deja marcadas para su destrucción mediante varios mecanismos. Esto es importante porque muchas especies de bacterias se defienden de ser capturadas y destruidas por los fagocitos recubriéndose de capas de moléculas que las hacen escurridizas para estas células e impiden su captura. Sin embargo, cuando la proteína C3, tras ser activada, se une a la superficie de las bacterias y las recubre –lo que estas no pueden impedir de ningún modo–, las bacterias no pueden escabullirse de los fagocitos y son fagocitadas por ellos de manera eficiente. Este proceso de recubrimiento de las bacterias y antígenos en general para favorecer su fagocitosis se denomina **opsonización**. La razón del aumento de la eficiencia de la fagocitosis es que los fagocitos poseen en su superficie moléculas **receptoras para la proteína C3 activada** y unida a los microorganismos. Al unirse a estas moléculas con varios de sus receptores C3 al mismo tiempo –lo que solo puede suceder si varias moléculas C3 unidas a la superficie de un microorganismo están próximas unas de otras–, la bacteria es capturada y los fagocitos activan el proceso de fagocitosis, introducen en su interior a la bacteria y la digieren mediante enzimas digestivos. Por esta razón, la activación de la proteína C3 en cantidad suficiente es fundamental para el control de las infecciones. Las personas que, por una razón u otra, carecen de niveles adecuados de esta proteína en la sangre, o carecen de los mecanismos de control apropiados para permitir su correcta activación, son susceptibles a infecciones bacterianas.

La activación del complemento progresa más allá de esta etapa intermedia con la activación de un complejo molecular final. La activación de las proteínas finales de las tres cascadas da lugar a que dieciocho unidades de la última de ellas, la llamada **proteína C9**, se ensamblen juntas de manera espontánea para formar **poros** minúsculos que perforan la superficie de las bacterias y resultan mortales. Los poros son, en efecto, minúsculos, porque su diámetro es unas 10.000 veces menor que el de un cabello humano.

A pesar de su pequeño tamaño, este es suficiente para ejercer su efecto mortal. Los poros en las membranas de cualquier célula causan su muerte porque la membrana celular, formada solo por dos capas de moléculas de naturaleza grasa, es la barrera que separa la vida del interior de la célula de la no-vida del exterior. La formación de poros en la membrana pone en contacto ambos mundos, el vivo y el no vivo, y cuando eso sucede siempre prevalece el mundo no vivo y causa la muerte. Las bacterias perforadas por este complejo de proteínas del complemento mueren porque el líquido exterior entra por los poros, al ser el interior bacteriano una solución más concentrada que el medio exterior, y acaba por hinchar a la bacteria y hacerla explotar. Además, al poner en contacto el medio interno de la bacteria con el medio externo, los poros rompen el desequilibrio de iones entre las dos caras de la membrana bacteriana, desequilibrio que es fundamental para la obtención de energía a partir del metabolismo de los nutrientes.

Un grave problema con este estado de cosas es que la activación del complemento, en particular la activación por la vía alternativa, la más importante, no discrimina entre las bacterias y nuestras propias células. Los poros pueden formarse en ambas. Afortunadamente, nuestras células, si están sanas, cuentan con proteínas en su membrana que detienen la formación de los poros si estos comienzan a formarse. Esto impide que nuestras células mueran por el mismo proceso por el que el complemento mata a las bacterias.

Aunque la estructura de los poros se ha podido determinar gracias a estudios con microscopia electrónica y otras técnicas, hasta recientemente no se había podido observar el proceso dinámico de su formación. Esto se ha conseguido utilizado una técnica microscópica llamada microscopía rápida de fuerza atómica, que funciona obteniendo información no mediante la luz, sino mediante el tacto, deslizando una pequeñísima aguja sobre la superficie de lo que se desea examinar para detectar cambios en su textura. En este caso, lo que los científicos examinan es una superficie bacteriana artificial sobre la que activan el complemento para que este forme los poros. Este estudio permite a los científicos averiguar un hecho hasta ahora desconocido. Cuando la última proteína activada del complemento, como hemos dicho, la proteína C9, debe insertarse en la membrana para comenzar a formar el poro junto con diecisiete de sus compañeras, el proceso se detiene por un breve instante. Esta breve pausa es vital. Durante la misma, si el poro se está formando en una de nuestras células, esta tiene tiempo para detener su formación gracias a las proteínas de la membrana que frenan este proceso. Esta breve pausa no afecta, sin embargo, a la capacidad de formar poros en las bacterias, que carecen de las proteínas capaces de impedir su formación.

Gracias a estos estudios, vemos con mayor claridad la maravilla de procesos y sus ajustes que se han generado durante la evolución de los animales para mantenernos con vida, impidiendo infecciones bacterianas mortales y, al mismo tiempo, impidiendo que estos procesos nos dañen en exceso. El proceso de activación del complemento está ajustado finamente en el tiempo de modo que nuestras células puedan defenderse de sus dañinos efectos, pero no así las bacterias, que perecerán fagocitadas o perforadas, sin remedio para ellas.

## 2.4.- LAS PROTEÍNAS DE FASE AGUDA

Las proteínas del complemento son sintetizadas de manera continuada por el hígado y secretadas al torrente sanguíneo desde donde difunden también a los tejidos. Las proteínas del complemento están, por tanto, siempre disponibles por si fueran necesarias para ayudar a vencer un intento de infección.

Sin embargo, esta no es la única manera en que el hígado ayuda a vencer las infecciones. Cuando las células centinela y los fagocitos detectan a las bacterias en el foco de infección, estas células producen y secretan a la sangre numerosas proteínas que sirven para dar la alarma a otros fagocitos y atraerlos hacia el foco de infección, y también sirven para alertar al hígado de que se está produciendo un intento de infección. Estas proteínas secretadas por los fagocitos y células centinela, y en general por las diversas células del sistema inmunitario, reciben el nombre genérico de **citocinas**.

Las citocinas transmiten información sobre el tipo de microorganismo o parásito que está intentando infectar o penetrar el organismo y cumplen varias importantes funciones. Una de ellas es elevar la temperatura corporal, causando fiebre. La fiebre ejerce un significativo papel acelerador de la respuesta inmunitaria. Además de elevar la temperatura corporal y otras funciones, las citocinas producidas por los fagocitos actúan sobre el hígado, el cual detecta la presencia del aumento de la concentración de citocinas particulares y reacciona produciendo la llamada **fase aguda**. En esta fase, el hígado aumenta la producción y secreción de ciertas proteínas y disminuye la producción de ciertas otras, generando cambios en las proteínas del plasma sanguíneo, cambios que persiguen el objetivo de impedir la progresión de los microorganismos infecciosos. Entre las proteínas que aumentan su cantidad en el plasma se encuentran la **lectina de unión a manosa** (la manosa es un carbohidrato similar a la glucosa, frecuentemente encontrado en la superficie de las bacterias), capaz de activar al complemento por la vía de la lectina, y la **proteína C reactiva**, que se une a ciertos lípidos de las membranas de algunas bacterias y es capaz de activar el complemento por la vía clásica, lo que produce la opsonización y posterior fagocitosis de los microorganismos, o a su destrucción mediante la formación de poros en sus membranas, como hemos explicado antes **(sección 2.3)**.

Otras proteínas de fase aguda son fundamentales en otro aspecto muy importante de la defensa: **el control de los nutrientes** que los microorganismos necesitan para su reproducción. Hemos mencionado antes que las bacterias que han podido penetrar la piel tras el pinchazo que nos hemos dado con la aguja se encuentran en un lugar paradisiaco, a una temperatura ideal y con una abundancia de nutrientes. Pues bien, una manera de frenar el crecimiento de los microorganismos es hacer ese paraíso algo menos generoso mediante el control del acceso de los microorganismos a un recurso nutritivo indispensable para ellos: **el hierro**. El hierro es absolutamente necesario para el crecimiento bacteriano y si este elemento no puede ser capturado por las bacterias en cantidad suficiente, aunque estas dispongan de otros nutrientes en abundancia, no pueden reproducirse. Generar a las bacterias una deficiencia en hierro es un método eficaz de impedir su crecimiento, sin embargo, esto no resulta fácil.

Como sabemos, el hierro es ciertamente abundante en el organismo. Los glóbulos rojos contienen enormes cantidades de hemoglobina, la proteína transportadora del oxígeno desde el pulmón al resto de los tejidos y órganos, la cual está cargada con cuatro átomos de hierro por cada una de sus moléculas. La hemoglobina, que puede salir de los glóbulos rojos a la sangre, es, por tanto, una fuente importante de hierro para los microorganismos invasores. Algunos de estos, además, producen toxinas que atacan a los glóbulos rojos y los rompen, un proceso llamado **beta-hemolisis**, o afectan a la hemoglobina de modo que esta libere el hierro que mantiene unido aún sin romper a los glóbulos rojos, un proceso llamado **alfa-hemolisis**, nombre usado para este proceso, aunque en este caso no se produzca, como decimos, rotura o lisis de los eritrocitos. La alfa-hemolisis es, no obstante, suficiente para conseguir que el hierro salga de los glóbulos rojos y pase al plasma sanguíneo. Los microorganismos capaces de generar cualquier tipo de hemolisis son potentes patógenos, puesto que pueden causar anemia y comprometer el trasporte de oxígeno a los tejidos.

Afortunadamente, varias proteínas de fase aguda producidas por el hígado cumplen la misión de secuestrar el hierro de la sangre y los líquidos corporales y evitar que este pueda ser capturado por las bacterias, lo que dificulta su crecimiento. Dos de las proteínas de fase aguda más importantes para el control del hierro son la **ferritina** y la **haptoglobina**. La ferritina captura el hierro presente en la sangre y los líquidos de los tejidos y facilita su incorporación al interior de las células. De este modo, la cantidad de hierro disponible para los microorganismos infecciosos presentes en esos líquidos disminuye. El gen de la ferritina se activa en respuesta a las infecciones, por lo que se produce mayor cantidad de esta proteína, mayor captura de hierro y mayor incorporación de este a las células.

La haptoglobina desempeña una función similar a la de la ferritina, aunque, en lugar de unirse al hierro directamente, la haptoglobina se une con fuerza a la hemoglobina que puede fugarse al plasma sanguíneo desde los glóbulos rojos. Esta unión permite que la hemoglobina del plasma sanguíneo sea capturada por las células del bazo y sea así retirada de la circulación sanguínea y de los líquidos corporales.

Además de las mencionadas, existen otras proteínas de fase aguda cuya producción aumenta en respuesta a una infección. Hay también proteínas de la sangre que ven disminuida su producción por el hígado, ya que sus niveles normales no son estrictamente necesarios y, en caso de infección, los aminoácidos, las moléculas básicas que forman todas las proteínas, son preferentemente utilizados para producir las proteínas de fase aguda que tienen que incrementarse y defendernos así del crecimiento incontrolado de los microorganismos.

Hasta el momento, hemos analizado los mecanismos que el sistema inmunitario emplea como primera línea de defensa frente a una gran variedad de microorganismos. Estos mecanismos forman parte de la llamada **inmunidad innata**. Sin embargo, esta inmunidad no es siempre capaz de erradicar a los invasores. Si estos siguen progresando, la inmunidad innata va a poner en marcha mecanismos inmunitarios más expeditivos, que son propios de la llamada **inmunidad adaptativa**. Para comprender cómo esta inmunidad, que se adapta a cada microorganismo particular, se pone en marcha es necesario regresar al centro de la batalla, a nuestro foco de infección.

### 2.5.- Adaptándose al enemigo interior

Recordemos que, dentro del foco de infección, las bacterias se están reproduciendo a gran velocidad. A él acuden más células centinela y fagocitos, los cuales detectaron y respondieron a las moléculas producidas por las células centinela y fagocitos que inicialmente detectaron el peligro. Sin embargo, si las bacterias han dispuesto de tiempo para crecer antes de ser descubiertas, al llegar al foco de infección estas células se encuentran ya con una numerosa población de bacterias en continua reproducción. En estas condiciones, los fagocitos no son capaces de erradicarlas, ni siquiera con la ayuda del sistema del complemento y de las proteínas de fase aguda. Son necesarios mecanismos más expeditivos. Se requiere formar y reclutar a escuadrones especializados para la lucha contra un enemigo que se ha establecido en el organismo y amenaza con destruirlo. Como hemos mencionado, estos escuadrones especiales y muy eficaces están formados por células particulares, denominadas **linfocitos**, que no acuden al sitio de infección sino hasta que han aprendido a identificar al enemigo y han sido activadas y armadas de la manera correcta para erradicarlo. Veamos cómo se ponen en marcha esas fuerzas especiales, sin las cuales muchas infecciones no podrían ser erradicadas.

Cuando nos hacemos una herida, lo recomendable es lavarla abundantemente con agua y jabón. Sin embargo, a lo largo de nuestra evolución y de la evolución de los animales, lavar las heridas no era una opción evidente, aunque sí solían ser lamidas. La saliva contiene un factor (llamado factor III) que estimula la coagulación de la sangre y también estimula la actividad de algunas células inmunitarias. Además, como hemos dicho, la saliva también contiene compuestos antivirales y bactericidas, como la lisozima, que destruye la pared de muchas bacterias, lo que causa también que el agua las invada, las hinche y las rompa, matándolas. Por ello, lamer las heridas es beneficioso. No obstante, la saliva contiene bacterias que anidan en la boca, las cuales también podrían causar infecciones.

Sea como sea, el lavado exterior de las heridas, con agua y jabón o con saliva, no es el único lavado que se produce. Podrá resultar sorprendente que las heridas sean también sometidas a un lavado interior, mediante el líquido plasmático, el mismo líquido que forma la sangre. ¿Cómo y por qué se produce este lavado interior? Para comprenderlo, vamos a tener que adentrarnos aquí en un tema que es una constante de la actividad del sistema inmunitario: **la comunicación celular**. Las células se "hablan" unas a otras con un lenguaje que está formado no por palabras, sino por moléculas secretadas al medio extracelular, las cuales son captadas, no por orejas y oídos, sino por otras moléculas que actúan como detectoras y receptoras de las primeras y que se encuentran en la superficie de las células. Sin esta comunicación entre las células, el lavado interior de las heridas, y prácticamente la totalidad de los procesos del sistema inmunitario, serían imposibles.

Recordemos que las células centinela han detectado a un grupo de bacterias que se ha establecido en un foco de infección. Hemos dicho que estas células envían señales moleculares de alarma que atraen a más células centinela y a fagocitos a este foco. En particular, los neutrófilos, los principales fagocitos, son los primeros en acudir a la herida y a unirse a la lucha. Este peregrinar de las células al foco de infección ha podido incluso ser grabado en vídeo. Sin embargo, antes de que puedan alcanzar el foco de infección, es preciso solucionar un grave problema: estas células deben salir de la sangre atravesando los vasos sanguíneos hacia los tejidos, en busca de las bacterias del foco de infección. ¿Cómo lo consiguen?

Lo consiguen gracias a un conjunto de sorprendentes mecanismos que serían imposibles sin la comunicación de las células centinela y fagocitos con unas células que normalmente no son consideradas como células del sistema inmunitario. Estas células no son otras que las células de la superficie interna de los vasos sanguíneos, las llamadas **células endoteliales**, ya que forman parte del endotelio.

El endotelio supone, de nuevo, otro muro. Es como otra superficie epitelial, formada por células adheridas fuertemente las unas a las otras que, gracias a esta fuerte adhesión, mantienen a la sangre y a las células que esta contiene en el interior de los vasos sanguíneos. Aunque el endotelio permite el intercambio de gases, nutrientes y deshechos y el plasma sanguíneo puede salir en pequeñas cantidades de vez en cuando, normalmente la mayoría se encuentra bien atrapado dentro del sistema circulatorio. La situación cambia drásticamente, no obstante, cuando se produce un intento de infección.

Al detectar a las primeras bacterias en el foco de infección, las células centinela generan y secretan al exterior citocinas concretas que, en este caso, además de que pueden actuar sobre el hígado, pueden ser también detectadas por las células endoteliales cercanas al punto de infección. Estas moléculas sirven como una señal activadora para las células endoteliales, las cuales, en respuesta a estas citocinas, en particular a una muy importante, llamada **TNF-α** (del inglés, *Tumor Necrosis Factor α*), van a relajar la fuerza de la unión entre ellas. Esta relajación de su fuerza de unión permite que el diámetro vascular aumente, la circulación sanguínea disminuya su velocidad en ese punto y el líquido plasmático, con los componentes del complemento y las proteínas de fase aguda, salga hacia la herida colándose entre las células endoteliales y comience a lavarla, a la vez que el complemento actúa, causando la opsonización y perforación de las bacterias. Al mismo tiempo, las células endoteliales activadas producen y colocan en su superficie ciertas moléculas que son pegajosas para los fagocitos. Cuando los fagocitos empujados por el flujo sanguíneo pasan por esa zona próxima al punto de infección, muchos se quedan adheridos, adhesión que se ve facilitada por la reducción de la velocidad del flujo sanguíneo que se ha producido. Esa zona del endotelio se ha convertido en pegajosa para ellos, aunque no para otras células de la sangre, como los eritrocitos y las plaquetas, las cuales no se adhieren a esos puntos. Esta adhesión de los fagocitos al endotelio permite la puesta en marcha de mecanismos moleculares que capacitan a los fagocitos adheridos de forma débil a adherirse mucho más fuertemente a las células endoteliales, en primer lugar, y a salir del vaso sanguíneo pasando entre dos células endoteliales, que han disminuido su fuerza de unión, en segundo lugar. Este proceso de paso entre dos células endoteliales se denomina **extravasación**. De esta forma, la relajación de la fuerza de unión entre las células endoteliales –inducida por las citocinas producidas por las células centinela– permite que los alrededores de la herida, donde se está generando la infección, se vean inundados de líquido plasmático. Este, junto con el que ya se encuentra bañando los tejidos, forma la **linfa**, un líquido que transportará, a través de los **vasos linfáticos** (similares a los vasos sanguíneos), restos bacterianos, e incluso bacterias enteras, desde la herida a los **ganglios linfáticos**, que son los órganos receptores de la linfa y los encargados de la activación de los linfocitos, cuyo nombre significa, literalmente, 'células de la linfa'. Al mismo tiempo, en el foco de infección se van acumulando también fagocitos que han ido saliendo de la sangre en el proceso de extravasación y que van a fagocitar a las bacterias y a secretar más citocinas. Algunos de estos fagocitos, en particular algunos macrófagos y algunas células centinela, las llamadas **células dendríticas**, de las que luego hablaremos, también serán arrastrados por la linfa hacia los ganglios linfáticos.

Otro efecto de las citocinas liberadas por las células centinela en el foco de infección es que pueden inducir la coagulación sanguínea en los capilares sanguíneos cercanos al foco. La coagulación se induce por las citocinas que llegan a la sangre y son arrastradas por ella, por lo que se produce principalmente corriente abajo del lugar donde se encuentra el foco de infección. Esta coagulación no dificulta, por tanto, la salida de líquidos y de células desde la sangre al foco de infección, pero sí dificulta que las bacterias que puedan penetrar en la sangre desde el foco de infección se diseminen por el resto del organismo a través de la circulación sanguínea. La coagulación facilita la acumulación de linfa y de células cerca del foco de infección, al bloquear, o al menos ralentizar, el flujo sanguíneo que abandona el foco de infección. Sin embargo, es claro que causa daño a los tejidos que se encuentran corriente abajo del foco de infección, al dificultar la circulación sanguínea normal, lo que impide el aporte adecuado de oxígeno y nutrientes a esos tejidos. Esto constituye ya un primer **"daño colateral"** de la acción defensiva del sistema inmunitario. Como todas las guerras, la del sistema inmunitario contra los microorganismos causa siempre un mayor o menor daño colateral al propio organismo.

En algunos casos, el daño colateral puede causar incluso la muerte del organismo en el caso de que las infecciones bacterianas no sean controladas. Ya hemos mencionado brevemente antes el llamado **choque séptico**, un caso particularmente grave de sepsis, causada por el paso de bacterias a la sangre. Si la infección inicial no es eliminada y las bacterias crecen a mayor velocidad de la que el sistema inmunitario puede manejar –lo que puede suceder en ciertas situaciones en las que las defensas no se encuentran en buena forma, por ejemplo, como consecuencia de una operación quirúrgica o de malnutrición–, las bacterias infecciosas o sus componentes moleculares pueden diseminarse a través de la sangre o de la linfa a todo el organismo. Esta situación genera que todas las células centinela localizadas en las distintas superficies epiteliales y órganos del organismo reaccionen frente a lo que suponen es una infección local, que está sucediendo solo donde ellas se encuentran, pero que en realidad está sucediendo en todas las partes del cuerpo al mismo tiempo. Las células dendríticas y macrófagos del organismo reaccionan de manera normal, liberando citocinas, entre las que se encuentra la citocina TNF-$\alpha$. Como consecuencia, se desencadenan en el endotelio los procesos propios de la lucha contra los microorganismos, en particular la relajación de la pared de los vasos sanguíneos y la coagulación de los pequeños capilares. Como ya hemos dicho, la relajación supone que la fuerza de unión entre las células endoteliales se haga menor y el endotelio se haga menos impermeable para la sangre. Esto trae consigo una importante salida de líquido plasmático desde la sangre a los tejidos, lo que se denomina **edema**. El edema provoca una drástica caída de la presión sanguínea que dificulta el aporte de oxígeno a órganos importantes, como el hígado, el riñón, el cerebro, o el propio corazón, a pesar de que en esa situación este acelera la frecuencia de sus latidos en un intento de suministrar suficiente flujo sanguíneo a los órganos que lo necesitan. Si la situación no se corrige mediante tratamiento médico urgente, con antibióticos, fluidos intravenosos, inyección de glóbulos rojos y fármacos antiinflamatorios y vasoconstrictores, la sepsis puede ocasionar la muerte.

Afortunadamente, la sepsis es una complicación improbable en el caso de infecciones causadas por heridas y roces cotidianos, así que volvamos al endotelio de los vasos sanguíneos cercanos al foco de infección. ¿Cuáles son las moléculas que permiten primero la adhesión y luego la extravasación de fagocitos y linfocitos del sistema circulatorio a los tejidos y órganos y qué propiedades tienen? Existen varias de estas moléculas y cada una de ellas ejerce una función fundamental en el proceso de extravasación. En primer lugar, tenemos a ciertos hidratos de carbono y a las proteínas que interaccionan con ellos, las cuales reciben el nombre de **selectinas**. Las selectinas forman parte de una extensa familia de proteínas, llamadas **lectinas**, cuya función es la de interaccionar y adherirse a hidratos de carbono. Las células del endotelio producen dos selectinas que se sitúan en su superficie: la **E-selectina** y la **P-selectina**. Estas selectinas aparecen en la superficie de las células endoteliales un breve tiempo después de ser activadas por la citocina TNF-$\alpha$. Ambas selectinas se unen con un carbohidrato presente en la superficie de los linfocitos, monocitos y neutrófilos –llamados en general **leucocitos**–, denominado **sialil-Lewis$^x$**.

La principal diferencia en la función de ambas selectinas es su tiempo de actuación. La P-selectina se encuentra almacenada en unos gránulos de las células endoteliales, llamados cuerpos de Weibel-Palade. La señal enviada por la citocina TNF-$\alpha$ provoca la liberación del contenido de esos gránulos a la superficie celular en solo unos minutos, por lo que las células endoteliales se convierten en adhesivas muy pronto tras la liberación de TNF-$\alpha$. Esta citocina induce, al mismo tiempo, el funcionamiento del gen para la síntesis de E-selectina, la cual, aunque es producida con rapidez, no puede aparecer de inmediato en la superficie de las células endoteliales al tener que ser sintetizada antes. Sin embargo, solo dos horas tras haber sido estimuladas por TNF-$\alpha$ las células endoteliales ya expresan en su superficie una abundante cantidad de moléculas de E-selectina.

La interacción pegajosa entre las moléculas de sialil-Lewis$^x$ de los fagocitos y linfocitos y las selectinas de las células endoteliales es fundamental para permitir la adhesión al endotelio cercano a los focos de infección de monocitos, neutrófilos y linfocitos. La razón para ello requiere una descripción pormenorizada de lo que está sucediendo en los vasos sanguíneos. Como casi todo el mundo civilizado sabe, estos transportan la sangre que está siendo bombeada por el corazón. La sangre contiene una enorme cantidad de plaquetas y eritrocitos, entre los que se agolpan empaquetadas las otras células de la sangre. Arrastradas por el flujo sanguíneo a gran velocidad, todas estas células chocan unas con otras y chocan también con las paredes endoteliales de las arterias y venas. Es importante que, al chocar entre ellas, las células no se adhieran entre sí y, sobre todo, no se adhieran al endotelio, salvo si es estrictamente necesario, o de otro modo se producirían atascos en la progresión de la corriente sanguínea que podrían causar graves problemas. Por esta razón, el endotelio es normalmente una superficie lisa y no resulta pegajosa para ningún tipo de células de la sangre. Podemos imaginarla tan lisa como una superficie de mármol sobre la que se deslizan a toda velocidad bolas de billar, también completamente lisas, que son los eritrocitos, entre los cuales aparece de vez en cuando alguna pelota de tenis, que cumple en este símil el papel de monocitos, neutrófilos y linfocitos, los cuales, como las pelotas de tenis, poseen unos "pelitos" en su superficie. Estos "pelitos" son las moléculas de sialil-Lewis$^X$. A pesar de estos "pelitos", las pelotas de tenis también se deslizan a gran velocidad y sin impedimentos por la superficie de mármol del endotelio, a menos que las células del endotelio detecten la presencia de TNF-$\alpha$, producida por las células centinela en el foco de infección. En este caso, las células endoteliales comienzan a producir en su superficie una especie de "velcro molecular" que, aunque no afectará a la velocidad de las pelotas de billar, sí interaccionará con los pelitos de las pelotas de tenis y las frenará. Este "velcro molecular" está formado por las moléculas de E-selectina y de P-selectina.

Los leucocitos así frenados por adhesión de su sialil-Lewis$^X$ con las selectinas del endotelio continúan siendo empujados por el flujo sanguíneo, pero al estar ahora pegados –aunque aún débilmente– sobre la superficie del endotelio, retenidos por las interacciones pegajosas con las selectinas, estos ruedan ahora por su superficie mucho más lentamente que las células que no pueden interaccionar con las selectinas endoteliales. Este lento rodamiento proporciona el tiempo necesario para permitir ahora el establecimiento de interacciones adhesivas mucho más fuertes, las cuales consiguen fijar a las células al endotelio y detener su rodamiento por completo.

Estas interacciones adhesivas más fuertes son las establecidas entre las llamadas **moléculas de adhesión**, presentes en las células endoteliales, y las **integrinas**, presentes en los monocitos, neutrófilos y linfocitos. Las moléculas de adhesión más importantes del endotelio se denominan **ICAM-1** e **ICAM-2**. Las siglas ICAM significan *Intercellular Cell Adhesion Molecules*, es decir, moléculas de adhesión intercelular. Las moléculas de adhesión están formadas por una cadena de aminoácidos simple que posee varios **dominios inmunoglobulina** en su estructura. Recordemos que un dominio es una región de la cadena de una proteína que se pliega en el espacio de manera independiente al resto de la proteína. Estudiaremos la importancia de los dominios inmunoglobulina más adelante, cuando hablemos de los anticuerpos. Por el momento, solo mencionaremos que la presencia de dominios inmunoglobulina en numerosas proteínas del sistema inmunitario es un tema que se repite con frecuencia. Por ello, todas las proteínas con dominios inmunoglobulina se han incluido en una gran familia, de hecho, en una superfamilia de proteínas, que se denomina la **superfamilia de proteínas con dominios inmunoglobulina**. Tras ser estimuladas por TNF-$\alpha$, las células endoteliales cercanas a los sitios de infección o de entrada de parásitos aumentan la cantidad de moléculas ICAM-1 e ICAM-2 que aparecen en su superficie. Esto permite que los monocitos, neutrófilos y linfocitos que pasan por ahí, arrastrados por la circulación sanguínea, se adhieran fuertemente a ellas y puedan salir del sistema circulatorio a los tejidos, donde pueden unirse a la batalla contra el enemigo.

Como hemos apuntado arriba, las moléculas de los monocitos, neutrófilos y linfocitos que se adhieren con fuerza a las moléculas de ICAM-1 e ICAM-2 y les permiten fijarse al endotelio, a pesar del fuerte flujo sanguíneo que pretende arrastrarlos, pertenecen a otra familia de proteínas: la familia de las **integrinas**. Vemos aquí que existen familias de proteínas con funciones que dependen de la interacción entre unas y otras. Así, las proteínas de adhesión de la familia ICAM, en general, tienen un compañero al que se adhieren que pertenece a otra familia concreta, en este caso a la familia de las integrinas, las cuales están formadas por dos cadenas proteicas diferentes, denominadas α y β, que actúan en combinación como una pinza para adherirse a las moléculas ICAM. Las proteínas formadas por dos cadenas diferentes son también muy frecuentes en el sistema inmunitario. Este tipo de proteínas se llaman **proteínas diméricas**. Como veremos, las moléculas diméricas del sistema inmunitario son, en general, **heterodiméricas**, porque cada uno de sus dos componentes es diferente del otro, que es lo que indica el significado del prefijo *hetero*. En el caso de las integrinas, existen varias cadenas α diferentes y varias cadenas β también diferentes que se combinan entre sí de diversas maneras posibles, dando lugar a diferentes integrinas que se pueden adherir a una u otra molécula de adhesión, de las que, además de ICAM-1 e ICAM-2, existen otras que ejercen diferentes funciones dentro del sistema inmunitario, todas ellas relacionadas con la adhesión y comunicación celular.

La adhesión fuerte de los leucocitos y linfocitos a las células endoteliales las fija al endotelio y detiene por completo su rodamiento sobre la superficie de este, incluso a pesar del fuerte flujo sanguíneo que podría despegarlas. Esto permite el establecimiento de aún otras interacciones entre las células endoteliales y los monocitos, neutrófilos y linfocitos, interacciones que permiten que estas células se introduzcan por entre dos células endoteliales y atraviesen el endotelio para pasar al otro lado. A continuación, las células inmunitarias penetran la membrana basal de los vasos sanguíneos con la ayuda de enzimas que desintegran las proteínas de la matriz extracelular de dicha membrana. Finalmente, ya el vaso sanguíneo completamente atravesado, pueden ahora dirigirse hacia el foco de infección. Este proceso se denomina **diapédesis**, o también **extravasación**.

Sin embargo, que los fagocitos abandonen la sangre por entre las células endoteliales no es suficiente como para que puedan alcanzar el foco de infección y contribuyan allí a erradicar a las bacterias. Los fagocitos que han salido de la sangre deben saber también hacia dónde dirigirse, es decir, deben averiguar dónde exactamente se encuentran las bacterias contra las que deben luchar. En este aspecto, los fagocitos y, en general, todas las células del sistema inmunitario tienen un grave problema, uno más: **son ciegas y sordas**. ¿Cómo pueden orientarse una vez que han salido de la sangre y que se encuentran en un mundo tridimensional, oscuro, silencioso y sin caminos que indiquen a dónde dirigirse?

Afortunadamente, aunque son ciegas y sordas, los fagocitos y, en general, las células del sistema inmunitario, poseen un excelente sentido del olfato, o algo similar a este sentido. Son capaces de "oler" ciertas moléculas y de dirigirse hacia la fuente del "olor". Las moléculas que los fagocitos y linfocitos son capaces de "oler" se denominan **quimiocinas**. Sin embargo, es importante mencionar aquí una diferencia fundamental entre el sentido del olfato y la capacidad de detectar quimiocinas que poseen los leucocitos y linfocitos, que es que no todas las células son capaces de "oler" a todas las quimiocinas. Células concretas solo tienen "olfato" para quimiocinas concretas e ignoran a todas las demás. De este modo, no cometen errores sobre el sitio al que deben dirigirse. Por ejemplo, los neutrófilos detectan la quimiocina llamada CXCL8, que se produce por los macrófagos que han detectado a microorganismos en el sitio de infección, mientras que los monocitos, que además de acudir al sitio de infección deben diseminarse por los tejidos, donde se convertirán en macrófagos centinela, incluso en ausencia de infección, detectan además la quimiocina llamada CCL2. De este modo, los neutrófilos nunca salen de los tejidos a menos que haya una infección, mientras que los monocitos sí lo hacen, para formar así la población de macrófagos centinela de todos los tejidos.

Hagamos aquí un breve paréntesis para explicar el origen de las palabras "citocina" y "quimiocina", las cuales están evidentemente relacionadas. La primera deriva de la unión de dos palabras de origen griego: *cito* y *cina*. La segunda deriva de la unión de otras dos: *quimio* y, de nuevo, *cina*. El prefijo *cito* deriva de la palabra griega *kytos* y significa 'célula'. Por otra parte, el prefijo *quimio* tiene poco de misterioso y no hay que explicarlo mucho. Se refiere, claro está, a una sustancia química, porque las quimiocinas son sustancias químicas; de hecho, suelen ser proteínas. La terminación *cina* es algo más misteriosa. Deriva de la palabra griega *kinesis*, que significa 'movimiento'. Esta palabra forma parte de otras como "cinética", o "cinemática", siempre relacionadas con el movimiento. Ahora podemos deducir, si no lo hemos hecho ya, que las citocinas y las quimiocinas son sustancias químicas que van a hacer "moverse" a las células que las detecten. En efecto, las citocinas van a activar a muchas células inmunitarias para que realicen funciones defensivas, y las quimiocinas les van a hacer, literalmente, moverse y desplazarse en el espacio hacia la dirección en donde haya una mayor cantidad de estas sustancias, que suele ser bien en los órganos linfáticos, bien en los focos de infección.

Así pues, las primeras células centinela que se topan con las bacterias en el foco de infección producen citocinas que activan a las células endoteliales, las cuales se relajan y se hacen pegajosas para permitir la salida de líquido plasmático y de células inmunitarias. Al mismo tiempo, las células centinela que detectan a las bacterias fabrican y liberan al exterior quimiocinas. Estas quimiocinas difunden y generan un **gradiente de concentración**, es decir, se extienden desde su sitio de origen en todas direcciones, disminuyendo su densidad molecular a medida que se alejan del sitio donde son producidas, de manera similar a como difundiría una gota de tinta en el agua, o un olor difunde en el aire. Al ser detectadas por los monocitos, neutrófilos y linfocitos estos salen de los vasos sanguíneos, primero, y luego comienzan a moverse en la dirección en la que se encuentran las células centinela que están produciendo las quimiocinas, que no es otro lugar que el foco de infección. De este modo, los fagocitos y las células centinela, aunque son ciegas y sordas, poseen una especie de olfato que las guía y son capaces de encontrar su camino para unirse a la dura batalla por la supervivencia contra las bacterias invasoras.

La salida de líquido desde los vasos sanguíneos y la salida de fagocitos que acuden al sitio de infección hacen que el volumen de este sitio y de sus alrededores aumente. Por eso, se produce una **inflamación**, que supone un incremento de volumen en esa zona. Las células que han ido saliendo de la sangre deben navegar hacia el foco de infección por entre las células del tejido infectado y por la llamada **matriz extracelular**, el conjunto de proteínas que mantiene unidos a los tejidos. Muchas quimiocinas se unen débilmente a moléculas componentes esta matriz extracelular, y forman así una especie de camino por el que las células pueden dirigirse hacia el foco de infección. La navegación y la difusión por los tejidos del organismo no son fáciles y, para facilitarlas, los fagocitos y otras células cercanas al foco de infección producen y liberan al exterior unos enzimas llamados **metaloproteasas**. Las metaloproteasas son enzimas que necesitan ciertos metales para su actividad, y que digieren parcialmente las proteínas de los tejidos infectados, con lo que facilitan que los leucocitos lleguen más fácil y rápidamente adonde se encuentran las bacterias. Por esta razón, los tejidos inflamados parecen menos consistentes y más blandos de lo normal. Además, algunas de estas proteasas atacan también directamente a las bacterias, intentando digerirlas.

Puesto que lo que se produce en los primeros momentos de la respuesta inmunitaria frente a un enemigo que ha penetrado al interior de los muros epiteliales es una inflamación, a esta parte de la respuesta inmunitaria (respuesta a una amenaza enemiga, en este caso) se la denomina **respuesta inflamatoria**. Con todo, estos procesos inflamatorios consiguen licuar parcialmente los tejidos, y logran, además de facilitar la acción de los fagocitos, que las bacterias no se puedan adherir a los tejidos con tanta facilidad, lo que puede facilitar su captura y eliminación. Aún otra función de la respuesta inflamatoria, como hemos visto, es inducir la coagulación de la sangre en los microcapilares locales para evitar en lo posible la diseminación de los microorganismos a través de ella al resto del organismo.

Las bacterias y sus restos pueden ser así arrastrados por el líquido que ha ido saliendo de los vasos sanguíneos y que debe ser devuelto a la sangre. Este líquido, la linfa, es retirado por el sistema linfático, que consta, como componentes más importantes, de los vasos linfáticos y de los **órganos linfáticos**. En estos últimos es donde van a llegar células centinelas y restos de los microorganismos muertos y donde se van a activar las células especializadas en la lucha particular contra el enemigo que se ha establecido en el foco de infección: los linfocitos. Aclaremos que, inicialmente, los linfocitos no acuden al foco de infección, puesto que no han sido activados todavía. Solo tras la activación en los ganglios linfáticos algunos de estos linfocitos particulares, los especializados en la lucha en el "campo de batalla", abandonarán los ganglios linfáticos y alcanzarán los focos de infección.

Los vasos linfáticos son vasos similares a los sanguíneos, aunque sus paredes son más finas y contienen una especie de válvulas que permiten el paso del líquido y de las células que transportan en una sola dirección. Esta dirección es desde la periferia del organismo hacia los órganos linfoides y desde ahí a la sangre. La conexión con el sistema circulatorio sanguíneo se produce principalmente entre el llamado **ducto torácico**, que es el vaso linfático más grande, y la **vena subclavia izquierda**, que se sitúa en la base del cuello. En ese punto, la linfa (el líquido que ha salido de los vasos sanguíneos y ha lavado la herida) más las células del sistema inmunitario que están flotando en su interior, son reintroducidas a la sangre. La energía para este continuo flujo de la linfa es proporcionada por los latidos del corazón.

Antes de volver a la sangre, sin embargo, la linfa debe cumplir dos misiones muy importantes. La primera, como hemos dicho, es lavar la herida. Recordemos que hace unas páginas hablábamos de un lavado interior de las heridas. La acumulación de líquido cerca del foco de infección, y la acción de las proteasas, consigue arrastrar con la linfa a muchas bacterias y a los restos de estas. Al mismo tiempo, numerosas células centinela que han fagocitado a las bacterias son también arrastradas con la linfa. Estas células centinela son de dos tipos, que recordamos aquí: **las células dendríticas y los macrófagos que se encontraban residiendo en los tejidos**. Más adelante explicaremos con más detalle las misiones de defensa que llevan a cabo estas importantes células. La segunda misión que la linfa debe realizar es transportar a las células dendríticas y a los macrófagos a los órganos linfoides para conseguir que presenten a los linfocitos al enemigo que han capturado. Aquí es donde las cosas comienzan a ponerse muy interesantes.

### 2.5.1.- INFORMACIÓN Y EL SISTEMA INMUNITARIO

Antes de seguir relatando los ardores de la batalla, es conveniente hacer un breve paréntesis para explicar conceptos que considero muy importantes para comprender lo que sucede cuando el sistema inmunitario reacciona frente a una amenaza de infección. Uno de ellos es el concepto de **gestión de la información** que el sistema inmunitario debe desarrollar.

Es obvio que el sistema inmunitario debe recoger información sobre los enemigos del medio exterior que amenazan con invadir todo el organismo. ¿Qué tipo de microorganismo me ataca? ¿Es una bacteria, un virus, un hongo, un gusano? Una vez ha recabado esta información, el sistema inmunitario necesita tomar decisiones de acuerdo con ella. Estas decisiones conllevan la puesta en marcha de los mecanismos necesarios para hacer frente a la amenaza concreta de que se trate: virus, bacterias, etc.

Cada tipo de microorganismo necesita una serie de moléculas para poder sobrevivir y mantener su modo de vida. Estas moléculas no pueden ser sustituidas por otras, puesto que son necesarias para una función vital. Las bacterias, por ejemplo, necesitan moléculas concretas para su pared celular, y los virus poseen proteínas y ácidos nucleicos propios. Dado su carácter fundamental para la vida de los microorganismos, estas moléculas son comunes a muchos de ellos, pero no se encuentran en nuestro organismo ni, en general, en los organismos animales. La presencia de estas moléculas en el organismo transporta, por tanto, la información de que un microorganismo intenta invadirlo. Puesto que estas moléculas están asociadas a los microorganismos, reciben el nombre científico genérico de **patrones moleculares asociados a los microorganismos** (**MAMP**, por sus iniciales en inglés: *Microorganism-Associated Molecular Patterns*).

A lo largo de la evolución, el sistema inmunitario de los animales ha ido adquiriendo genes encargados de producir proteínas receptoras y detectoras de esos patrones moleculares procedentes de los microorganismos, que funcionan como señales de su presencia. Una de las familias de proteínas receptoras más importante recibe el nombre de **receptores Toll**, representados por las letras **TLR** (*Toll-like receptors*, por su nombre en inglés).

Existen trece receptores TLR (TLR-1 a TLR-13), aunque la especie humana solo posee los diez primeros. Cada uno de estos está especializado en detectar algún componente o patrón molecular repetitivo propio de algún tipo de microorganismo, pero ausente en las células eucariotas. Por ejemplo, los receptores TLR-2 y TLR-4 detectan componentes de las paredes de diferentes tipos de bacterias (entre ellos, uno muy importante, el **lipopolisacárido –LPS–** de las bacterias Gram-negativas); el TLR-5 detecta una proteína necesaria para el funcionamiento de los flagelos bacterianos y el TLR-9 detecta ácidos nucleicos extraños, gracias a la ausencia de ciertas modificaciones químicas en los mismos, modificaciones que sí se encuentran en nuestros ácidos nucleicos. Sin embargo, algunos receptores Toll son también capaces de detectar moléculas de nuestras propias células y tejidos dañados, moléculas que reciben el nombre genérico de **DAMP** (*Damage-Associated Molecular Patterns*)**, o patrones moleculares asociados a daño**. Por otra parte, el receptor TLR-10 parece funcionar como un inhibidor de la respuesta inmunitaria y actúa para regular que esta no sea demasiado exagerada, lo que puede causar un daño colateral excesivo.

Los receptores TLR están presentes en las membranas externas o internas de las células dendríticas y macrófagos, pero también en otras células del sistema inmunitario o en algunas células epiteliales. Cuando los receptores TLR detectan alguna molécula particular de un tipo de microorganismo, transmiten esta señal al interior de la célula. La transmisión de la señal consiste en la activación de determinadas moléculas que se encuentran en el citoplasma celular de forma inactiva y que son activadas por los cambios moleculares que suceden en los receptores TLR que han detectado una molécula extraña. Estos cambios permiten a la parte interna del receptor, localizada en el citoplasma, interaccionar con las moléculas que transmitirán la señal proporcionada por la detección de las moléculas de los microorganismos.

La activación de estas moléculas señalizadoras en el citoplasma origina, en general, que una o varias proteínas concretas viajen desde el citoplasma y se introduzcan en el núcleo celular, donde actúan como **factores de transcripción** y ponen en marcha a determinados genes. El factor de transcripción más importante activado por los receptores TLR es el llamado **NF-κB** (*Nuclear Factor kappa B*), pero este no es el único, porque cada receptor TLR puede activar un conjunto de factores de transcripción que actúan juntos coordinadamente.

¿Qué son los factores de transcripción? Pues bien, son proteínas que actúan en el núcleo como activadores del funcionamiento de los genes. Los genes que no están activos no están siendo transcritos, es decir, su información no está siendo expresada. Para que la información de un gen pueda ser utilizada, por ejemplo, para la fabricación de una proteína, dicha información debe ser copiada desde el ADN, donde se almacena, al ARN mensajero, el único que puede ser utilizado por los ribosomas para la síntesis de proteínas de acuerdo con esta información. La transcripción es la generación de un ARN mensajero a partir de la secuencia de "letras" del ADN. Para que la transcripción pueda tener lugar, los factores de transcripción deben unirse físicamente a determinadas secuencias de "letras" que normalmente se encuentran delante, un poco más arriba, de las "letras" que contienen la información que va a ser utilizada para la síntesis de proteínas. Sin la unión de los factores de transcripción a esas secuencias, los genes están normalmente apagados, silenciados. La unión de uno o más factores de transcripción a un gen pone en marcha la síntesis de su ARN mensajero y posibilita su traducción a proteína, es decir, facilita que la información almacenada en el ADN se manifieste, se exprese, en el mundo del interior de la célula y haga posible que esta realice una función que antes de la puesta en marcha del gen no podía efectuar. Así, cada tipo de célula de nuestro organismo y, por supuesto, del sistema inmunitario, posee un conjunto de factores de transcripción activados, que son los que hacen funcionar a los genes que permiten a la célula mantener su "personalidad", la cual es fundamental para el desarrollo de la función que cada célula debe desempeñar en coordinación con las demás células del organismo.

Evidentemente, no todos los genes son iguales, ni todos los genes necesitan ser activados o silenciados en respuesta a una señal externa, como, por ejemplo, la detección de una molécula procedente de algún microorganismo. Qué genes van a ser puestos en marcha por una señal externa concreta es un proceso que está delicadamente regulado en cada tipo de célula. Esta regulación tiene varios niveles. Vamos a mencionar algunos de ellas.

Un primer nivel es qué tipo de receptores capaces de detectar las señales externas están presentes en la membrana de las células. No todas las células tienen los mismos receptores y, por consiguiente, no todas detectan los mismos estímulos externos. En otras palabras: de acuerdo con su personalidad inicial, cada célula está equipada para detectar solo determinadas señales externas.

Una segunda capa de regulación viene dada por la existencia de diferentes clases de receptores, distintos sobre todo desde el punto de vista de a qué factores de transcripción van finalmente a activar. Ya hemos mencionado que muchos de los receptores TLR activan al factor de transcripción NF-κB. Otros receptores, en cambio, activan a otros factores de transcripción.

Finalmente, un último nivel de regulación viene dado por las "letras" (la secuencia de nucleótidos) que cada gen posee y que permiten que se unan o no a ellos factores de transcripción particulares y los activen. Así, la activación de un factor de transcripción concreto induce solo la activación de los genes a los cuales este puede unirse, que son solo los que tienen la secuencia de "letras" que permite su unión.

De este modo, en el caso de las células del sistema inmunitario, la información detectada desde el exterior permite a la célula tomar una serie de decisiones moleculares. Las primeras de estas decisiones no son otras que la puesta en marcha de los genes que le van a permitir reaccionar de manera correcta y eficaz frente al tipo de amenaza de que se trate. Esta reacción puede conllevar la puesta en marcha de mecanismos de defensa y de eliminación de los enemigos, y también la puesta en marcha de mecanismos de transmisión a otras células de la información detectada. Esta transmisión se realiza mediante la generación y secreción de citocinas (producidas a partir de los genes activados), las cuales van a activar a su vez a receptores presentes en otras células del sistema inmunitario, lo que conlleva la activación en esas células de otros factores de transcripción y otros genes que les permitirán realizar ahora acciones que contribuyan a la defensa global.

### 2.5.1.1.- GENES Y MISIONES CELULARES

Considero necesario aquí hacer de nuevo un pequeño paréntesis para explicar el concepto de gen, tal y como creo es necesario entenderlo para comprender la activación y las acciones de las células del sistema inmunitario. La genética aparece hoy frecuentemente en los medios de comunicación, y las pruebas de paternidad basadas en el ADN, o los análisis de ADN de muestras biológicas obtenidas en la escena del crimen, están a la orden del día en la vida real y en las obras de ficción. Por ello, tal vez pensemos en un gen como en una región del ADN, y creamos que los genes están en el ADN y son ADN. Pues bien, esto no es completamente cierto. Si el ADN es necesario para contener la información genética, un gen es algo más que el ADN, puesto que el gen no es nada, nada, a menos que se manifieste en el mundo real. El gen solo tiene sentido en tanto que método de producción de una pieza de la maquinaria celular, o de un componente de un sistema celular, que capacita que las células hagan algo que sin el funcionamiento del gen no podrían hacer. Por ejemplo, si las células necesitan fagocitar bacterias, necesitan herramientas y métodos de capturarlas, de internalizarlas y de digerirlas. Todos estos procesos dependen del funcionamiento de ciertos genes que producen las piezas de la maquinaria celular que capacitan estas funciones, genes que se encuentran activos en las células que fagocitan a las bacterias, pero que no están funcionando en las células que no realizan esta función, como, por ejemplo, en las neuronas. Conviene decir aquí que el funcionamiento de los genes se denomina, en lenguaje científico, **expresión génica**. Un gen que se expresa, que se manifiesta en el mundo real, es simplemente un gen que funciona en ese momento. Un gen que incrementa su expresión es un gen que aumenta la tasa de su funcionamiento. Un gen que no funciona es un gen silenciado, que ha perdido su expresión; y de un gen que deja de funcionar como respuesta a alguna señal molecular, se dice que ha silenciado su expresión. Los genes, por cierto, no tienen libertad de expresión, ya que su expresión está siempre controlada por diversos eventos moleculares y por la expresión de otros genes.

Cada célula de nuestro cuerpo posee un conjunto de genes funcionando, es decir, que se está expresando, y también posee un conjunto de genes sin funcionar, es decir, que está silenciado. El conjunto de genes que una célula tiene funcionando es lo que le capacita para realizar las funciones que debe llevar a cabo. Por ejemplo, una célula de riñón cuenta con un conjunto de genes funcionando que es diferente del conjunto de genes de una célula del hígado. Esta es la razón por la que ambas células son diferentes. La diferenciación celular, de hecho, es el proceso por el cual de una célula madre precursora se generan células hijas diferentes. Aunque las células hijas tienen los mismos genes en sus cromosomas, estas no tienen expresándose a los mismos genes. El proceso de diferenciación supone que de los genes que la célula madre tiene funcionando, y que le permiten ser una célula madre, algunos genes van a ser apagados para dar lugar a las células hijas. Además, en estas células, que van a hacerse diferentes de la célula madre (y en muchas ocasiones también diferentes entre sí, ya que una célula madre puede dar lugar a diversos tipos de células hijas), algunos genes que estaban silenciados en la célula madre van a activarse y otros que estaban activados van a silenciarse. Tras varios procesos de división, al final, la célula madre precursora genera células hijas diferenciadas, que serán capaces de realizar funciones diferentes de acuerdo con el conjunto de genes que cada una tenga funcionando. Este es, en realidad, el significado más importante que tiene el funcionamiento o la expresión de los genes.

La activación y el silenciamiento de genes son procesos moleculares particularmente importantes en el caso de las células del sistema inmunitario. Estas, aunque deben estar preparadas para detectar la presencia del enemigo, no poseen listas en todo momento todas las armas para luchar contra él o para presentarlo a otras células de modo que sean ellas las que luchen contra él. Estas armas son producidas o incrementadas después de que el enemigo ha sido detectado, y esta producción, o su incremento, depende del aumento de la expresión de ciertos genes y también de la disminución de la expresión de otros. Esto tiene su lógica, porque no conviene dejar que células completamente armadas y con capacidad de matar abunden en el organismo si no es absolutamente necesario. Además del peligro que supondría, sería también un despilfarro en términos de energía mantener a una nutrida población de células equipadas y armadas si no es para la lucha inmediata. Sería igual de absurdo que mantener movilizada en el ejército a una gran cantidad de la población de un país, equipada con armas y pertrechos, incluso si la amenaza de guerra no es inminente. La seguridad y la economía son preocupaciones ancestrales del sistema inmunitario, que este ha tenido que gestionar cientos de millones de años antes de que el primer ejército humano marchara sobre la faz del planeta.

Volvamos ahora al foco de infección.

### 2.5.2.- PRESENTANDO AL ENEMIGO

Como hemos dicho, las células dendríticas y los macrófagos son los dos tipos de células que primero detectan a las bacterias invasoras, con ayuda o no del complemento. Para ello, cuentan con los receptores TLR, de los que hemos hablado arriba. Estos receptores son, en realidad, en primer lugar, detectores.

Como también hemos dicho, estos receptores detectan moléculas propias de las bacterias o de los virus, como ARN de doble hebra, lipopolisacárido (LPS) de la pared de algunas clases de bacterias y varias otras moléculas propias de los microorganismos.

Cuando estas moléculas son detectadas, el resultado más importante es que las células dendríticas y los macrófagos se activan. Esto quiere decir que ponen en marcha mecanismos y procesos contra las bacterias que no estaban activados antes de que estas fueran detectadas. Uno de estos procesos es la fagocitosis, como ya hemos dicho. La fagocitosis permite que estas células ingieran bacterias y las digieran, lo que ya supone un importante medio de lucha contra ellas. Sin embargo, la fagocitosis no es el único proceso por el que las células dendríticas, y otras células fagocíticas, capturan microorganismos. Otro proceso es el denominado **macropinocitosis**, por el cual las células dendríticas ingieren grandes cantidades de líquido extracelular y de las partículas en suspensión que puede contener, entre las que puede haber microorganismos. Sea como sea la ingestión de microorganismos, estos son digeridos en el interior celular.

Esta digestión mata a las bacterias, pero no es una digestión total. No todos los componentes bacterianos son digeridos al máximo. Algunos de ellos son solo digeridos parcialmente y van a ser utilizados para mostrar la naturaleza del enemigo a los linfocitos y a activarlos contra él. Los linfocitos poseen los llamados **receptores de antígenos** y muchos de ellos se encuentran permanentemente moviéndose de un ganglio linfático a otro, transportados por la circulación de la sangre y la linfa, en busca de células centinela que muestren en su superficie una molécula enemiga que encaje en uno de sus receptores. Cada linfocito posee un receptor de antígenos para una molécula diferente, y puesto que existen miles de millones de linfocitos diferentes, cada uno con su receptor, todos juntos son capaces de detectar y reaccionar contra, virtualmente, cualquier molécula enemiga. De estos receptores hablaremos extensamente más adelante.

Las células dendríticas y los macrófagos que han capturado y digerido a algunas bacterias, así como restos de estas, e incluso algunas bacterias vivas (que serán capturadas y digeridas más tarde), son arrastradas con la linfa por los vasos linfáticos hasta los ganglios linfáticos más cercanos al foco de infección. De resultas del aflujo de linfa y de células desde los tejidos inflamados, los ganglios linfáticos cercanos al foco de infección pueden también hincharse. Probablemente, todos hemos notado alguna vez nuestros ganglios del cuello inflamados como resultado de una infección de la garganta. Esta inflamación de los ganglios es signo inequívoco de que se está poniendo en marcha una segunda fase de la respuesta inmunitaria: **la respuesta inmunitaria adaptativa**.

Antes de que los linfocitos puedan ser activados solo contamos con la **respuesta inmunitaria innata**. Este tipo de respuesta inmunitaria está orquestada por células que responden de manera genérica frente a una variedad de enemigos, es decir, una multitud de bacterias, de hongos o de virus, y es posibilitada por la presencia en la membrana de estas células de los receptores/detectores Toll y de otros receptores de componentes moleculares de los microorganismos, así como por receptores de algunas quimiocinas y citocinas. Sin embargo, si a pesar de que más y más células inmunitarias innatas acuden al foco de infección, y más y más líquido linfático con proteínas del complemento se acumula también en ese foco, las células del sistema inmunitario innato no pueden contener al microorganismo invasor, el líquido linfático, con muchas células centinela activadas por las bacterias, es drenado por los vasos linfáticos y conducido hasta los ganglios linfáticos. En el interior de estos ganglios es donde se van a activar los linfocitos, como ya hemos dicho, los cuales son las células más efectivas contra la lucha microbiana. Estas células no van a luchar contra todas las bacterias o los virus en general, como hacen las células del sistema inmunitario innato, sino que van a "aprender" la naturaleza del enemigo contra el que deben enfrentarse y van a generar una respuesta particular contra él. Esta respuesta va a ser extremadamente eficaz contra el microorganismo de que se trate, pero va a ser completamente ineficaz contra otro microorganismo diferente que pueda infectarnos al mismo tiempo o en el futuro inmediato. Por ello, se dice que la respuesta inmunitaria adaptativa es **específica**: va dirigida solo contra una especie de microorganismo concreta, pero no contra otras.

¿Cómo se activan los linfocitos frente a los enemigos? Esto depende del tipo de linfocito de que se trate, ya que existen dos tipos principales:

**los linfocitos o células B** y **los linfocitos o células T**. La razón por la que se llaman así es porque los linfocitos B se generan en la médula de los huesos (*bones*, en inglés y de ahí la B) y los linfocitos T, aunque en sus primeras fases de maduración también se generan en la médula ósea, se desarrollan en su fase final en un órgano llamado **timo** (*thymus*, en inglés, y de ahí la T), que se encuentra en el tórax, enfrente del corazón y detrás del esternón. Estos dos órganos, la médula ósea y el timo, son denominados por ello **órganos linfoides primarios**, puesto que están encargados de generar las células primordiales del sistema inmunitario. En cambio, los ganglios linfáticos en los que estas células se van a activar se denominan **órganos linfoides secundarios**.

### 2.5.3.- ACTIVACIÓN DE LOS LINFOCITOS B

Vamos a adentrarnos primero en la activación de los linfocitos B. Estos linfocitos se activan si detectan alguna molécula, bien como resto bacteriano o vírico, bien presente en bacterias o virus vivos, aunque también en ocasiones pueden detectar moléculas del propio organismo, lo que puede causar enfermedades autoinmunitarias. Para detectar las moléculas que provienen, como veremos, de prácticamente cualquier entidad química, los linfocitos B están provistos de receptores, es decir, de moléculas en la superficie de su membrana celular, de una diversidad virtualmente infinita. Más adelante veremos cómo los linfocitos B consiguen generar moléculas receptoras capaces de detectar prácticamente cualquier estructura química del mundo *mundial*, pero centrémonos ahora en su activación.

Existen miles de millones de linfocitos B en nuestro organismo, cada uno capaz de detectar una molécula particular, normalmente presentada por una bacteria o por un virus. Esta molécula suele recibir el nombre genérico de **antígeno**. Los linfocitos B no saben qué molécula detectará su receptor. No obstante, si el receptor de un linfocito B es activado por una molécula de antígeno a la que el receptor es capaz de unirse, suceden tres cosas, las cuales dependen de cambios en el funcionamiento de genes determinados.

Lo primero que sucede es que el linfocito B que ha detectado la molécula extraña es estimulado para dividirse y formar copias de sí mismo, una fase del proceso de activación que se denomina **expansión**

**clonal**. De un solo linfocito capaz de detectar una sustancia particular, se generarán miles de linfocitos o más, que serán copias inicialmente idénticas del original, es decir, clones de este, y que serán por ello capaces de detectar a la misma sustancia. Esta fase de expansión clonal requiere varios días para completarse. Esta es la razón por la que la respuesta humoral adaptativa (y también, como veremos luego, la respuesta celular realizada por la activación de los linfocitos T) tarda varios días en generarse. Durante esos días iniciales de la infección, el sistema inmunitario solo cuenta con las defensas de la inmunidad innata.

Lo segundo que sucede es que los linfocitos B que han detectado un antígeno concreto y se han activado y dividido van a producir grandes cantidades de **anticuerpos** que van a ser secretados al exterior y transportados por la sangre. La secreción de anticuerpos es la principal función de los linfocitos B. Los anticuerpos son proteínas muy similares a la molécula receptora que el linfocito B original posee sobre su membrana, y con la que ha detectado al antígeno contra el que ha reaccionado, gracias a lo cual ha sido estimulado a multiplicarse. De hecho, los anticuerpos son **moléculas idénticas a ese receptor**, excepto por que carecen de la parte que les permite fijarse a la membrana del linfocito. Carentes de esta parte de la molécula, los anticuerpos son secretados al medio exterior. Una vez en la sangre o en los líquidos extracelulares, los anticuerpos van a unirse a antígenos presentes en las bacterias y otros microorganismos y van a dificultar su vida de varias formas. Una de ellas es la llamada **neutralización**. Como su nombre indica, se trata de neutralizar al enemigo, impidiendo que pueda ejercer su actividad o pueda hacernos daño. La neutralización se consigue cuando los anticuerpos se unen a moléculas que los microorganismos necesitan para infectar a las células y penetrar en su interior, o se unen a moléculas que producen para ejercer un daño que les beneficia, como, por ejemplo, las toxinas bacterianas. La unión de un anticuerpo a la toxina impide que esta pueda unirse a las células, a las que, si penetra en su interior, podría matar, liberando así nutrientes que las células guardan en su interior y cuya liberación favorecería el crecimiento de las bacterias. Igualmente, un anticuerpo que se une a una proteína que un virus o una bacteria particular necesita para adherirse a las células e infectarlas, neutralizará a ese virus o a esa bacteria, impidiendo que pueda infectar a las células. Otra forma en que los anticuerpos ayudan a vencer al enemigo es recubriendo a la bacteria y facilitando su fagocitosis. Recordemos que este recubrimiento se denomina opsonización. En efecto, la unión de los anticuerpos a la superficie de las bacterias facilita que estas sean detectadas por los fagocitos a través de proteínas receptoras específicas para los anticuerpos, llamadas **receptores Fc**, y sean también fagocitadas. Además, los anticuerpos unidos a las superficies de las bacterias actúan contra ellas facilitando **la activación del complemento** sobre su superficie, lo que, además de aumentar la opsonización, ya que, como hemos visto, las proteínas del complemento también ayudan a recubrir a las bacterias, puede conducirlas a la muerte mediante la formación de poros en su membrana.

El tercer fenómeno que sucede es realmente extraordinario. Se trata de que los linfocitos B ponen en marcha un proceso de evolución y selección que los mejora. Este proceso se denomina **hipermutación somática**, y consiste en la generación de múltiples células hijas de la original que poseen mutaciones en los genes productores de los anticuerpos, y solo en estos. Esto sucede en los ganglios linfáticos, en una segunda fase de división celular, posterior a la división celular inicial que solo genera células idénticas a la original, como hemos dicho. Las mutaciones, además, se concentran en la zona del gen que contiene la información para generar la parte del receptor (y del anticuerpo) que se une a la molécula bacteriana o vírica. Estas mutaciones pueden causar principalmente uno de dos efectos: pueden generar receptores que se unan al antígeno que inicialmente detectaron peor que el receptor original; o pueden generar receptores que se unan al antígeno mejor que el receptor original. La descendencia celular de la célula original será pues variada y constará de células que se unirán peor o que se unirán mejor al antígeno. En estas condiciones, en el ganglio linfático se produce una competición por la supervivencia. Solo aquellos linfocitos B que puedan unirse al antígeno con suficiente fuerza serán capaces de sobrevivir. Las células que no puedan unirse al antígeno con una fuerza superior a la inicial morirán por un proceso de muerte celular programada (es decir, consistente en una serie de pasos, como si fuera un programa de ordenador o de una lavadora automática). Este proceso de muerte celular se denomina **apoptosis** y es un proceso fundamental para el buen funcionamiento del sistema inmunitario. Más adelante veremos por qué. Por el momento, confía en lo que te digo y sigamos.

Tras un primer ciclo de mutación y selección, tenemos una nueva población de células B, todas las cuales se unen mejor que la original al antígeno. En ese momento se produce otra nueva serie de mutaciones que van a generar linfocitos B que se unen al antígeno con mayor o con menor fuerza. De nuevo, solo las que pueden competir con éxito y unirse al antígeno con más fuerza sobreviven. Tras varias repeticiones de estos ciclos de mutación y de selección en los genes de los anticuerpos, el ganglio linfático termina generando una población de linfocitos B que secreta anticuerpos capaces de unirse al antígeno con mucha más fuerza que el original, por lo que son mucho más eficaces que este.

De esta forma, podemos ver que no es necesario contar con linfocitos B que inicialmente se unan a un antígeno con mucha fuerza. Basta con que se unan con la fuerza suficiente como para que un linfocito B pueda ser estimulado a dividirse. Si esto sucede, el proceso de maduración de anticuerpos permitirá la producción de un anticuerpo mucho más eficaz que el original, el cual dejará de ser producido para pasar a producirse exclusivamente la versión mejorada del mismo. Además, los anticuerpos producidos pueden ser de hasta cinco clases diferentes, que desempeñan funciones distintas. Más adelante profundizaremos en el asunto de la manera en que los linfocitos B deciden qué clase de anticuerpo producir y en las funciones de defensa que desempeñan las distintas clases de anticuerpos.

Así pues, vemos que la linfa que llega al ganglio linfático transportando antígenos de las bacterias, e incluso las mismas bacterias del foco de infección (o también virus u hongos), ejerce un papel fundamental para la generación de anticuerpos por los linfocitos B. Ocupémonos ahora del proceso de activación de los linfocitos T.

### 2.5.4.- ACTIVACIÓN DE LOS LINFOCITOS T

Como hemos dicho, las células dendríticas y los macrófagos que han capturado bacterias o virus en el foco de infección también son transportados al ganglio linfático. Las bacterias o virus que han capturado han sido parcialmente digeridos y los fragmentos de las proteínas generados por esta digestión parcial van a servir así para presentar a los linfocitos T las características moleculares del enemigo de manera segura. Esta función es la que permite llamar a las células dendríticas y a los macrófagos con el nombre genérico de **células presentadoras de antígenos**, aunque solo las células dendríticas se dedican "profesionalmente" y exclusivamente a esta función, mientras que, como veremos, los macrófagos realizan funciones adicionales. Sea la que sea la célula que presenta los antígenos, el enemigo es presentado a los linfocitos T, fragmentado y muerto. Los linfocitos T son las células más importantes del sistema inmunitario adaptativo.

Vemos ya aquí una importante diferencia en la forma en la que los linfocitos B y T detectan a los antígenos. Los linfocitos B detectan a los antígenos directamente; no necesitan a otras células como intermediarias para encontrarlos. Los linfocitos T, en cambio, sí necesitan de la intermediación de otras células para detectar antígenos y no pueden hacerlo ni tampoco activarse adecuadamente sin el concurso de las células presentadoras de antígenos. Veremos más adelante que esto está relacionado con el hecho de que las células T solo distinguen antígenos que han modificado de alguna forma a algunas de nuestras propias moléculas, lo que indica una invasión por algún tipo de microorganismo que pretende parasitarlas.

Algunos macrófagos pueden permanecer luchando en el foco de infección, fagocitando bacterias, y no viajar a los ganglios linfáticos, pero las células dendríticas que han fagocitado bacterias u otros microorganismos realizan una única misión fundamental: viajar a estos ganglios y presentar en ellos los antígenos propios de los microorganismos que han fagocitado a los linfocitos T vírgenes, activarlos y "educarlos" de manera que se desarrollen en **linfocitos T efectores armados** y eficaces para luchar contra la amenaza de que se trate. Cuando hablamos de linfocitos efectores armados lo que queremos decir, simplemente, es que son células que llevan a cabo, o a efecto, una función determinada. Por esta razón, son células efectoras. Igualmente, para realizar la misión particular que sea, necesitan contar con armas, es decir, necesitan armarse. Esto puede parecer complicado de comprender. ¿Qué son las armas de las células efectoras? Son simplemente moléculas producidas por ciertos genes tras la activación de estas células, y que no son producidas si las células no están activadas. Estas moléculas capacitan al linfocito para llevar a cabo una función defensiva que antes no podía realizar, como, por ejemplo, matar a células infectadas por virus. La activación se produce tras el encuentro con una célula dendrítica (o también con un macrófago o un linfocito B) que ha encontrado un antígeno con anterioridad.

### 2.5.4.1.- ARMAS EFECTORAS

Volvamos a las células presentadoras de antígenos. Estas, una vez han fagocitado a las bacterias y las están digiriendo, comienzan a cambiar el conjunto de los genes que tienen en funcionamiento. En primer lugar, apagan los genes que les permiten adherirse a los tejidos de la periferia del organismo, a la piel, por ejemplo. Esto consigue que se despeguen de estos tejidos y puedan ser arrastradas por el flujo de linfa que se ha ido acumulando en el foco de infección, gracias a las citocinas y quimiocinas que también ellas han producido tras detectar a los microorganismos. De esta manera, las células dendríticas acaban en el interior de los vasos linfáticos y viajan hacia los ganglios linfáticos.

Durante el periplo por los vasos linfáticos, las células dendríticas presentadoras de antígenos continúan modificando la expresión de numerosos genes. Estos genes las preparan para realizar su función, que es, como hemos dicho, la de presentar a los linfocitos T fragmentos del enemigo que han capturado.

Entre estos genes existen algunos que permiten que las células dendríticas aumenten su superficie, es decir, aumenten la extensión de su membrana celular. De este modo, las células dendríticas pueden colocar en su superficie una mayor cantidad de moléculas derivadas del enemigo que han detectado y capturado, con lo que aumentan la probabilidad de que un linfocito T las pueda reconocer. El aumento de la superficie de la membrana causa que esta se pliegue y se formen estructuras similares a las dendritas propias de las neuronas. Esta es la razón por la que estas células llevan el nombre de células dendríticas y no porque tengan nada que ver con las neuronas. Esta capacidad de aumentar su superficie es una de las que convierte a las células dendríticas en células especializadas para la función de presentar antígenos. Aunque los macrófagos también los presentan, al no aumentar su superficie no pueden conseguir el nivel de eficacia presentadora que las células dendríticas consiguen.

Ya hemos insistido en que, si la célula debe realizar una o varias funciones, necesita herramientas moleculares para llevarlas a cabo. En este caso, la misión de las células presentadoras de antígenos es presentar en su superficie pequeños fragmentos derivados de las proteínas enemigas, de solo entre siete y ocho aminoácidos de longitud media, aunque algunos pueden ser mayores. Estos fragmentos pequeños de proteína son denominados **péptidos**. Para generar estos péptidos, la célula necesita de una compleja maquinaria enzimática que digiera parcialmente a las proteínas del enemigo capturado. En realidad, esta maquinaria sirve también para degradar a las proteínas propias de la célula que han ido envejeciendo (desnaturalizándose) y que es necesario reciclar. Esta compleja maquinaria recibe el nombre de **proteasoma o proteosoma**, y está formada por alrededor de veintiocho proteínas. Las proteínas componentes de sistemas más complejos se denominan con el nombre genérico de **subunidades**, por lo que el proteasoma está compuesto por un mínimo de veintiocho subunidades proteicas. Como punto de comparación para estimar la complejidad de esta maquinaria, consideremos que la hemoglobina de nuestra sangre está formada por solo cuatro subunidades, aunque los ribosomas, los orgánulos celulares encargados de la síntesis de proteínas, están formados por el ensamblaje de ochenta y dos subunidades.

Ciertos subconjuntos de células dendríticas y algunos macrófagos son muy eficientes en la captura de antígenos desde el medio extracelular y en su digestión. La captura se produce por fagocitosis o macropinocitosis. Los antígenos ingeridos son, o bien transportados al citosol para su degradación en el proteasoma, o bien digeridos en la propia vesícula fagocítica, llamada **fagosoma**, la cual se fusiona luego con otra vesícula digestiva llamada **lisosoma**. Como sabemos, el sufijo *soma* significa 'cuerpo'. Así pues, los fagosomas son cuerpos derivados de la fagocitosis y los lisosomas son cuerpos que lisan, capaces de lisar y digerir, porque en su interior contienen numerosos enzimas digestivos. Ambos, el fagosoma y el lisosoma, son vesículas, es decir, pequeñas esferas localizadas en el interior de las células, formadas por membrana celular que separa sus contenidos del resto del citoplasma. En el caso de los lisosomas esto resulta fundamental para impedir que las enzimas digestivas que contienen digieran a la propia célula. La fusión de un fagosoma con un lisosoma pone en contacto a las enzimas digestivas del lisosoma con las partículas antigénicas capturadas en el fagosoma y las digiere. Una vez digeridas estas partículas, los péptidos resultantes serán utilizados para ser presentados a los linfocitos T.

Las células presentadoras de antígenos activadas por la detección de un enemigo también aumentan la expresión de los genes que producen algunas de las subunidades del proteasoma, en particular la de aquellas que aumentan su eficacia para la digestión de las proteínas derivadas de los enemigos y para producir, a partir de ellas, los péptidos que van a ser presentados en la membrana a los linfocitos T. Igualmente, las células presentadoras de antígenos activadas aumentan la expresión de los genes para producir las proteínas que deben capturar los péptidos producidos por el proteasoma y colocarlos en la membrana, de modo que algún linfocito T pueda detectarlos. Estos genes son absolutamente fundamentales para la función del sistema inmunitario y son los que constituyen el llamado **complejo mayor de histocompatibilidad**.

Histocompatibilidad significa compatibilidad entre tejidos y órganos. Más adelante explicaremos de dónde surge este nombre, así como también cómo funciona el proteasoma, pero ahora esto solo causaría que nos distrajéramos demasiado del proceso de activación de los linfocitos T. Este proceso, como cualquier proceso de activación celular, depende de que los linfocitos detecten una molécula externa con algún receptor de su membrana celular. Ya hemos visto antes que los linfocitos B se activaban de este modo, y prácticamente todos los procesos de activación celular se producen de la misma manera: una molécula es detectada por un receptor, lo que causa cambios en el funcionamiento de los genes o el ensamblaje de algún complejo molecular a partir de componentes ya fabricados, que ejecuta una acción. Algunos genes comienzan a expresarse, mientras que otros son silenciados. Esto cambia las capacidades de las células, que ahora hacen algo que antes no podían hacer, o dejan de poder hacer algo que antes hacían.

En el caso de los linfocitos T, algunos de ellos, cuando son activados, adquieren una "licencia" para matar a nuestras propias células. Curiosamente, matar a nuestras células es el mecanismo de defensa más eficaz cuando estas han sido subvertidas por enemigos que las ponen a su servicio. Estos enemigos son, en general, los virus, los cuales utilizan la maquinaria celular para reproducirse y generar cientos de nuevas partículas víricas que podrían infectar a otras tantas células. Recordemos que las bacterias crecen en proporción geométrica, duplicándose cada unos pocos minutos. Los virus también se reproducen en proporción geométrica, pero su reproducción es aún más rápida que la de las bacterias, porque de un virus no se generan solo dos nuevos virus, como en el caso de las bacterias, sino hasta cientos. Esta es la razón de que el sistema inmunitario necesite ser verdaderamente expeditivo en el caso de las infecciones víricas. Más adelante exploraremos este asunto con más profundidad.

Volvamos a la activación de los linfocitos T por las células presentadoras de antígenos. Como hemos dicho, estas poseen proteínas especializadas en unir los fragmentos de las proteínas derivados de la digestión parcial de las bacterias fagocitadas, o también de virus que han podido ser internalizados en el proceso de macropinocitosis, y colocarlos en su membrana. Estas proteínas están producidas por los genes del **complejo mayor de histocompatibilidad**, conocido como **MHC**, por sus siglas en inglés. Vamos a centrarnos en cómo funcionan estas proteínas.

Existen dos clases principales de estos genes y proteínas, que se denominan **MHC de tipo 1** (MHC-1) y **MHC de tipo 2** (MHC-2), y cumplen misiones diferentes. Los genes del MHC-1 están encargados de generar proteínas que colocan en la superficie celular a péptidos **procedentes, en general, de la degradación de proteínas que han sido sintetizadas en el citoplasma por la propia célula**. En consecuencia, las proteínas MHC-1 colocan en la membrana celular péptidos procedentes de proteínas víricas, ya que los virus, para reproducirse, toman el control de la maquinaria celular de síntesis de proteínas y es la propia célula la que produce en el interior celular las proteínas que forman los virus. De este modo, una célula infectada por un virus mostrará en su superficie, unidos a moléculas de MHC-1, péptidos extraños a sí misma, procedentes de las proteínas del virus que han sido producidas, primero, y parcialmente digeridas, después.

Las moléculas de MHC-2 también presentan péptidos en la membrana, pero estos **proceden de proteínas que han sido ingeridas por la célula**, bien por fagocitosis, bien por macropinocitosis, bien por endocitosis (un proceso en el que las proteínas deben primero unirse a un receptor específico para ellas antes de ser ingeridas). Obviamente, esto significa que las células dendríticas, y también otras células, poseen fascinantes mecanismos que permiten distinguir el origen de una proteína concreta, en particular distinguir si esta ha sido producida por la célula o ingerida desde el exterior.

Los linfocitos T en espera de ser activados, **llamados linfocitos T vírgenes**, se encuentran en el interior de los ganglios linfáticos, en general, en el interior de las llamadas **zonas de células T**, las cuales, obviamente, son zonas de los ganglios donde estos linfocitos se acumulan, atraídos allí por quimiocinas particulares. Al igual que existen miles de millones de linfocitos B diferentes, cada uno con un **receptor B** (también llamado **BCR**, *B Cell Receptor*) particular, también existen miles de millones de linfocitos T diferentes, cada uno con un **receptor T** (también llamado **TCR**, *T Cell Receptor)* particular. La importante diferencia entre ellos es que mientras los receptores de los linfocitos B pueden detectar prácticamente cualquier tipo de sustancia, los receptores de los linfocitos T están **restringidos** a detectar exclusivamente péptidos unidos a las moléculas de MHC. Esta restricción, además, es muy estricta, ya que los linfocitos T que una persona ha generado en su vida detectarán péptidos unidos a sus propias moléculas de MHC, pero, en general, no detectarán esos mismos péptidos unidos a moléculas MHC de otras personas. De este modo, el sistema inmunitario es capaz de realizar una de las tareas más importantes: responder a la pregunta **¿qué es mío y qué no lo es; qué es propio y qué es extraño?** Lo propio debe ser tolerado y respetado y lo extraño debe ser atacado. Las moléculas de MHC son las principales responsables, aunque no las únicas, de que esta hazaña molecular sea posible.

Millones y millones de precursores de los linfocitos T han sido generados en la médula ósea (cada uno con un receptor particular que luego veremos cómo se produce) y madurados y "seleccionados" en el timo (luego veremos también en qué ha consistido esta selección, que es muy importante). Una vez maduros, los linfocitos T abandonan el timo y pasan a la sangre y, desde allí, penetran a través de los vasos sanguíneos a los ganglios linfáticos, en un proceso muy similar al empleado por los monocitos y macrófagos para salir de la sangre y acudir a los focos de infección. Una vez en el interior del ganglio, los linfocitos T vírgenes se reúnen en las llamadas zonas T de los ganglios linfáticos, los cuales están localizados a lo largo de toda la anatomía corporal, aunque la mayoría se encuentran rodeando al intestino. A los ganglios llegan también continuamente, aunque en este caso acuden a través de los vasos linfáticos llamados **aferentes** (de entrada), células dendríticas que han sido arrastradas por la linfa. Una vez en el ganglio, estas células dendríticas penetran en el interior de las zonas de linfocitos T. Cada una de ellas lleva en su superficie miles de moléculas de MHC de ambos tipos unidas a péptidos diferentes, que provienen de diferentes fragmentos de las numerosas proteínas propias de una bacteria o de un virus encontrado en el foco de infección. Por consiguiente, cada célula dendrítica presenta en su superficie una colección nutrida y diversa de péptidos unidos a moléculas MHC-1 y MHC-2. Muchos de esos péptidos, sin embargo, provienen de las propias proteínas sintetizadas por la célula dendrítica que han sido degradadas y cortadas en péptidos, o de las proteínas propias del organismo captadas desde el exterior por ellas que igualmente han sido degradadas a péptidos. Así, una célula dendrítica y otras células que presentan antígenos a las células T, entre las que, como veremos, se encuentran también los macrófagos y las células B, muestran en su superficie una extensa colección de moléculas de MHC unidas tanto a péptidos propios, como a péptidos extraños. Será la presencia de estos últimos la que hará posible la activación de los linfocitos T vírgenes.

En este momento del relato, los linfocitos T vírgenes aún no han encontrado al amor de su vida, a esas células dendríticas que les van a activar y que con ello cambiarán su existencia para siempre y le darán sentido. Los linfocitos vírgenes acumulados en la zona T de los ganglios linfáticos van a entrar en contacto con la superficie de las células dendríticas que van llegando y van a explorar esta superficie, deslizándose sobre ella, en busca de un péptido unido a un MHC-1 o MHC-2 que sea capaz de unirse con fuerza a su receptor. Esta unión con fuerza (con elevada afinidad, como se dice en lenguaje científico) es importante, ya que una unión débil, si se produce, no permite la activación de los linfocitos T. Más adelante explicaremos por qué la afinidad de unión entre el receptor de los linfocitos T y los péptidos unidos a moléculas MHC es tan importante para su activación correcta. Por ahora aclaremos que la inmensa mayoría de los linfocitos T no encontrarán a ese péptido unido a un MHC que les activará. Estos continuarán siendo vírgenes y, tras un tiempo, saldrán del ganglio linfático por los vasos linfáticos **eferentes** (de salida), regresarán a la sangre a través del ducto torácico y volverán a penetrar en otro ganglio linfático en busca de la célula dendrítica que los podría activar. La mayoría de los linfocitos T vírgenes, por consiguiente, peregrinarán por los ganglios linfáticos toda su vida sin encontrar un antígeno presentado por una célula dendrítica que los active. Muchos morirán como linfocitos vírgenes errantes, ya que nunca encontrarán a la célula dendrítica con un péptido que podría haberlos activado.

Para complicar las cosas un poco más, resulta que no solo existe un tipo de linfocitos T, sino dos. La diferencia principal entre ellos es que el primer tipo de linfocitos T posee receptores que detectan exclusivamente péptidos unidos a las moléculas de MHC-1. Son los llamados linfocitos **T CD8**. El otro tipo de linfocitos T posee receptores que detectan exclusivamente a péptidos unidos a moléculas MHC-2. Son los llamados linfocitos **T CD4**. Recordemos esto, porque es importante: la relación es **MHC-1/CD8**, **MHC-2/CD4**. Más adelante explicaremos por qué los tipos de linfocitos principales se denominan CD4 y CD8, pero, por el momento, recordemos solo que cada uno de estos tipos de linfocitos T se une a una molécula de MHC también de un tipo concreto.

Como hemos dicho, las células dendríticas expresan en su superficie tanto péptidos unidos a MHC-1 como péptidos unidos a MHC-2, cuyo origen es diferente: los MHC-1 unen péptidos de proteínas producidas principalmente por las propias células y los MHC-2 unen péptidos de proteínas capturadas desde el exterior. Una célula dendrítica va a ser, por consiguiente, capaz de activar a ambos tipos de linfocitos; para ello deberá encontrar a uno que posea un receptor que se una con fuerza a uno de los péptidos que presenta unido a una molécula MHC-1 o a una molécula MHC-2.

No obstante, consideremos que existen miles y miles de péptidos procedentes de microorganismos y que hay miles de millones de linfocitos T, cada uno de ellos con un receptor capaz de detectar un péptido diferente unido a una molécula MHC. Si una célula dendrítica ha capturado, por ejemplo, una bacteria y presenta péptidos de las proteínas de esta en sus moléculas MHC-2, la célula dendrítica presentará cientos o miles de péptidos procedentes de la bacteria. Es, por tanto, casi seguro que al menos uno de los linfocitos T reconocerá, es decir, podrá unirse mediante su receptor, a uno de los péptidos bacterianos presentados por la célula dendrítica, y el linfocito T podrá ser activado por esta. El proceso es como jugar al bingo, como una lotería que siempre le toca a alguien: ¿existe algún linfocito que tenga un receptor para alguno de los péptidos presentados? Puesto que hay muchísimos péptidos y muchísimos linfocitos, la lotería siempre toca a uno, e incluso a más de uno, de los linfocitos T.

Luego analizaremos con más detalle qué misiones van a cumplir los diferentes tipos de linfocitos T activados, pero examinemos ahora algo más en profundidad el proceso de su activación. La unión del receptor del linfocito T a una molécula de MHC con un péptido desencadena una serie de mecanismos bioquímicos que envían la señal al interior del linfocito. Estos mecanismos dan como resultado, finalmente, modificaciones en el funcionamiento de los genes de este linfocito, como ya hemos dicho es el caso en todos los fenómenos de activación celular. Sin embargo, esta señal procedente del receptor del linfocito (para cuya transmisión hasta el núcleo celular es necesaria la participación de las moléculas CD4 o CD8, dependiendo del tipo de linfocito) no es la única necesaria para que el linfocito se active. Este debe recibir dos señales más de la célula dendrítica para activarse completamente. Veamos en qué consisten esas dos señales adicionales y por qué son necesarias.

La segunda señal requerida para que el linfocito T se active está proporcionada por una pareja de moléculas también presente en la superficie de las células dendríticas activadas por su encuentro con un microorganismo. Estas moléculas se unen a otro receptor diferente presente en la membrana de los linfocitos T. Como en el caso de la unión de las moléculas MHC a los receptores de los linfocitos T, esta unión va a enviar una señal al interior de la célula que va a ayudar a poner en marcha los genes necesarios para que los linfocitos T, una vez activados, lleven a cabo su misión. Estas dos moléculas presentes en la superficie de las células dendríticas reciben el nombre de **moléculas coestimuladoras** y son denominadas con los nombres específicos de **B7-1** y **B7-2**, también conocidas como **CD80** y **CD86**. Los genes que producen estas moléculas se ponen en marcha tras la activación de la célula dendrítica que ha capturado a un enemigo y durante el periplo de esta desde la periferia hasta los ganglios a través de los vasos linfáticos. De este modo, cuando llegan a los ganglios linfáticos las células dendríticas están preparadas para activar correctamente a los linfocitos T que puedan ser primero estimulados mediante su unión a un MHC con su péptido, que la célula dendrítica también presentará en su superficie. El receptor de B7-1 y B7-2 es expresado en la superficie de los linfocitos T y recibe el nombre de **correceptor CD28**.

La necesidad de esta segunda señal para la activación de los linfocitos T es la que impide que los linfocitos T que podrían reconocer complejos de péptidos propios unidos a moléculas MHC no sean activados por células del organismo diferentes de las células dendríticas que expresen estos complejos. Estas células de otros órganos y tejidos no expresarán en su superficie ni CD80 ni CD86, por lo que no podrán enviar señales coestimuladoras a aquellos linfocitos que podrían detectar péptidos presentados por las moléculas de MHC. Normalmente, estos serían, además, péptidos propios que no deberían estimular ningún ataque por parte del sistema inmunitario. Por ello, en el caso de que un linfocito T detecte a esos péptidos con fuerza en ausencia de la expresión simultanea de moléculas coestimuladoras, es decir, cuando reciba una señal a través de su receptor de antígenos sin recibir al mismo tiempo la señal coestimuladora, el linfocito T no solo no se activará, sino que entrará en un estado "adormilado" en el que ya no puede ser activado. Este estado se denomina **anergia**, y es un importante mecanismo de tolerancia (inhibición del ataque) frente a los antígenos propios. Igualmente, en otras ocasiones, el linfocito T que identifique un antígeno en ausencia de coestimulación puede inducir su propio suicidio por apoptosis. Este proceso se denomina **eliminación clonal**, porque elimina aquellas células T que podrían dar lugar a clones de linfocitos capaces de atacar al propio organismo. Ya veremos más adelante que este proceso es fundamental durante el desarrollo de los linfocitos T. En conclusión, la activación correcta de los linfocitos T se lleva a cabo siempre en un contexto celular de inflamación, es decir, gracias a células dendríticas activadas mediante señales emitidas por receptores Toll que han detectado moléculas de los microorganismos, y que han sido arrastradas por la linfa hasta los ganglios linfáticos. Solo estas células dendríticas o macrófagos activados expresan CD28 y son capaces de estimular correctamente a las células T.

Las letras CD que preceden siempre a un número indicativo de una u otra molécula del sistema inmunitario, provienen del inglés *Cluster of Differentiation*, que se puede traducir como "grupo de diferenciación". Este grupo CD está compuesto de moléculas que, a lo largo de años de investigación, se han identificado como capaces de ayudar a distinguir, a diferenciar, unas células del sistema inmunitario de otras. Así, por ejemplo, una célula que exprese CD28 es una célula T, pero otra que exprese CD80 será una célula dendrítica u otra célula similar capaz de activar a los linfocitos T. La expresión de una u otra molécula CD permite la identificación de las diferentes clases de células del sistema inmunitario. El grupo CD consta de más de 370 proteínas. Igualmente, a lo largo de los años se han ido descubriendo las funciones que cada una de las moléculas CD desempeñan en las distintas células que las expresan. Sin embargo, en este punto, esto no es sino una curiosidad innecesaria para comprender el funcionamiento del sistema inmunitario. Así que sigamos con la tercera señal, con el tercer estímulo necesario para la correcta activación de las células T.

Esta tercera señal es suministrada por las células dendríticas mediante la producción de proteínas que, en este caso, son secretadas al medio exterior y que reciben el nombre genérico de **citocinas**. Esta es la única señal que no depende, por tanto, de la interacción directa entre las dos células, la célula dendrítica y la célula T virgen, aunque las citocinas se liberan de manera dirigida en el espacio que queda entre las dos células que interaccionan. Las dos primeras señales se producen cuando estas dos células se tocan, literalmente, y permiten con ello que los receptores y las moléculas MHC y los correceptores y las moléculas coestimuladoras se unan y los linfocitos T reciban de este modo esas dos primeras señales. Es una vez producida esta unión cuando la célula dendrítica secreta citocinas particulares, la mayoría de ellas en el pequeño espacio que queda entre las dos células que se están tocando.

Como ya hemos explicado, la palabra "citocinas" también termina en el sufijo *cinas*, que, recordemos, proviene del griego y significa 'movimiento'. Por otra parte, el prefijo *cito* también proviene del griego y significa 'célula'. Por tanto, las citocinas son sustancias que hacen "moverse" a las células, pero en este caso el movimiento no es en el espacio; no supone un traslado fuera de los vasos sanguíneos ni un patrullar de los tejidos, sino un cambio en las capacidades de las células. Como ya sabemos, los cambios van a ser debidos a modificaciones concretas en el funcionamiento de ciertos genes que van a permitir a las células hacer ahora cosas que antes no podían. Algunas citocinas, aunque no todas, se denominan también con el nombre genérico de **interleucinas**. Ya veremos que el nombre concreto de muchas de ellas comienza por las letras IL (interleucina), seguidas por un número particular para cada citocina: IL-1, IL-2, etc.

Las citocinas pueden clasificarse en cuatro amplias familias compuestas por citocinas estructural y funcionalmente relacionadas entre sí. Cada citocina posee un receptor específico para ella en la membrana de la célula que la puede detectar. Los receptores de las citocinas también pueden clasificarse en familias relacionadas y, de acuerdo con las citocinas que los estimulan, cada receptor va a ser capaz de enviar una señal diferente al núcleo celular, la cual pondrá en marcha o apagará determinados genes. Por consiguiente, la acción de las citocinas va a contribuir a convertir a las células activadas en diferentes de las células vírgenes no activadas, puesto que una célula se diferencia de otra exclusivamente por el conjunto de genes que expresa. La acción de las citocinas se une así a la acción de las otras dos señales y consigue modificar el nivel de funcionamiento de un conjunto establecido de genes que van a posibilitar al linfocito T su activación y su diferenciación en una célula que realizará una misión concreta.

Conviene detenerse un momento más en esta tercera señal proporcionada por las citocinas, necesaria para la activación de los linfocitos T. Las dos primeras señales, la proporcionada por el complejo MHC:péptido, y la proporcionada por las moléculas coestimuladoras, son transmitidas al interior de los linfocitos T por idénticos receptores y correceptores comunes a ellos. No importa que la molécula de MHC y el péptido unido sean diferentes y activen a linfocitos con receptores particulares para ellos; la señal que envían estos receptores al interior de cada célula T es virtualmente la misma para todos los linfocitos T que detectan una molécula de MHC unida a un péptido. Igualmente, la señal enviada por el receptor CD28 cuando se une a CD80 (B7-1) o a CD86 (B7-2) es la misma para todos los linfocitos. La tercera señal, sin embargo, la proporcionada por las citocinas, es diferente porque depende de las citocinas concretas producidas por la célula dendrítica que se comunica con la célula T para activarla. Estas citocinas activan cada una a un receptor diferente, como hemos dicho, lo que causará la activación de genes diferentes y permitirá que el linfocito T se active y se diferencie, es decir, adquiera las herramientas moleculares necesarias para realizar la función que la célula dendrítica le ordena, herramientas que dependerán de la expresión de los genes que las tres señales combinadas hayan puesto en marcha. Sin embargo, aunque las tres señales son necesarias, la señal que induce al linfocito T a diferenciarse y a realizar una función concreta es, sobre todo, la señal que le envían las citocinas.

Todo lo anterior significa que en el proceso de activación de los linfocitos hay subprocesos comunes a todos ellos, iniciados gracias a las señales recibidas a través del receptor de los linfocitos T y del correceptor CD28, y hay señales específicas, particulares, recibidas a través de los receptores de las citocinas. Las tres señales desencadenan reacciones en el citoplasma del linfocito virgen que actúan de manera integrada y coordinada en el núcleo celular, donde se ponen en marcha los genes adecuados para que el linfocito T se active, se divida, genere un clon de miles y miles de células idénticas, lo que se denomina, como hemos visto, **expansión clonal**, y los linfocitos así activados y generados adquieran el conjunto de funcionalidades correcto para luchar contra el enemigo de que se trate.

¿Y cómo sabe de qué enemigo se trata? Recordemos que esta información la ha recibido en primer lugar la célula centinela, es decir, la célula dendrítica, a través de la activación de sus receptores Toll. Es esta célula la que ha sido estimulada por la detección de las moléculas extrañas del microorganismo que ha encontrado en el foco de infección.

Estas moléculas, dependiendo de su capacidad de activar unos u otros receptores Toll y otros receptores de la inmunidad innata, comunican a la célula dendrítica información sobre la naturaleza del enemigo, le dicen si es una bacteria, un virus, un hongo, etc., y la activan de manera acorde con esa información. Esta activación se traduce en que la célula dendrítica secrete unas u otras citocinas cuando se encuentre con una célula T a la que sea capaz de estimular, lo que dependerá de si el receptor de esta detecta o no con fuerza suficiente los complejos MHC:péptido presentados por la célula dendrítica. De este modo, las citocinas constituyen la manera en que la célula dendrítica comunica a la célula T que reconoce los complejos MHC:péptidos que la célula dendrítica le presenta la información sobre qué tipo de enemigo ha encontrado.

La información sobre la naturaleza del enemigo que las células dendríticas o los macrófagos han captado, no obstante, también es comunicada en parte mediante el tipo de molécula MHC con la que la célula dendrítica presenta péptidos de las proteínas extrañas a la célula T virgen que debe ser activada. Si la célula dendrítica ha sido infectada por un virus o ha capturado partículas de virus desde el exterior, esta presentará péptidos de las proteínas del virus en las moléculas MHC-1. En ese caso, solo podrán ser activados los linfocitos T vírgenes que posean receptores capaces de reconocer moléculas MHC-1 cargadas con péptidos. Estas células T serán exclusivamente las que expresen en su membrana el correceptor CD8. Recordemos que este correceptor participa en la señal molecular que es enviada por el receptor de las células T, pero no es un correceptor independiente, como sí lo es CD28. CD28 cuenta con su propia molécula activadora (su propio **ligando**, como se dice en lenguaje científico, ya que un ligando se liga a un receptor), pero CD8 no posee un ligando independiente, como tampoco lo posee el correceptor CD4. De hecho, el ligando de CD8 es la parte lateral de la molécula de MHC-1, y el ligando de CD4 es la parte lateral de la molécula de MHC-2. Estas partes laterales de las moléculas MHC-1 y MHC-2 no participan en la unión del péptido a ellas. De este modo, el receptor T y las moléculas CD8 y CD4 atrapan a las moléculas de MHC-1 y de MHC-2, respectivamente, como si se tratara de una pinza. Así, la célula T y la célula dendrítica quedan conectadas. Las proteínas que forman "pinzas moleculares" aparecen con cierta frecuencia en la interacción entre las moléculas del sistema inmunitario. Recordemos que las integrinas **(sección 2.5)** también forman una especie de pinza cuando interaccionan con las moléculas de adhesión. Las moléculas de adhesión y las integrinas también son necesarias para mantener la conexión intercelular entre las células dendríticas y las células T durante el proceso de activación de estas.

Continuemos con las citocinas que produce la célula dendrítica y que son secretadas por ella hacia la célula T, que las detecta. La célula dendrítica que ha captado un virus "sabe" que debe activar a células T CD8. La célula dendrítica "sabe" esto porque ha detectado mediante los receptores Toll moléculas de virus que la han activado de una determinada forma, una forma que pone en marcha genes particulares para producir las citocinas que la célula T CD8 virgen necesita para activarse y convertirse en una célula asesina. Luego veremos **(sección 2.7)** cómo estas interesantes células asesinas nos defienden de una amenaza mortal matando a nuestras propias células, algo que es muy paradójico, pero que es absolutamente necesario para defendernos de los virus, puesto que, tras cientos de millones de años, la evolución no ha inventado ni descubierto un mecanismo menos peligroso y costoso.

Un proceso similar sucede cuando la célula dendrítica ha detectado otro tipo de microorganismos, por ejemplo, bacterias, y debe activar a células T CD4. Aquí es cuando las cosas se complican, pero vamos a intentar mantenerlas en un nivel asequible e ir paso a paso dejando muy claros los procesos y las razones de estos.

La razón por la que las cosas son más complicadas en este caso es porque, en primer lugar, existen varios tipos de bacterias que, fundamentalmente, podemos dividir en dos: las que viven fuera de las células (extracelulares) y las que viven dentro de ellas (intracelulares). Estos dos tipos de bacterias necesitan de herramientas moleculares y celulares diferentes para luchar eficazmente contra ellas. Estas herramientas moleculares son puestas en funcionamiento mediante la activación de células T CD4 vírgenes y su diferenciación a dos tipos principales de células T CD4 efectoras armadas: las llamadas **células $T_H1$** y las llamadas **células $T_{FH}$**. Aclaremos de inmediato que estos dos no son los únicos tipos de células T CD4 que existen. Hay varios más y nos encontraremos con ellos más adelante. Centrémonos, no obstante, ahora en las células T$_H$1 y T$_{FH}$. Las células T$_H$1 orquestan y dirigen la lucha contra bacterias intracelulares, aunque también pueden participar en la lucha contra los virus, ayudando a las células T CD8 y también a las células B a generar anticuerpos neutralizantes contra ellos. Las células T$_{FH}$ organizan y dirigen, sobre todo, la lucha contra bacterias extracelulares y también contra los virus, ayudando a los linfocitos B a generar el tipo adecuado de anticuerpos que neutralizan unas y otros y ayudan a su fagocitosis y eliminación.

La capacidad de ayudar a otras células es lo que confiere a las células T$_H$1 y T$_{FH}$ sus nombres, ya que la letra "H" que aparece en ellos es la inicial de la palabra inglesa *helper,* la cual podríamos traducir como 'colaborador' o 'ayudante'. El número 1 en T$_H$1 indica que estas células son el primer tipo de células colaboradoras. Como ya hemos dicho, hay algunos más. La letra "F" en T$_{FH}$ indica que este tipo de células reside en un lugar particular del ganglio linfático: **el folículo linfoide**. Más adelante (**sección 6.1**) explicaremos con cierto detalle qué es el folículo y cómo se organizan las células inmunitarias en él.

### 2.5.5.- FUNCIÓN DEL BAZO

Creo que es adecuado, ahora que ya hemos aprendido lo básico sobre la activación de los linfocitos, hacer un breve paréntesis para abordar una cuestión que tal vez haya inquietado a algún lector. Aunque la mayoría de las infecciones se localizan en los tejidos, ¿qué sucede si algunas bacterias pasan a la sangre y se diseminan por ella? No se trata en esta ocasión de que las bacterias, como consecuencia de que la infección no haya podido ser controlada, invadan la sangre y generen un choque séptico. Se trata de cómo se controla que las pocas bacterias que pasan a la sangre al hacernos alguna herida no crezcan en ella e invadan a todo el organismo causando infección generalizada. Esas pocas bacterias deben ser igualmente eliminadas. ¿Cómo se consigue esto?

Para empezar, es necesario aclarar que en la vida cotidiana de las personas cuidadosas con su higiene bucal las bacterias penetran en la sangre cada vez que nos lavamos los dientes, nos sangren visiblemente las encías o no. Puesto que lavarse los dientes no es una actividad que resulte mortal, sino, bien al contrario, es una actividad saludable, es evidente que las bacterias que penetran en la sangre son neutralizadas y eliminadas sin que nos enteremos. En esta función ejerce un papel fundamental, sobre todo durante la infancia, el órgano llamado **bazo**.

El bazo es un órgano situado en la parte izquierda del abdomen, hacia su parte frontal, y a la altura del hígado, por encima del intestino. Su estructura es parcialmente similar a la de un gran ganglio linfático, pero en lugar de recibir, como estos, antígenos desde la linfa, el bazo los recibe directamente desde la sangre, filtrando esta y poniendo en contacto sus contenidos con células fagocíticas residentes en él. Estas células fagocíticas realizan la función de eliminar células envejecidas o anormales, principalmente glóbulos rojos, y también eliminan a los microorganismos que puedan haber penetrado en la sangre. En este último caso, estos fagocitos se convierten en células presentadoras de antígenos y activan a linfocitos T presentes en las zonas T de la llamada pulpa blanca del bazo, que también posee zonas de linfocitos B, los cuales pueden activarse igualmente si detectan un antígeno específico para ellos. La pulpa blanca se localiza alrededor de las pequeñas arterias que forman el entramado capaz de filtrar la sangre junto con las venas que recogen el aporte de esta.

La producción de anticuerpos por las células B del bazo es una función importante para neutralizar y opsonizar a microorganismos que hayan podido penetrar en la sangre y que no hayan podido ser eliminados en su totalidad al pasar por la llamada pulpa roja, la cual contiene a la mayoría de los fagocitos del bazo. De hecho, algunas bacterias están recubiertas de una cápsula formada por hidratos de carbono (polisacáridos) y, por esta razón, estas bacterias no pueden ser eliminadas a menos que estén recubiertas de anticuerpos. Además de los linfocitos B normales (llamados también linfocitos B2), existen unos linfocitos B particulares, llamados **linfocitos B1**, encargados de la producción de anticuerpos contra este tipo de bacterias. Una vez recubiertas con ellos, estas bacterias sí son eliminadas con eficacia por los fagocitos del bazo.

A pesar de que producen anticuerpos, los linfocitos B1 son considerados células del sistema inmunitario innato. Esto es así porque los anticuerpos producidos por estas células se unen a patrones moleculares repetitivos presentes en la superficie de las bacterias.

Además, para la generación de estos anticuerpos, los linfocitos B1 no requieren la ayuda de los linfocitos T *helper*. Los linfocitos B1 tampoco pueden convertirse en células B memoria (células que recuerdan el tipo de microorganismo con el que se han encontrado antes y se activan con mucha mayor rapidez que los linfocitos vírgenes), lo que, como veremos **(sección 6.1)**, es una de las características más importantes de la inmunidad adaptativa. Los linfocitos B1 no se encuentran solo en el bazo, sino que predominantemente se encuentran en los espacios pleural (pulmones) y peritoneal (intestino).

La función del bazo es más importante durante la infancia, puesto que el organismo no ha encontrado aún a todos los microorganismos que son propios del entorno en el que vive y no ha generado todavía células memoria para defenderse de ellos. Una vez las células memoria han sido generadas, es decir, cuando el organismo se ha vacunado de manera natural frente a las bacterias y otros organismos que han penetrado en la sangre, la función del bazo ya no es tan importante para controlarlos. Por esta razón, este órgano puede ser extirpado si es necesario, como, por ejemplo, si se produce su rotura como resultado de un accidente traumático. Además, una vez recubiertas con anticuerpos, que pueden ser producidos por los linfocitos B memoria activados en cualquier ganglio linfático, los macrófagos presentes en el hígado también son eficaces en la eliminación de las bacterias de la sangre.

Por las razones anteriores, en caso de extirpación del bazo, los médicos recomiendan la administración de vacunas contra las bacterias encapsuladas causantes de enfermedades más comunes. Igualmente se recomienda llevar a cabo una profilaxis preventiva con antibióticos antes de cualquier intervención que facilite la entrada de bacterias en la sangre, como procedimientos dentales o quirúrgicos.

## 2.6.- LOS LINFOCITOS T$_H$1 Y LA ACTIVACIÓN DE LOS MACRÓFAGOS

Regresemos ahora a los linfocitos T$_H$1 ¿Qué funciones desempeñan? Simplificando la complejidad del mundo en el que viven estos linfocitos T, diremos que desempeñan dos funciones principales: la primera es ayudar a los macrófagos a eliminar las bacterias que han fagocitado; la segunda, ayudar a que las células T CD8 superen sus reticencias y finalmente tengan los arrestos moleculares para ponerse a matar a células infectadas del propio organismo, porque de ello depende nuestra vida.

Para comprender la importancia de la primera función, debemos regresar al foco de infección. Supongamos que las bacterias que lo forman en este caso son del tipo de las que prefieren vivir en el interior de las células. Este estilo de vida bacteriano puede tener ciertas ventajas, porque de este modo las bacterias evitan la acción de los anticuerpos y del complemento, moléculas que siempre se encuentran en el exterior de las células y que no pueden alcanzar el citoplasma de ninguna célula del organismo. Sin embargo, el interior de los fagocitos no es un lugar muy hospitalario que digamos. Los fagocitos cuentan en su interior con un arsenal de armas químicas para digerir a las bacterias. No obstante, algunas especies de bacterias han "aprendido" a lo largo de su historia evolutiva a soslayar estas armas y a aprovecharse así de los abundantes nutrientes del citoplasma de la célula que las ha fagocitado, pero que no puede digerirlas.

A lo largo de la evolución, se han desarrollado dos mecanismos de defensa frente a estas bacterias que resisten la digestión. El primero de ellos ha sido desarrollado por los neutrófilos, células que son las primeras en llegar al foco de infección en respuesta a las citocinas enviadas por las células centinela. Los neutrófilos, muy numerosos, son unos fagocitos muy potentes. De hecho, son tan potentes que la fagocitosis y la digestión de las bacterias fagocitadas origina muchas veces a su propia muerte. Los neutrófilos muertos se acumulan en la herida en forma de pus; pus que, si no es liberado al exterior, es luego limpiado y eliminado por los otros fagocitos más importantes de las defensas: los macrófagos. La corta vida de los neutrófilos impide que las bacterias se desarrollen en su interior. Esto es una ventaja, pero impide que estos fagocitos puedan dar la alarma a otras células sobre el enemigo con el que se han encontrado. Los neutrófilos son luchadores kamikaze y, como tales, no pueden volver al cuartel para informar a sus superiores del resultado de la batalla y de la naturaleza de la amenaza. Esta misión, en cambio, sí la realizan las células dendríticas y los macrófagos, células que no mueren tras la fagocitosis de las bacterias; células que pueden viajar a los ganglios linfáticos a dar la alarma a las células T y que, por esa razón, han sido blanco de algunas bacterias en tanto que células que estas pueden parasitar viviendo en su interior.

Estas bacterias pertenecen a la clase de las llamadas **micobacterias**, las cuales causan enfermedades tan graves como la tuberculosis o la lepra, enfermedades que, aunque raras en los países desarrollados, perduran en países menos favorecidos, donde causan una mortalidad importante. De hecho, datos publicados por la Organización Mundial de la Salud en 2016 colocan a la tuberculosis como la décima causa de mortalidad en el mundo, aunque es la séptima causa de mortalidad en los países en desarrollo. Por tanto, la lucha contra las micobacterias ha sido, y sigue siendo, un factor importante en la evolución del sistema inmunitario de los animales hacia el desarrollo de mecanismos eficaces para erradicarlas. En muchas ocasiones, estos mecanismos resultan ineficaces y las infecciones por micobacterias no pueden ser controladas, lo que provoca la muerte, como sucede siempre cuando una infección no puede ser frenada.

No obstante, los macrófagos han desarrollado a lo largo de la evolución mecanismos muy poderosos y eficaces para eliminar a las micobacterias que puedan haberlos parasitado, pero estas células no pueden ponerlos en marcha sin el "permiso" de las células $T_H1$ activadas. Este es un hecho que resulta bastante curioso, o al menos a mí me lo parece. Resulta que los macrófagos que fagocitan a algunas especies de bacterias no pueden matarlas en su interior a menos que otras células hayan sido avisadas y les permitan poner en marcha los mecanismos que acabarán con ellas. La pregunta obvia es: ¿Por qué?

La respuesta puede ser comprendida si consideramos que la puesta en marcha de esos mecanismos va a causar, como hemos dicho, un daño colateral que puede ser serio. Para entenderlo, supongamos que, en una guerra, un peligroso enemigo invasor de una ciudad o de una región, que podría acabar por invadir todo el país, pudiera ser eliminado haciendo uso de una bomba muy potente, pongamos una bomba nuclear. Esta bomba acabaría con el enemigo, pero también acabaría con las vidas de decenas de miles de nuestros compatriotas. Se trata de una decisión que no puede ser tomada a la ligera, y tampoco conviene que sea tomada por una sola persona.

Similar a la anterior es la situación en la que viven los macrófagos que han fagocitado micobacterias capaces de sobrevivir a los mecanismos normales de su eliminación que estas células ponen en marcha. Para acabar con ellas, necesitan activar armas más poderosas, pero que no solo acabarán con las bacterias, sino que harán también daño a las células y tejidos circundantes. Esta decisión no deben tomarla los macrófagos por su cuenta, ya que los macrófagos podrían equivocarse y activar estos mecanismos de manera inadecuada o innecesaria, lo que podría acabar por favorecer al enemigo que se pretende eliminar.

Por esta razón, necesitamos el concurso de los linfocitos $T_H1$. El linfocito T CD4 virgen que origina un clon –es decir, miles de células idénticas a una original– de células $T_H1$ activadas ha sido estimulado en el ganglio linfático por una célula dendrítica o por un macrófago que ha llegado hasta allí y le ha mostrado un péptido bacteriano unido a una molécula MHC-2. La célula dendrítica o el macrófago han sido, a su vez, activados por el microorganismo con el que se han encontrado en el foco de infección, de manera que las moléculas de este, a través de los receptores Toll, ponen en marcha los genes necesarios para producir las citocinas que inducirán la diferenciación de la célula T CD4 virgen a una célula $T_H1$. Una de las citocinas más importantes para este objetivo es la **interleucina 12 (IL-12)**. El péptido presentado por las moléculas MHC-2 procede de una bacteria del foco de infección, foco en el que los macrófagos y los neutrófilos siguen luchando, con la ayuda del complemento, fagocitando a las bacterias. Una vez ha sido activada, la célula $T_H1$ ha puesto en marcha nuevos genes y ha apagado aquellos que producían las proteínas que la mantenían anclada al ganglio linfático. Ahora esta célula ya no tiene agarraderas y puede abandonar el ganglio por un vaso linfático eferente (de salida), y finalmente, tras viajar por los vasos linfáticos, acaba en la circulación sanguínea al entrar en ella, recordemos, por el ducto torácico. Una vez en la sangre, los linfocitos $T_H1$ circularán por los vasos sanguíneos y será solo cuestión de tiempo que terminen pasando por uno cercano al foco de infección. Recordemos también que las células endoteliales de estos vasos sanguíneos han sido activadas por las citocinas secretadas por los fagocitos y células dendríticas que se habían encontrado con las bacterias. Esta activación las convierte en pegajosas para los fagocitos, pero son igualmente pegajosas para los linfocitos $T_H1$ activados (aunque no para los linfocitos T CD4 vírgenes). Estos pueden adherirse a la superficie de las células endoteliales cercanas al foco de infección y, como la unión entre estas se encuentra también relajada, pueden atravesar el endotelio pasando por entre dos células de este y salir al tejido circundante en busca del foco de infección. Igualmente, las células $T_H1$ activadas pueden ahora "oler" las quimiocinas secretadas por los fagocitos que siguen luchando en el foco de infección y, guiadas por ese "olor", navegar por el tejido hasta que alcanzan el foco.

En el foco de infección es donde se encuentran los macrófagos que han fagocitado micobacterias, pero que no pueden eliminarlas, al ser estas de una clase que soslaya los mecanismos moleculares para su digestión. No obstante, algunas micobacterias en el interior de los macrófagos sí han podido ser parcialmente degradadas, por lo que los macrófagos infectados presentan en su superficie péptidos bacterianos unidos a moléculas MHC-2. Algunos de estos péptidos son idénticos a los que han activado a las células $T_H1$ en el ganglio linfático y estas van a poder detectarlos. Cuando esto sucede, las células $T_H1$ "saben" que se encuentran en contacto con un macrófago infectado al que deben ayudar.

La ayuda de las células $T_H1$ a los macrófagos infectados se traduce en dos acciones. La primera es la interacción de una molécula de su membrana con un receptor de la membrana del macrófago. Este receptor es uno de los más importantes para el funcionamiento del sistema inmunitario y se denomina **CD40**. El ligando de este receptor, no sorprendentemente, se denomina **CD40L** ("L" es obviamente la inicial de la palabra "ligando"). La molécula CD40L es expresada por las células $T_H1$ activadas. Con ella, estos linfocitos van a estimular al receptor CD40 de los macrófagos. Como ya hemos dicho, siempre que se estimula un receptor se producen una serie de eventos moleculares en el citoplasma de la célula receptora. Algunos confluyen en el núcleo, donde se ponen en marcha o se silencian determinados genes. Otros pueden activar moléculas en reposo en el citoplasma, que se activan al recibir la señal del receptor, que suele producir modificaciones químicas en las moléculas diana. Esto es lo que sucede en este caso. La interacción entre las moléculas CD40L expresadas por las células $T_H1$ y las moléculas del receptor CD40, expresadas por el macrófago, causa en este la activación de mecanismos moleculares que van a permitir al macrófago realizar funciones que antes no podía. Entre estas funciones se encuentra la activación de mecanismos de ataque bacteriano muy poderosos.

La segunda acción que lleva a cabo la célula $T_H1$ es la generación y secreción de determinadas citocinas. En particular, una de las más importantes es la denominada **interferón-gamma (IFN-γ)**. Los macrófagos infectados y activados por las bacterias fagocitadas poseen siempre en su superficie moléculas receptoras para el IFN-γ, pero si estos receptores no detectan nada, si ninguna célula $T_H1$ les ayuda, el macrófago tampoco hace nada. Sigue intentando controlar a las bacterias de su interior de la manera menos dolorosa posible para el organismo, una manera que, sin embargo, en algunos casos no conseguirá eliminarlas por completo.

La interacción física entre la célula $T_H1$ y el macrófago, a través de la interacción CD40–CD40L y la secreción de IFN-γ por la célula $T_H1$, y su detección por receptores presentes en la superficie de los macrófagos, envía a estos una información muy importante, al mismo tiempo que les transmite una orden. La información que los macrófagos reciben al detectar las citocinas secretadas por las células $T_H1$ es que ahora "saben" que al menos una célula T virgen ha sido activada en el ganglio linfático por una célula dendrítica u otro macrófago que ha viajado allí y le ha presentado un péptido idéntico al que los macrófagos del foco de infección ahora le presentan a las células $T_H1$ activadas. Esto indica al macrófago que otra célula, en este caso, una célula dendrítica u otro macrófago activado, ha detectado también al mismo enemigo, se ha activado, ha migrado a un ganglio linfático y ha sido capaz de activar a una célula T CD4 virgen y conseguir que esta madure hacia el tipo $T_H1$ y se divida, generando muchas células idénticas que ahora acuden al foco de infección en ayuda de los macrófagos.

Además de esta información, CD40L y el IFN-γ transmiten a los macrófagos una orden: la orden de activarse a su máximo potencial y acabar con el enemigo que albergan en su interior. Los macrófagos hacen esto de dos formas. Una es estimulando que las enzimas digestivas alcancen a las bacterias y las digieran; otra es mediante la generación de **sustancias oxidantes** muy potentes, como el anión superóxido y agua oxigenada, que oxidan a las bacterias y las matan. Recordemos que el proceso de generación de estas sustancias se denomina **explosión respiratoria (sección 2.2)**. Estos compuestos, no obstante, son también tóxicos para nuestras propias células y tejidos y esta es la razón por la que, antes de usarlos, los macrófagos deben asegurarse de que es la acción correcta que es necesario llevar a cabo, lo cual solo sucede si se lo indican las células $T_H1$ activadas por péptidos derivados del mismo microorganismo.

Sin embargo, no todos los macrófagos parasitados por bacterias van a ser capaces de matarlas incluso con la ayuda de las células $T_H1$. La razón es que muchos de estos macrófagos han podido resultar dañados por las bacterias, o estas han podido producir moléculas que impiden o frenan los mecanismos de producción de las sustancias tóxicas que las matarían. En este caso, las citocinas producidas por las células $T_H1$ no servirán de nada, ya que no podrán actuar adecuadamente sobre los macrófagos a los que deberían activar. Afortunadamente, existe otro mecanismo por el cual las bacterias fagocitadas por los macrófagos pueden ser eliminadas, incluso si estos no pueden activar los procesos para su digestión. Este mecanismo supone el suicidio del macrófago infectado por el proceso de muerte celular programada, llamado apoptosis, que ya mencionamos hace unas páginas.

Conviene detenerse brevemente en lo que supone el proceso de apoptosis o suicidio celular y qué ventajas aporta para la supervivencia de todo el organismo. Para aclararlo, digamos que el suicidio celular se puede producir por dos razones. La primera es que la célula no sea capaz de conseguir los recursos materiales y energéticos para seguir viva. En este caso, son las mitocondrias celulares –los orgánulos encargados precisamente de la generación de energía química necesaria para los procesos vivos– las que emiten al citoplasma celular unas moléculas que desencadenan el proceso del suicidio. La segunda razón es que la célula reciba una orden de suicidio de otra célula, que interacciona con ella enviando moléculas que se unen a los llamados **receptores de la muerte**, los cuales desencadenan el proceso del suicidio. Este suicidio "por orden superior" y la existencia de esos "receptores de la muerte" en la membrana de las células, siempre listos para recibir la orden de suicidio si fuera necesario, resultan uno de los procesos más sorprendentes del funcionamiento del sistema inmunitario y colocan a la muerte en una relación íntima con la vida. Uno de esos receptores de la muerte es el receptor llamado **Fas**, que es activado por una molécula de membrana, su ligando, llamado **ligando de Fas**, o **FasL**. Los linfocitos $T_H1$ expresan FasL en su membrana y pueden inducir así la muerte por apoptosis de los macrófagos incapaces de matar por la explosión respiratoria a las bacterias que han fagocitado, los cuales expresan el receptor Fas.

La muerte por el proceso de apoptosis es limpia y ordenada, por lo que ejerce un impacto mínimo sobre el resto de las células vivas del organismo. La célula entra en un proceso de autodigestión en el que el ADN y las proteínas se degradan en trocitos y la célula muere, pero sus restos son mantenidos en el interior de la membrana celular, sin que esta se rompa. Esto genera una especie de sarcófago membranoso que guarda todos los contenidos celulares en su interior. Estos contenidos incluyen a las bacterias que el macrófago muerto no pudo digerir, lo que impide que estas se diseminen por el organismo y permite que otros macrófagos sanos y más jóvenes puedan fagocitar ahora a los macrófagos muertos con las bacterias en su interior e intenten destruirlas con la ayuda de los linfocitos $T_H1$.

## 2.7.- ACTIVACIÓN Y ACCIÓN DE LOS LINFOCITOS T CD8

Además de la ayuda que las células $T_H1$ ofrecen a los macrófagos para que estos puedan activarse a su máximo potencial, a pesar del daño colateral que esto genera, los linfocitos $T_H1$ también ayudan a que las células T CD8 alcancen su máximo potencial asesino. Recordemos que los linfocitos T CD8 se activan por células dendríticas que presentan péptidos derivados de proteínas de virus unidos a moléculas MHC-1. Son estas moléculas las que captan péptidos derivados de las proteínas producidas por las propias células (proteínas no captadas del exterior) y los presentan en la superficie de las células dendríticas.

Aunque hasta aquí hemos obviado esta cuestión, esto plantea un serio problema, puesto que para que la célula dendrítica sea capaz de presentar péptidos en sus moléculas MHC-1 debería ser primero infectada por un virus. Esta infección es la que provocaría que la célula dendrítica produjera internamente las proteínas del virus, las degradara a péptidos en el proteasoma, y los trasportara al retículo endoplasmático, que es el orgánulo donde se unen a las moléculas de MHC-1 antes de que estas y los péptidos cargados en ellas sean trasportados a la membrana exterior de la célula.

Para que las células dendríticas pudieran ser infectadas por todos los virus capaces de afectarnos, estas deberían expresar las moléculas de la membrana que permiten a los virus unirse a las células e introducirse en ellas, o al menos introducir en ellas su material genético. Además de que esto conllevaría que las células dendríticas estuvieran siempre expresando proteínas innecesarias en la membrana solo por si un virus u otro pudiera atacarnos, esto convertiría a las células en vulnerables a todos los virus, los cuales, con toda seguridad, aprovecharían esta situación para contornar los mecanismos de defensa, por ejemplo matando rápidamente a todas las células dendríticas infectadas, e impidiendo así que estas tengan tiempo de viajar a los ganglios linfáticos a presentar a las células T los péptidos derivados de las proteínas de los virus.

Afortunadamente, contamos con un tipo especial de célula dendrítica especializada en realizar una excepción inmunológica. Esta excepción no es otra que la capacidad de presentar, en el MHC-1, proteínas captadas desde el exterior. Estas células dendríticas se denominan **células dendríticas CD8α**, porque en el caso del ratón de laboratorio (aunque no en el ser humano), donde fueron descubiertas, expresan esta molécula en su superficie. Estas células se denominan en la actualidad **células dendríticas cDC1**, mientras que las células dendríticas clásicas que hemos visto antes se denominan **células dendríticas cDC2.**

Aprovechemos brevemente para mencionar que la molécula CD8 más común, la expresada en los linfocitos T CD8, está formada por la unión de dos proteínas similares, pero distintas, llamadas **CD8α** y **CD8β**, cada una de ellas producida por un gen diferente. Mientras los linfocitos T CD8 expresan una molécula CD8 **heterodimérica** (es decir, formada por dos unidades, de la palabra griega *mero*, que significa 'unidad', unidades que son diferentes, y de ahí el prefijo *hetero*), la molécula CD8 de las células dendríticas cDC1 está formada por la unión de dos moléculas de CD8α, por lo que en este caso la molécula madura es un

**homodímero** (formada por dos unidades proteínicas idénticas, y de ahí el prefijo *homo*).

Sea como sea, las células dendríticas cDC1 son capaces de captar por macropinocitosis las partículas víricas que se encuentran en el medio exterior sin ser infectadas por ellas. Las partículas son internalizadas en vesículas, como sucede siempre que las proteínas o las partículas víricas son captadas desde el exterior. Estas vesículas no son sino pequeñas esferas de membrana citoplasmática que contienen en su interior las partículas flotantes presentes en el líquido captado desde el exterior. Estrictamente hablando, al hallarse en vesículas, las partículas no están aún en el interior de la célula, puesto que no han entrado en contacto con el citoplasma. Para que entren realmente en el interior celular, las vesículas deben ser deshechas y sus contenidos vertidos en el citoplasma.

Pues bien, las células dendríticas cDC1 se encuentran no en la piel o las superficies corporales, sino residiendo en los órganos linfáticos, a los que llegan tras haber sido generadas en la médula ósea, y en los que se sitúan a la espera de captar los antígenos transportados a ellos mediante la linfa. Estas células dendríticas son diferentes de las de la periferia y expresan moléculas coestimuladoras para la activación correcta de las células T CD8 citotóxicas que se activarán en la defensa contra los virus. Estas células dendríticas están también especializadas en conseguir transportar los contenidos de las vesículas que han generado por pinocitosis al interior celular. Una vez allí, las proteínas son tratadas enzimáticamente para su transporte al proteasoma, donde serán degradadas a péptidos que serán tratados de la misma manera que los procedentes de las proteínas producidas por la célula en el citoplasma. Estos péptidos serán transportados al retículo endoplasmático donde serán cargados a las moléculas de MHC-1 y transportados a la superficie de la célula dendrítica para su presentación a las células T CD8 vírgenes. Este proceso de captación de proteínas del exterior, su paso al citoplasma, su degradación a péptidos y su presentación en el MHC-1, en lugar de en el MHC-2, se denomina **presentación cruzada**.

Las células dendríticas, sin embargo, son muy cautas y no activan completamente a las células T CD8 a menos que otras células $T_H1$ activadas se lo permitan. Esto implica que existe un mecanismo de comunicación, entre, al menos, tres o incluso cuatro tipos células diferentes, que tiene que funcionar correctamente para permitir que las células T CD8 asesinas comiencen a matar a células infectadas por virus. Estas cuatro células son: una célula T CD8 virgen, una célula T CD4 virgen, una célula dendrítica clásica y una célula dendrítica cDC1. La razón de que tantas células diferentes participen en la activación de los linfocitos T CD8 citotóxicos es que las células que estos deben matar son de nuestro propio organismo, por lo que es necesario que esto se haga por una buena razón y con la seguridad completa de que se está procediendo correctamente. En caso contrario, las células T CD8 matarían a nuestras propias células sin necesidad, lo que podría incluso causarnos hasta la muerte.

Veamos lo que tiene que suceder para que este mecanismo de comunicación entre las cuatro células diferentes mencionadas funcione correctamente. Obviamente, en primer lugar, células dendríticas clásicas deben capturar partículas víricas desde el exterior. Estas partículas suelen provenir de una infección vírica que ya se está produciendo y que no ha podido ser evitada por otros mecanismos de protección, por ejemplo, por anticuerpos neutralizantes del virus. Las células dendríticas clásicas con las partículas de virus capturadas van a viajar por el sistema linfático a los ganglios linfáticos cercanos a la infección donde van a presentar los péptidos derivados de los virus capturados en sus moléculas de MHC-2. Esto supone que estas células solo pueden activar a células T CD4 vírgenes, puesto que no presentan péptidos del virus en sus moléculas MHC-1. Afortunadamente, una vez llegan al ganglio, las células dendríticas clásicas van también a transferir, por mecanismos no claros todavía, las partículas víricas a las células dendríticas cDC1 que se encuentran residentes en los ganglios linfáticos locales. Estas células van a capturar las partículas víricas a partir de las células dendríticas clásicas, o también las partículas que pueden encontrarse nadando en la linfa, y van a generar péptidos derivados de ellas y presentarlos tanto en las moléculas MHC-1 como en las moléculas de MHC-2. Estas células van a poder activar, por consiguiente, tanto a células T CD4 como a células T CD8. Tenemos así dos clases de células dendríticas, las clásicas y las cDC1 capaces de activar a linfocitos vírgenes T CD4. Estos, cuando encuentren un péptido del virus unido a un MHC que reconozcan con sus receptores, van a ser inducidos a madurar y diferenciarse a células T$_H$1 por la acción de las citocinas secretadas por las células dendríticas. Por otra parte, las células dendríticas cDC1 van también a poder activar a células T CD8 vírgenes para convertirlas en células T CD8 citotóxicas, pero esta activación no se va a producir correctamente a menos que se hayan activado antes las células T$_H$1. Estas células T$_H$1 detectan con sus receptores, por tanto, péptidos del mismo virus, aunque no los mismos péptidos que los que detectan las células T CD8. La razón que explica por qué los péptidos no son los mismos es fácil de comprender. Como ya hemos dicho, los linfocitos T$_H$1 son células T CD4, que detectan péptidos unidos a moléculas MHC-2, pero los linfocitos T CD8 detectan péptidos unidos a moléculas MHC-1. Ambos tipos de moléculas unen péptidos diferentes, por lo que el péptido o péptidos víricos detectados por las células T CD8 son necesariamente diferentes de los detectados por las células T CD4 T$_H$1, aunque provengan de las proteínas del mismo virus.

Conviene aquí hacer un paréntesis para aclarar que algunas células dendríticas pueden ser infectadas por virus, como el del herpes simple o el de la gripe, y, por tanto, morir antes de que pueden presentar antígenos a las células T. Esta situación dificulta la puesta en marcha de una respuesta inmunitaria adaptativa frente a esos virus. Afortunadamente, las células dendríticas infectadas son capaces de activarse al detectar componentes de los virus con sus receptores Toll y de viajar a los ganglios linfáticos. Una vez allí, en estado ya moribundo, son capaces de transferir los antígenos víricos capturados o generados en la infección a las células dendríticas cDC1 residentes en los ganglios linfáticos.

Tenemos así a células dendríticas que presentan péptidos víricos en ambos tipos de moléculas MHC. Cuando esto sucede quiere decir que, sin duda, una infección vírica está en marcha y es necesario ponerle remedio. El remedio es generar anticuerpos neutralizantes contra el virus para evitar que infecte a más células e inducir la muerte de las células infectadas lo más rápidamente posible, ya que cada célula infectada es una fábrica de virus que liberará al exterior a cientos o miles de nuevos virus. Sin freno, estos se expandirán en proporción geométrica aún más rápidamente que las bacterias.

Las células dendríticas presentan, pues, péptidos tanto a las células T CD4 como a las células T CD8 vírgenes. Los linfocitos T CD4 vírgenes se activan y se convierten en linfocitos $T_H1$, que van a hacer dos cosas. La primera es secretar citocinas que activan a las células T CD8 y estimulan su crecimiento. Entre estas citocinas se encuentra la llamada **interleucina-2 (IL-2)**, una de las primeras en descubrirse y **una de las más importantes citocinas para la activación de los linfocitos T**, puesto que induce la proliferación y la generación de clones de miles de células T activadas. La segunda acción realizada por las células $T_H1$ es activar más aún a las células dendríticas activadas por los virus. Esta activación extra se traduce en la expresión de una mayor cantidad de moléculas coestimuladoras, principalmente de B7-1 y B7-2 (aunque hay también otras), en la superficie de las células dendríticas. Esta mayor concentración de moléculas coestimuladoras es necesaria para la activación completa de las células T CD8, las cuales, tras ser activadas a su máximo potencial, abandonan los ganglios linfáticos en busca de células infectadas por virus para matarlas. Esta búsqueda se realiza por los mismos mecanismos de adhesión y penetración del endotelio que ya hemos explicado, lo cual sucede en los sitios de inflamación e infección.

La muerte celular inducida por estos linfocitos es igualmente un proceso de suicidio, de apoptosis, mediante moléculas que perforan la membrana de la célula infectada. Las moléculas que producen poros en la célula infectada con la que se encuentra un linfocito T CD8 activado, son las denominadas **perforina** y **granulisina**. Estas moléculas actúan causando la formación de poros en la membrana de la célula infectada por los cuales pueden ingresar otras moléculas producidas y secretadas por las células T CD8: **las granzimas**. Son estas últimas las proteínas que poseen la actividad enzimática capaz de iniciar la apoptosis, pero para iniciarla deben penetrar en el interior de la célula infectada, la cual debe también presentar en su MHC-1 péptidos del virus que el linfocito T CD8 debe reconocer como extraños. Por lo que se conoce de este proceso, una vez que el linfocito T CD8 activado ha reconocido a su antígeno en la célula diana, la señal que este recibe gracias a este reconocimiento le permite aumentar la fuerza con la que las integrinas pueden adherirse a las moléculas de adhesión que la célula diana posee en la membrana. El linfocito T CD8 se adhiere así con fuerza a la célula diana, pero no puede adherirse a otras células que no presentan péptidos que su receptor reconozca como extraños. Una vez unido con fuerza, la señal bioquímica recibida por su receptor desencadena un proceso de secreción de sus gránulos (que son también pequeñas vesículas intracelulares), en los que la perforina, la granulisina y las granzimas se encuentran almacenadas. Estas moléculas son secretadas unidas con aún otra molécula, llamada **serglicina**, que es el principal proteoglucano (complejo de proteínas y glúcidos) de los gránulos citotóxicos de las células T CD8, la cual actúa como transportador. Tras el reconocimiento por una célula T CD8 citotóxica de su antígeno en la superficie de una célula infectada por un virus y la adhesión de ambas células, el linfocito libera el contenido de sus gránulos citotóxicos en la zona de contacto del linfocito T CD8 y la célula infectada; es decir, el contenido de los gránulos del linfocito se libera de manera muy concentrada en una región concreta de la membrana de la célula diana. La perforina y la granulisina permiten la formación de poros en la membrana de la célula diana y dirigen la entrada del contenido de los gránulos en su citosol. Una vez dentro de esta célula, la granzima actúa entonces sobre otras moléculas localizadas en el citosol de la célula diana. Una de ellas es la llamada **BID**. Otra es la llamada **procaspasa 3**. La acción de la granzima sobre estas proteínas desencadena el proceso de la apoptosis. Una vez el linfocito T CD8 ha inducido la apoptosis de la célula diana, esta deja de enviar señales a su receptor, al degradarse las moléculas de MHC-1, lo que permite que el linfocito T CD8 se despegue de ella y viaje arrastrado por el movimiento de los líquidos corporales en busca de otras células diana infectadas. De este modo se ha calculado que un solo linfocito T CD8 activado puede matar hasta mil células infectadas antes de morir exhausto. La eficacia asesina de estos linfocitos es, por consiguiente, muy elevada y de ahí la necesidad de que esos linfocitos no se activen a la ligera, al mismo tiempo que existen mecanismos reguladores para frenar su actividad una vez la infección ha sido vencida. No obstante, es importante mencionar que, así como es necesaria una coestimulación de las células T CD8 para su activación, no es necesaria la coestimulación para la acción asesina de las células T CD8. Esto parece bastante lógico puesto que las células infectadas no suelen ser las células dendríticas u otras células presentadoras de antígenos, que son las únicas capaces de expresar moléculas coestimuladoras en su membrana. Si las células del organismo necesitaran expresar moléculas coestimuladoras para permitir la actividad de las células T CD8, todas las células del organismo podrían estimular a células T CD8 frente a antígenos propios, lo que aumentaría drásticamente la posibilidad de desarrollar enfermedades autoinmunes. Por esta razón, a lo largo de la evolución se ha delegado la función de presentación de antígenos solo a células "profesionales" para esta labor, que son las células dendríticas.

## 2.8.- LOS LINFOCITOS T$_H$17

Hemos visto cómo las células T$_H$1 suponen un puente de unión importantísimo entre las células de la inmunidad innata, en particular los macrófagos, y la inmunidad adaptativa. La combinación de las dos resulta imprescindible para el control de la amenaza que suponen las bacterias que se han establecido en un foco de infección.

Sin embargo, los macrófagos no son las únicas células de la inmunidad innata que participan en el control de las infecciones. Como sabemos, los neutrófilos son también unas células fagocíticas fundamentales. Estas son las primeras en llegar al foco de infección y una vez allí se involucran completamente en la lucha antibacteriana empleando mecanismos absolutamente fascinantes, que luego describiremos.

Como en el caso de los macrófagos y las células colaboradoras T$_H$1, los neutrófilos cuentan también con un tipo particular de célula colaboradora que potencia su actividad. Esta célula colaboradora es la célula **T$_H$17**.

Las células T$_H$17 son las primeras en activarse en respuesta a una infección bacteriana. Esto es así probablemente porque su papel potencia el de los neutrófilos, que son las principales células fagocíticas frente a las bacterias extracelulares. Las células T$_H$17 derivan de células T CD4 vírgenes que han encontrado un antígeno presentado por células dendríticas que las estimulan con determinadas citocinas. En este caso, las citocinas inductoras son **TGF-β** (*transforming growth factor beta*), **IL-6**, **IL-21** e **IL-23**. Estas citocinas las producen las células dendríticas que han sido activadas por antígenos encontrados en bacterias extracelulares y también en hongos.

La función de las células T$_H$17 es importante en el control de los patógenos que pueden entrar al organismo por las superficies mucosas, es decir, por el intestino, la boca y las vías aéreas y urogenitales. Las células T$_H$17, una vez activadas, van a producir las citocinas **IL-17A** e **IL-17F**. Estas citocinas actúan sobre las células de la piel y superficies de las mucosas y las incorporan a la lucha contra los microorganismos. En primer lugar, las células de la piel activadas por las IL-17A e IL-17F van a secretar quimiocinas que van a atraer a los neutrófilos al sitio de infección. Sin embargo, ya sabemos que las superficies epiteliales son una importante barrera contra la infección, y son una barrera activa. Recordemos los muros venenosos del castillo. Pues bien, estos muros pueden ser activados por estas dos citocinas para aumentar su capacidad de secretar venenos bacterianos y también para producir otras citocinas que viajan desde el sitio de infección hasta la médula ósea y estimulan la generación de más neutrófilos a partir de las células madre. La liberación de estas citocinas por las células de la piel y no por los neutrófilos atraídos es una manera de repartir con mayor eficiencia el esfuerzo defensivo entre las diferentes células del organismo. De este modo, los neutrófilos se concentran en su tarea defensiva propiamente dicha, mientras que dejan a otras células la producción de señales que envían información al cuartel general, es decir, a la médula ósea, sobre qué tipo de efectivos y refuerzos son necesarios que esta envíe.

Las células T$_H$17 también secretan las citocinas IL-21 e IL-23, las cuales van a potenciar que se generen más células T$_H$17 a partir de células T CD4 vírgenes. Vemos así que la generación inicial de células T$_H$17 potencia la activación de más células de esta clase, en detrimento de la generación de tipos diferentes de células T CD4 activadas, como las células T$_H$1 que hemos visto antes, pero también otros tipos de células T CD4 que veremos más adelante.

Esto refleja una característica importante del sistema inmunitario. Esta es que, una vez ha tomado una decisión sobre el tipo de mecanismo de defensa que debe utilizar para hacer frente a una amenaza, este mecanismo se mantiene mientras la amenaza persista, y los mecanismos alternativos, que normalmente no serían eficaces o que pueden no ser aún necesarios, son inhibidos. Solo si estos mecanismos de defensa iniciales no son suficientes para contener la infección puede el sistema inmunitario potenciar otros mecanismos que se unen o reemplazan a los anteriores en la lucha.

Así pues, las células T$_H$17 van a ser activadas las primeras y van a localizarse en las superficies de las mucosas y en sitios de infección bacteriana. Las citocinas IL-17 secretadas activan a las propias células epiteliales y las inducen a secretar sustancias antibacterianas y quimiocinas que atraen neutrófilos. Es posible que las sustancias antibacterianas y los neutrófilos atraídos puedan mantener a raya la infección solos, sin más ayuda que el sistema del complemento. Si eso sucede, no es necesario dedicar más recursos a contener la amenaza. Sin embargo, en el caso de que la infección persista, es posible que las células dendríticas que continúan llevando antígenos del foco de infección a los ganglios linfáticos induzcan la diferenciación a otros tipos de células T que, en este caso, van a potenciar la generación de anticuerpos o potenciar la actividad de los macrófagos. De hecho, las células T$_H$17 pueden convertirse, si es necesario, en células T$_H$1 si son estimuladas por la citocina IL-12 secretada por las células dendríticas. Todos estos mecanismos juntos, es decir, las sustancias antibacterianas, el sistema del complemento, los neutrófilos, los macrófagos y los anticuerpos, que también ayudarán a los macrófagos a fagocitar a las bacterias y a neutralizar y opsonizar a los virus, probablemente, erradicarán la infección.

En cualquier caso, el sistema inmunitario necesita ser capaz de poner en marcha los mecanismos de defensa adecuados alcanzando un equilibrio que maximice la eficacia y minimice el consumo de recursos innecesarios para la defensa. No es tarea fácil, pero comprender que es esto lo que el sistema inmunitario debe conseguir para garantizar la supervivencia de los organismos puede hacernos aceptar mejor las razones de la complejidad de este sistema, de sus mecanismos de comunicación de la información entre las diferentes células, de la toma de decisiones de acuerdo con esa información, y de los diferentes mecanismos de actuación defensiva.

Regresando a las células T$_H$17, podemos preguntarnos: ¿Por qué son estas generadas las primeras? ¿Por qué es importante atraer primero a los neutrófilos a luchar contra las bacterias en lugar de poner en marcha otros mecanismos de la inmunidad adaptativa tal vez más sofisticados?

La respuesta a esta pregunta reside en las impresionantes propiedades de los neutrófilos y en su extraordinaria eficacia para luchar contra las bacterias.

### 2.8.1.- LOS FORMIDABLES NEUTRÓFILOS

Los neutrófilos se llaman así porque son neutros desde el punto de vista de las propiedades químicas de los agentes colorantes empleados tradicionalmente para identificar a las diferentes células de la sangre. Los neutrófilos son los leucocitos más abundantes de la sangre, ya que constituyen entre el cuarenta y el setenta por ciento de estos. Como todos los leucocitos, los neutrófilos se generan en la médula ósea a partir de células madre, desde donde salen a la sangre y circulan por ella. Cuando los neutrófilos alcanzan los capilares próximos a un sitio de infección, se quedan adheridos a ellos gracias a la interacción de su sialil-Lewis[x] con las selectinas E y P de aquellos, tras lo que realizan el proceso de extravasación mencionado antes. Los neutrófilos son las células con una mayor capacidad de adhesión al endotelio, comparada con la de otros leucocitos y pueden adherirse y rodar sobre él empujados por el flujo sanguíneo incluso cuando la fuerza de ese impediría hacer lo mismo a otros leucocitos. La razón de esta gran capacidad adhesiva de los neutrófilos al endotelio activado reside en que estos cuentan con unas prolongaciones en la membrana que actúan como gomas elásticas de retención. Cuando estas prolongaciones (llamadas, de hecho, *slings*, en inglés) se adhieren sobre el endotelio y el neutrófilo comienza a rodar sobre él, las prolongaciones se estiran enrollándose sobre la superficie del neutrófilo y frenando de este modo su rodamiento. Esto permite que los neutrófilos se fijen fuertemente sobre el endotelio y lo atraviesen, incluso en lugares donde esto resulta imposible para otros leucocitos. Una vez fuera de los capilares sanguíneos, se dirigen al foco de infección siguiendo el gradiente de concentración de quimiocinas generado desde él por los macrófagos y células centinela que se encontraban ya en el sitio por el que las bacterias han penetrado.

Hasta 2004 se conocía que los neutrófilos realizaban dos funciones fundamentales. La primera era la fagocitosis y la digestión de las bacterias; la segunda, la secreción de sustancias antibióticas. Para realizar la primera función, los neutrófilos cuentan con receptores capaces de detectar algunas sustancias secretadas por las bacterias al medio exterior como resultado de su metabolismo. La detección de estas sustancias causa complejos cambios en el citoesqueleto de los neutrófilos que les inducen a cambiar su forma de manera plástica y a generar seudópodos para "nadar" en busca de las bacterias, a las que acaban por atrapar, fagocitar y digerir.

Los neutrófilos poseen también en su citoplasma gránulos cargados con sustancias que son tóxicas para las bacterias. Estos gránulos se clasifican en dos clases, **los gránulos primarios** y **los gránulos secundarios**, de acuerdo con la clase de moléculas que ambos contienen. Los gránulos primarios contienen varias sustancias antimicrobianas, como defensinas y catelicidinas (**sección 2.1**) que generan poros en la membrana bacteriana. También contienen algunas enzimas que pueden digerir a las bacterias e incluso a nuestros propios tejidos, en particular la **elastasa del neutrófilo**. Los gránulos primarios se fusionan con los gránulos secundarios y con los fagosomas, lo que resulta en la muerte de las bacterias que estos contienen. El contenido de los gránulos primarios puede ser también liberado al exterior y las enzimas pueden así actuar sobre las proteínas de la matriz extracelular que mantienen la integridad de los tejidos, degradándolas y facilitando así la navegación de los neutrófilos por los tejidos en busca de las bacterias en el foco de infección.

Los gránulos secundarios también pueden fusionarse con los fagosomas, junto con los primarios, ayudando a la actividad antibacteriana de estos, pero sus contenidos pueden ser también liberados al exterior, ya que estos gránulos contienen sustancias que contribuyen a frenar la reproducción bacteriana, como la **lactoferrina**, otra proteína que secuestra el hierro e impide que las bacterias lo capturen y puedan así crecer. Además, una proteína muy importante contenida en estos gránulos es la llamada **properdina**. Esta proteína actúa favoreciendo la activación del sistema del complemento sobre la superficie de las bacterias, lo que ayuda a su opsonización y a su fagocitosis. Al detectar algunas sustancias producidas por las bacterias y también ciertas citocinas los neutrófilos liberan al exterior el contenido de estos gránulos, ayudando así a vencer la infección.

En 2004 se descubrió una tercera función de los neutrófilos, que es realmente impresionante, ya que se confirmó que los neutrófilos son también capaces de secretar nada menos que hebras de ADN. El ADN secretado lleva adheridas sustancias antimicrobianas y, al mismo tiempo, gracias a ser una larga molécula, forma una red molecular que atrapa a las bacterias y las inmoviliza. Estas redes moleculares de ADN se han denominado **trampas extracelulares de los neutrófilos** (que en inglés genera el apropiado acrónimo NET: *neutrophil extracellular traps*). Existen tres maneras por las que los neutrófilos pueden secretar este ADN. Una de ellas conlleva la muerte de la célula en un acto kamikaze, pero no las otras dos. El ADN puede ser nuclear o mitocondrial.

El ADN secretado atrapa a las bacterias en la red de ADN y las sustancias antibióticas allí concentradas matan a las bacterias con eficiencia. Al mismo tiempo, la red impide que aquellas bacterias que hayan podido escapar a la acción de las sustancias antibióticas se dispersen por el organismo, y facilita la acción fagocítica de los macrófagos. Estos, como si de arañas celulares se tratara, acuden atraídos por los neutrófilos y utilizan la red de ADN para comerse mejor a sus presas inmovilizadas en ella. Una ventaja final de las redes moleculares es que inmovilizan también a las sustancias antibióticas producidas por los neutrófilos, las cuales pueden ser tóxicas para nuestras propias células si se dispersan por el organismo.

Estas increíbles propiedades de los neutrófilos los convierten en unas células muy eficaces para la lucha antibacteriana, por lo cual, si la inmunidad adaptativa debe ponerse en marcha, generar en primer lugar células como las $T_H17$, capaces de atraerlos al foco de infección y de potenciar la actividad de los neutrófilos, es una estrategia sensata para frenar la infección de inmediato y acabar con ella lo antes posible, utilizando de una manera muy eficaz los recursos defensivos. Solo cuando los neutrófilos, incluso con la ayuda de las células $T_H17$, son desbordados y no pueden erradicar la infección bacteriana, se ponen en marcha otros mecanismos que involucran la generación de otros tipos de células de la inmunidad adaptativa, especializados en la activación de macrófagos a su máximo potencial, como hemos visto, o en la producción de anticuerpos, como vamos a ver a continuación.

## 2.9.- LINFOCITOS T$_{FH}$

Ya hemos comentado antes que muchas bacterias viven en los espacios extracelulares, es decir, los que residen entre las células. Estas bacterias, en lugar de dejarse fagocitar para vivir en el interior de los macrófagos, intentan escapar a la fagocitosis recubriéndose de moléculas que les protegen de la detección por los fagocitos, o incluso por el complemento. Los virus, igualmente, aunque se reproducen en el interior de las células, necesitan salir de ellas una vez producidos para infectar a otras células y, por consiguiente, parte de su ciclo vital se desarrolla en el exterior de las células.

Este mundo exterior que se extiende entre nuestras células y también se encuentra en los líquidos de nuestro cuerpo (los llamados humores) es el campo de batalla donde participan en la lucha el complemento y los anticuerpos, de los que hemos hablado hace unas páginas. Las moléculas de anticuerpos son fascinantes porque, aunque todas poseen una estructura muy similar, son capaces de unirse a prácticamente cualquier molécula que exista en la Naturaleza, e incluso a moléculas que no existen todavía, pero que existirán en el futuro, como, por ejemplo, un fármaco que no ha sido inventado todavía. Esta afirmación puede resultar muy sorprendente, pero es rigurosamente cierta. Te prometo que más adelante te explicaré cómo esto es posible. Baste ahora con remarcar que el sistema inmunitario, gracias a los anticuerpos, ha encontrado una manera de adelantarse a las potenciales amenazas del mundo exterior, y defenderse frente a ellas.

Los anticuerpos son las moléculas centrales de la llamada **respuesta inmunitaria humoral**, porque es la que se desarrolla en los humores e implica a moléculas como ejecutoras de la actividad de defensa principal, a diferencia de la **respuesta inmunitaria celular**, que involucra siempre la acción de ciertas células, como los macrófagos o las células T$_H$1, como hemos visto. La respuesta humoral depende, sin embargo, como todas las funciones de nuestro organismo, del funcionamiento de células particulares, en este caso, de las células que producen las moléculas de complemento y de fase aguda, las células del hígado, y los anticuerpos, los linfocitos B. Solo estas últimas células son capaces de producirlos. En ausencia de este tipo de linfocitos, las personas o animales carecen de anticuerpos y sufren de graves infecciones por bacterias y virus. Sin embargo, para la correcta generación de la mayoría de los anticuerpos por los linfocitos B, es necesaria la colaboración de unos linfocitos T particulares, denominados linfocitos $T_{FH}$. En ausencia de estos, la generación de anticuerpos se ve seriamente afectada, lo que también causa inmunodeficiencia grave.

Antes de entrar en el papel que desempeñan estos linfocitos en la generación de anticuerpos, vamos a hablar brevemente de la función de estas moléculas y por qué son tan importantes para mantenernos en buena salud. Ya hemos dicho que los anticuerpos son moléculas generadas en respuesta a la detección de una molécula extraña por uno u otro linfocito B. Estos, al igual que los linfocitos T poseen receptores T diferentes en su superficie, poseen **los llamados receptores B**, que son también diferentes entre los diferentes linfocitos B. Ya veremos luego cómo los linfocitos B logran esto, pero es científicamente cierto que cada linfocito B muestra en su superficie miles de moléculas de un receptor particular, moléculas que son idénticas entre sí en un mismo linfocito, pero diferentes de las moléculas receptoras de otros linfocitos B. En estado normal, todos poseemos, por tanto, miles de millones de linfocitos B, cada uno con capacidad de producir una molécula receptora particular y diferente de las de otros linfocitos B.

Un anticuerpo contra una sustancia extraña solo se produce si un linfocito B es capaz de detectar esa sustancia extraña con sus receptores. Normalmente solo unos pocos de los miles de millones de linfocitos B que tenemos detectarán las moléculas de la sustancia extraña con sus receptores cuando estos se unan a alguna región concreta de la superficie de esta. ¡Atención! Esta idea es importante. Las moléculas de las diferentes sustancias son, en realidad, objetos con una forma determinada. Al igual que una silla posee una forma concreta y un sofá, otra, lo mismo sucede con las moléculas. Los receptores de los linfocitos B son también moléculas, y algunos de ellos pueden poseer una forma que resulta espacialmente complementaria a la de alguna parte de la superficie de una sustancia extraña. Haciendo uso del símil de la silla, y reduciendo esta al tamaño de una molécula, algún receptor de un linfocito B poseerá una forma complementaria a la de la pata; otro, a la del asiento, y otro a la del respaldo. Los receptores de esos linfocitos podrán todos detectar y unirse a la silla, aunque lo hagan por lugares diferentes. A estas partes diferentes de las superficies de las moléculas se les denomina **epítopos**, palabra derivada de las palabras griegas *epi*, que significa 'superficie', *sobre*, y *topos*, que significa 'lugar'.

La detección de un epítopo por los receptores de un linfocito B particular permite la activación del linfocito, lo que estimula su división y la generación de un clon de células inicialmente idénticas que secretan anticuerpos idénticos que se unirán al epítopo detectado. Sin embargo, sin la ayuda de las células $T_{FH}$, las células B solo pueden secretar una sola clase de anticuerpos, la IgM, de las cinco clases que existen. Estas clases se denominan **IgD, IgM, IgA, IgG e IgE**. Las clases también reciben el nombre de **isotipos**. Las letras Ig son una abreviación de la palabra "inmunoglobulinas", que es el nombre genérico con el que se denomina también a los anticuerpos.

¿Por qué existen cinco clases diferentes de anticuerpos? La respuesta es sencilla: cada una de las clases realiza una función diferente. Cada clase está adaptada a comunicar a diferentes tipos de células o al sistema del complemento la información de que han detectado uno de los epítopos de un antígeno dado. Según las células que reciban esta información, se pondrán en marcha mecanismos efectores diferentes, especializados en intentar acabar con el enemigo con la máxima eficiencia.

¿Cómo sabe un linfocito B que ha detectado un epítopo de una sustancia extraña qué clase de anticuerpo debe producir? Esta información y esta orden debe recibirla de un linfocito $T_{FH}$ que ha sido activado por una célula dendrítica en el ganglio linfático. La célula dendrítica debe dirigir la activación de una célula T virgen a un linfocito $T_{FH}$ de acuerdo con la información que la célula dendrítica ha detectado sobre la naturaleza del microorganismo.

De nuevo nos encontramos aquí con el mismo tipo de mecanismos que ya hemos encontrado en la activación de las células $T_H1$. La célula dendrítica ha detectado un enemigo a través de uno o varios de sus receptores TLR y, como consecuencia de la naturaleza de las sustancias propias de este enemigo, se ha activado. Esto le lleva a expresar moléculas coestimuladoras en la membrana y a secretar determinadas citocinas. Tanto las moléculas coestimuladoras (en particular una, llamada **ICOS**), como las citocinas secretadas por la célula dendrítica, inducen que la célula T CD4 virgen, que reconoce con su receptor un péptido extraño presentado por una molécula MHC-2 en la membrana de la célula dendrítica, madure y se diferencie a una célula $T_{FH}$ y que esta se reproduzca y genere un clon de miles de células $T_{FH}$ idénticas.

Una vez maduras, las células $T_{FH}$ van a permanecer en el ganglio linfático, donde van a interaccionar con las células B, pero solo con aquellas células B que han detectado algún epítopo del mismo antígeno que las células $T_{FH}$ han detectado en forma, como hemos dicho, de un péptido unido a una molécula MHC-2 en la superficie de la célula dendrítica que activó a la célula T CD4 virgen de la que derivan. Una situación similar la hemos encontrado antes con el macrófago y la célula $T_H1$. En este caso, sin embargo, es el linfocito B el que debe presentar a la célula $T_{FH}$ el mismo péptido unido a una molécula MHC-2 que el que la célula dendrítica le ha presentado a la célula T CD4 virgen para activarla y generar el clon de células $T_{FH}$. En el caso de que una célula $T_{FH}$ detecte en la superficie del linfocito B el péptido que activó a su "madre" (la célula virgen T CD4 de la que derivan las células $T_{FH}$ "hijas"), secretará determinadas citocinas, las cuales van a estimular a la célula B a secretar la clase de anticuerpos más adecuada para luchar contra el tipo de amenaza que la célula dendrítica haya detectado en primer lugar.

De esta manera, las células se comunican entre sí y transmiten varias informaciones. En primer lugar, la célula B que ha identificado un epítopo, lo capta, lo internaliza unido a su receptor de célula B y lo digiere en varios péptidos que presentará unidos a moléculas MHC-2. Al menos uno de ellos podrá ser reconocido por una célula $T_{FH}$ activada por una célula dendrítica que le ha presentado el mismo péptido que ahora le presenta el linfocito B. De este modo, la célula $T_{FH}$ sabe que el linfocito B ha detectado el mismo antígeno que inicialmente detectó la célula dendrítica en el foco de infección y que esta le presentó a su "madre" (la célula T CD4 virgen de la que derivan las células $T_{FH}$ "hijas").

En segundo lugar, la célula $T_{FH}$ debe comunicar al linfocito B que lo ha identificado y debe comunicarle y confirmarle la información de que este linfocito B ha detectado efectivamente un epítopo perteneciente a un antígeno de un microorganismo potencialmente peligroso y, por lo tanto, debe dividirse para generar un clon de células B activadas. Estos son los que producirán anticuerpos de la clase adecuada para combatirlo. La célula T$_{FH}$ comunica esta información a la célula B de dos maneras. La primera es similar a la ya vista con los macrófagos e involucra a la molécula CD40L, expresada por la célula T$_{FH}$ en su superficie, que interaccionará con el receptor CD40, expresado por la célula B. Esto enviará al núcleo celular del linfocito B una primera señal para activar determinados genes. La segunda forma en que la célula T$_{FH}$ comunica la información y da órdenes al linfocito B es mediante la secreción de citocinas específicas, en particular las denominadas **IL-21** e **IL-4**. La combinación de estas dos señales (moléculas coestimuladoras y citocinas) consigue que las células B sinteticen y secreten la clase de anticuerpo más adecuada para hacer frente a la amenaza detectada en primer lugar por la célula dendrítica.

### 2.9.1.- CLASES DE ANTICUERPOS

Cuando un linfocito B reconozca un epítopo de un antígeno, de acuerdo con el tipo de señales que reciba o no de la célula T$_{FH}$, producirá y secretará un isotipo de anticuerpo u otro. Sin embargo, es importante considerar que sea cual sea la clase de anticuerpo producida, este siempre reconocerá el mismo epítopo, es decir, la misma región parcial exterior de un antígeno dado. Por consiguiente, el **cambio de clase** en una inmunoglobulina dada no significa que el antígeno sea reconocido y detectado de una manera más eficiente, pero sí significa que sea combatido de una manera más eficiente. Los mecanismos de combate puestos en marcha son diferentes según la clase de anticuerpos que las células T$_{FH}$ (y algunos otros tipos de células T de las que hablaremos más adelante) comuniquen a las células B que deben producir. Dependiendo de la clase que sean, los anticuerpos van a comunicar la información de que se han unido a un antígeno, tan solo a moléculas y células concretas del sistema inmunitario. Por supuesto, al hablar de información comunicada entre células o entre moléculas, ya sabemos que estamos hablando de interacciones moleculares entre ligandos y receptores. ¿De qué ligandos y receptores se trata en este caso?

Para entender por qué diferentes receptores y moléculas interaccionan con las diferentes clases de anticuerpos, tenemos que adentrarnos brevemente en la estructura de estos últimos, los cuales, a pesar de ser de clases diferentes, muestran una estructura similar. La parte básica de las moléculas de anticuerpo está formada por la unión de cuatro cadenas proteicas que son iguales dos a dos. Dos de las cadenas idénticas entre sí son de mayor tamaño y por eso se denominan **las cadenas pesadas**. Las otras dos cadenas idénticas más pequeñas se denominan **las cadenas ligeras**. Para formar una molécula de anticuerpo madura, se deben unir entre sí una cadena pesada con una cadena ligera, y luego estas dos cadenas unidas deben unirse a otra pareja idéntica, formada por la unión de la misma cadena ligera y de la misma cadena pesada. Tenemos así que el anticuerpo está formado por la unión de dos cadenas pesadas y dos ligeras, idénticas entre sí, aunque siempre una cadena pesada se une primero a una ligera, y luego esta combinación de dos cadenas se une a otra unidad formada por la misma combinación. Se dice por ello que **la molécula de anticuerpo es un tetrámero**, el cual está formado por la unión de dos heterodímeros.

Las cuatro cadenas proteicas forman una molécula en forma de Y. Los brazos de la Y están formados por una parte de la cadena pesada y por toda la cadena ligera. Los extremos de estos brazos son los que detectan al antígeno. Por esa razón, los brazos de la Y se denominan **Fab** (fragmentos de unión al antígeno, *fragment antigen binding*). La detección del epítopo en la superficie del antígeno se lleva a cabo tanto por una zona concreta de la cadena ligera como por una zona concreta equivalente de la cadena pesada, zonas que se sitúan en los extremos de los brazos de la Y. Por otra parte, el "rabo" de la Y está formado solo por la unión de los extremos terminales de las dos cadenas pesadas. Este "rabo" es el que diferencia las distintas clases de anticuerpos y les confiere propiedades efectoras diferentes, de acuerdo con las células y las moléculas con las que esta parte interacciona. El nombre científico de este "rabo" es **Fc** (fragmento cristalizable), puesto que puede ser cristalizado con cierta facilidad a partir de una disolución.

Es muy importante conocer que la región Fc del anticuerpo va a funcionar como ligando de otros receptores o moléculas presentes en las células o en los fluidos externos. La unión a la región Fc de estas moléculas o receptores confiere a las diferentes clases de anticuerpos, su papel concreto como armas contra los microorganismos. La figura siguiente representa la estructura de una molécula típica de anticuerpo.

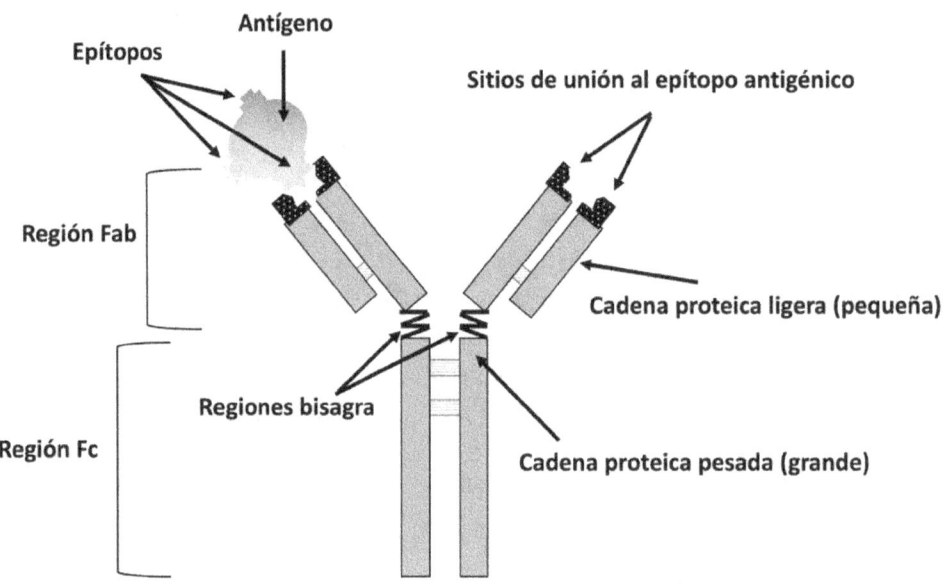

**Esquema simple de la estructura de una molécula de anticuerpo**

Los receptores presentes en la superficie de algunas células del sistema inmunitario que se unen a las regiones Fc de los anticuerpos se denominan, como hemos dicho, receptores Fc. Las moléculas solubles que pueden unirse a la región Fc de los anticuerpos que se encuentran en el fluido externo que baña a las células son las primeras moléculas de la cascada del complemento que, como hemos visto, participa activamente en eliminar bacterias por opsonización y generación de poros en su membrana.

Por ejemplo, la primera clase de anticuerpo producida y secretada al exterior es la IgM. Este anticuerpo está formado por la unión de **cinco unidades básicas de inmunoglobulina**, es decir de cinco Y. Esta estructura le confiere ciertas propiedades que otras inmunoglobulinas con una estructura diferente y diferente cadena pesada no poseen, y eso porque una vez unida a un antígeno, muestra cinco regiones Fc en una conformación particular. Esta conformación de las cinco regiones Fc permite a las IgM actuar como ligandos para la primera molécula del sistema del complemento y activar este sistema inmediatamente justo en la superficie del antígeno al que se ha unido. El complemento podrá así actuar más eficazmente.

La secreción de otras clases de inmunoglobulinas diferentes de la IgM necesita del proceso de cambio de clase referido arriba. Cuando la célula B percibe que la célula T$_{FH}$ expresa CD40L, y esta le envía, además, unas citocinas determinadas, podrá dejar de producir IgM y comenzará a producir IgA, IgG, o IgE, de acuerdo con las citocinas enviadas. La IgD es secretada solo en cantidades muy pequeñas, se desconoce por qué. Cada una de las tres clases mayoritarias de inmunoglobulinas, IgA, IgG, o IgE, cuenta con receptores para sus regiones Fc expresados en diferentes células. Por ejemplo, los macrófagos poseen receptores para las regiones Fc de las IgG. Cuando un macrófago o un neutrófilo detecta con ellos a varias de estas moléculas unidas al mismo tiempo al mismo antígeno bacteriano, queda unido con ellos a la bacteria, y la señal emitida por los receptores Fc induce el mecanismo de fagocitosis. De este modo, la presencia de inmunoglobulinas secretadas por las células B ayuda a la actividad de defensa de los macrófagos y de los neutrófilos en el foco de infección.

Es tal vez necesario aclarar que no todos los linfocitos B activados por un antígeno cambian la clase de las inmunoglobulinas que producen, ya que diferentes clases de anticuerpos frente a un antígeno dado coexisten en el plasma sanguíneo y en los líquidos de los tejidos. La proporción de las células B –resultantes de la expansión clonal de un linfocito B inicialmente activado por un epítopo del antígeno– que cambian la clase del anticuerpo depende de cuántas encuentren a una célula T$_{FH}$, entre otras clases posibles de células T, que les induzca dicho cambio. A la larga es posible que todos los linfocitos B cambien de clase, pero esto es un proceso paulatino. La vida media, es decir, la velocidad de degradación, de cada clase de anticuerpo producido también afecta a la concentración de cada una de ellas en la sangre y los líquidos del organismo.

Normalmente, se produce una unión simultánea de varias IgG al mismo antígeno, y esto por varias razones. En primer lugar, la cantidad de anticuerpos secretada por las células B activadas es abundante, por lo que, en general, hay anticuerpo de sobra para unirse a todos los antígenos. En segundo lugar, suele suceder también que un microorganismo, por ejemplo, una bacteria, posea un mismo epítopo repetido varias veces en su superficie, al cual se unirán anticuerpos dirigidos contra él que habrán sido producidos por un único clon de células B, ya que cada célula B produce un anticuerpo diferente dirigido contra un epítopo particular. En este caso, la bacteria tendrá varias moléculas de esas IgG unidas a su superficie. Por último, es también normal que varias células B hayan detectado cada una un epítopo diferente del mismo antígeno y produzcan IgG diferentes, pero que se unirán a este antígeno a través del epítopo que detecten. Así pues, bacterias o virus contra los que se hayan generado anticuerpos estarán recubiertos de varias de moléculas de estos, no muy separadas entre sí unas de otras.

La unión de varias moléculas de IgG al antígeno al mismo tiempo es un fenómeno importante que comunica información a los macrófagos, a los fagocitos en general, y a las moléculas del complemento y a algunas de la fase aguda, de que se han encontrado con un antígeno al que deben fagocitar, o que es necesario activar el complemento. Esto es importante porque, pensemos: ¿qué sucedería si los receptores Fc de los fagocitos o las moléculas del complemento o de la fase aguda pudieran unirse a las regiones Fc de las IgG libres, sin que estas hubieran unido previamente al antígeno? Obviamente, si esto sucediera, los fagocitos podrían fagocitar moléculas de IgG sueltas, sin antígeno unido a ellas, lo que conllevaría un despilfarro de energía y de recursos, e incluso resultaría peligroso, ya que las IgG libres confundirían a los fagocitos haciéndoles creer que han encontrado a un antígeno, lo que disminuiría la eficacia de su función defensiva. De modo que es importante que los fagocitos sepan distinguir si, cuando detectan a una IgG con sus receptores Fc, esta está unida a un antígeno o no. ¿Cómo lo saben?

La manera en que la Naturaleza se las ha apañado para hacer llegar esta información a los fagocitos es generando receptores para las regiones Fc de las IgG que no tienen fuerza suficiente para mantener unida solo a una Fc de estas moléculas. No es que una IgG suelta no pueda unirse a su receptor en la membrana de un fagocito, pero si se une a él, el receptor no puede retenerla, y se suelta. En cambio, si varios receptores Fc en la membrana del fagocito se unen al mismo tiempo a varias regiones Fc de las inmunoglobulinas, lo cual solo puede suceder si los anticuerpos están unidos a un antígeno simultáneamente, los receptores Fc suman su fuerza de unión y pueden retener unidas a las inmunoglobulinas. Todas estas uniones simultáneas cooperan entre ellas y consiguen ahora que el fagocito no suelte al antígeno que lleva los anticuerpos unidos, ya que este ha sido captado por numerosos receptores Fc al mismo tiempo que lo mantienen preso. Además, los receptores de las regiones Fc de las IgG expresados por el fagocito, que normalmente están moviéndose sin rumbo fijo sobre su membrana como si fueran barcas a la deriva sobre la superficie de un lago, entran ahora en proximidad unos con otros a medida que se van uniendo a los anticuerpos unidos al antígeno. Esta proximidad es necesaria para que pongan en marcha los mecanismos moleculares en el interior de la célula que permitirán la fagocitosis del antígeno detectado. De esta forma, los fagocitos pueden saber que han detectado un antígeno que debe ser fagocitado, y no fagocitan nunca IgG sueltas.

El isotipo de anticuerpos que se produce en mayor cantidad es la IgA. De hecho, los linfocitos B producen más IgA que todo el resto de las clases de anticuerpos juntos. La mayoría de la IgA se produce por linfocitos B que están localizados cerca de, o en las superficies mucosas de los tejidos epiteliales. **Las mucosas**, como su nombre indica, son los tejidos que producen moco, una sustancia normalmente pegajosa que adhiere numerosas bacterias y microorganismos y es secretada al exterior, lo que ayuda a impedir que esos microorganismos penetren en nuestro cuerpo, donde podrían causar una infección. Como ya dijimos, el moco contiene unas proteínas llamadas **mucinas**, que llevan unidas gran cantidad de hidratos de carbono, lo cual es la principal razón de la naturaleza pegajosa del moco. Sin embargo, el moco segregado no es suficiente para controlar el crecimiento de los microorganismos en superficies bien nutridas y húmedas, como la superficie de nuestro intestino. Para conseguir ese control, es necesario secretar al intestino grandes cantidades de anticuerpos. Este anticuerpo es de la clase IgA. En el intestino, las IgA se unen a la superficie de las bacterias, las recubren, e impiden que estas puedan adherirse a las células del epitelio intestinal, lo que es una condición necesaria para penetrar luego en el organismo e intentar establecer un foco de infección. Los movimientos peristálticos y fluidos que continuamente atraviesan el intestino expulsan así con las heces a muchas bacterias unidas a IgA. De esta forma, se controla la cantidad de bacterias de la flora intestinal y se eliminan de ella especies de bacterias que podrían resultar patógenas.

Las cinco clases de anticuerpos proporcionan de este modo una variedad de mecanismos para luchar contra los microorganismos, según sean la naturaleza y la localización de este (piel, intestino, etc.). No obstante, en todo caso, la clase de anticuerpo que se produce y se secreta primero es la IgM, y cabe preguntarse por qué es esto así. ¿Por qué la Naturaleza, pudiendo producir como respuesta inicial frente a una amenaza una inmunoglobulina formada solo por una Y, que sería más fácil, ha elegido producir primero una inmunoglobulina formada por cinco Y? Como para casi todo lo que hace la Naturaleza, hay una buena razón, que voy a intentar explicar a continuación.

Hemos explicado anteriormente que los linfocitos B poseen receptores capaces de unirse a cualquier molécula del mundo exterior, incluso a moléculas que no existen todavía, pero que podrán ser sintetizadas por un laboratorio en el futuro. Esto es rigurosamente cierto, por sorprendente que parezca. Como también mencioné antes, luego lo explicaremos y comprenderás cómo esto es posible. Baste ahora con saber que cada linfocito B, durante su maduración, ha generado un receptor contra alguna sustancia extraña al organismo que el linfocito no sabe cuál es, pero que, si por casualidad se encuentra con ella a lo largo de su vida, se unirá a ella y el linfocito se activará y generará anticuerpos que se unirán a esa sustancia. Estos anticuerpos, por si no había quedado claro antes, son en realidad las mismas moléculas receptoras de las sustancias extrañas, pero que han sido modificadas ligeramente para ser secretadas al medio exterior, en lugar de ser colocadas en la membrana celular.

Sin embargo, si bien el repertorio de receptores de los linfocitos B es virtualmente ilimitado con respecto a la diversidad de sustancias que puede detectar, es también cierto que cuando un receptor detecta una sustancia extraña, no lo hace siempre con la misma fuerza independientemente de cuál sea esta sustancia. En otras palabras, la Naturaleza ha sido lo suficientemente "inteligente" como para generar moléculas receptoras contra prácticamente cualquier cosa, pero no las puede generar siempre de modo que se unan a esa cosa con fuerza suficiente.

Esta falta de fuerza con la que la mayoría de los receptores del repertorio de los linfocitos B se unen a las sustancias externas ha podido ser compensada, sin embargo, permitiendo la unión, no de un solo receptor a un antígeno, sino de varios de ellos al mismo antígeno y al mismo tiempo. Solo cuando esto sucede, el antígeno es retenido por tiempo suficiente por el linfocito B, y suficientes receptores de la membrana se reúnen en el sitio de unión con este antígeno. Todos estos receptores juntos permiten ahora desencadenar los mecanismos moleculares necesarios para transmitir, en forma de moléculas activadas, la señal al núcleo celular, lo que permite la puesta en marcha de los genes necesarios para la activación del linfocito B y que este produzca y secrete los anticuerpos.

Esta activación es, por tanto, permitida por la unión a varios epítopos idénticos, o muy similares, a los cuales se unen muchos receptores del linfocito B con poca fuerza. Sin embargo, puesto que hay muchos receptores unidos, el antígeno con sus epítopos permanece unido por todos ellos al linfocito B y es internalizado y digerido por este para la presentación de fragmentos proteicos por las moléculas de MHC-2. Estos fragmentos son los que detectarán las células $T_{FH}$ que hemos visto antes.

Tras su activación, el linfocito B va a producir anticuerpos que se unen al mismo epítopo al que se unía su receptor, ya que como hemos dicho, los anticuerpos no son sino receptores modificados para ser secretados. Esto quiere decir que los anticuerpos se unirán con poca fuerza a dicho epítopo. Como la molécula básica de anticuerpo tiene forma de Y, solo posee dos sitios de unión al antígeno en los extremos de los brazos de la Y. Incluso la unión a dos epítopos al mismo tiempo no permite disponer de la fuerza de unión suficiente como para mantener unido al anticuerpo. Este, en el medio acuoso en el que se encuentra para actuar, está recibiendo, a cada segundo, millones de golpes y empujones de las moléculas de agua, de otras moléculas de proteínas, etc. Por consiguiente, si el anticuerpo no se une con fuerza suficiente, es separado como resultado de esa agitación molecular propia del medio acuoso necesario para la vida.

Lo anterior indica que, si los anticuerpos producidos fueran solo moléculas sueltas, la mayoría de ellos no podría unirse a su antígeno por tiempo suficiente como para neutralizarlo. Para permitir su unión sostenida, la Naturaleza, a lo largo de la evolución, ha unido entre sí hasta a cinco moléculas de anticuerpo para formar la IgM, que es la primera clase de inmunoglobulina que se produce. Esta IgM posee así diez sitios de unión al mismo antígeno, y estos diez sitios de unión suelen ya ser suficientes para que la IgM se mantenga unida a él. Esta cooperación de varios sitios de unión al antígeno para mantener el anticuerpo unido a este se denomina **avidez**. La avidez depende de la cantidad de puntos de unión que una sustancia muestra a otra, en este caso el antígeno al anticuerpo. Por otra parte, la fuerza con la que cada punto de unión se une se denomina **afinidad**. Así pues, las IgM son anticuerpos de elevada avidez, pero normalmente de baja afinidad (no obstante, alguna puede haber que, por pura casualidad, tenga alta afinidad, si el receptor del linfocito B que produce la IgM ha detectado un epítopo al que se une con fuerza). Cada punto de unión se enlaza con poca fuerza al epítopo, pero como la unión hace la fuerza, la unión de diez de esos puntos de interacción a diez epítopos idénticos mantiene a la IgM fijada a su antígeno. La unión de las moléculas de IgM a los antígenos, como hemos explicado también antes, puede ahora desencadenar la activación del complemento, que favorecerá la fagocitosis del microorganismo por células fagocíticas.

Este mecanismo de activación del complemento ha sido también favorecido por la evolución natural, puesto que la activación del complemento produce una activación de la respuesta inmunitaria global. La activación del complemento por las IgM, y la estimulación de la fagocitosis del antígeno por las células dendríticas y los macrófagos que esto conlleva, favorece que este sea digerido y presentado en forma de péptidos en las moléculas MHC-2 de estas células presentadoras de antígenos que, desde el foco de infección, viajan a los ganglios linfáticos por la linfa, como ya hemos explicado. De este modo, la activación inicial del complemento por la IgM estimula la respuesta inflamatoria y la generación de mayor diversidad de anticuerpos dirigidos contra tantos epítopos del antígeno como los que este posea.

Así pues, existe una buena razón por la que la IgM es la primera inmunoglobulina en producirse. Sin embargo, afortunadamente, no es la única clase que se produce, o de otra forma tendríamos serios problemas para controlar determinadas infecciones bacterianas. Recordemos que una vez el linfocito B ha sido activado, sufre un proceso de maduración de la afinidad, mediante mutación y selección de los genes que producen las inmunoglobulinas. Recordemos también que este proceso se denomina hipermutación somática, y para que se produzca es necesaria la interacción entre un linfocito B activado por un antígeno y una célula $T_{FH}$ activada (aunque, como veremos luego, también otros tipos de células T colaboradoras pueden inducirlo). La realización de este proceso da como resultado la selección de linfocitos B que, ahora sí, han generado receptores de alta afinidad para el epítopo al que inicialmente se unieron con baja afinidad. Ahora, una sola molécula de anticuerpo, una IgG aislada, con solo dos sitios de unión al antígeno, ya será capaz de mantenerse unida a él con suficiente fuerza. Esto permite la activación de células fagocíticas diferentes, en particular de aquellas que poseen receptores Fc para las IgG, y la puesta en marcha de mecanismos más eficaces para luchar contra virus y bacterias.

## 3.- FRENANDO EL IMPULSO INICIAL

Hasta este punto hemos hablado de los mecanismos que se ponen en marcha durante la activación de las diferentes células del sistema inmunitario para hacer frente a los microorganismos infecciosos. Hemos hablado también de que la acción de estas células, necesaria como es para eliminar las infecciones mediante la respuesta inflamatoria, causa también daño colateral en forma de degradación de los tejidos y ejerciendo efectos sobre la circulación sanguínea y en la distribución de los fluidos del organismo por los tejidos. Por esta razón, resulta necesario frenar la respuesta inmunitaria una vez la amenaza ha sido vencida. De otra forma, las células permanecerían continuamente activadas y produciendo citocinas y quimiocinas que causarían una cada vez mayor activación del sistema inmunitario sin necesidad. Esto aumentaría el daño colateral y acabaría también por causar autoinmunidad, es decir, por causar que algún linfocito T se active frente a uno u otro de nuestros propios antígenos.

Por esta razón, existen también mecanismos de inactivación de la respuesta inmunitaria cuando esta no es necesaria. La comprensión de estos mecanismos ha permitido el desarrollo de nuevas estrategias antitumorales que están resultando muy eficaces y por ello creo que resulta muy interesante conocerlos.

Los mecanismos de inhibición actúan sobre todo sobre las células T activadas, ya que estas son las que generan y secretan las moléculas que activan los diferentes procesos efectores de la respuesta inmunitaria frente a las distintas clases de microorganismos que nos amenazan. Por otro lado, para sobrevivir, las células B, además de citoquinas, necesitan la presencia continua del antígeno que reconocen. Este antígeno, al interactuar con el receptor de la célula B, lo activa y así proporciona las señales bioquímicas intracelulares que permiten la supervivencia de la célula B, que de otro modo moriría por apoptosis. Una vez el antígeno ha sido eliminado, la mayoría de las células B que están produciendo activamente anticuerpo no pueden recibir, por consiguiente, estas señales de supervivencia y mueren por apoptosis. Sin embargo, no todas mueren, ya que algunos linfocitos, en el proceso de su activación, se convierten en células B memoria, que permanecen preparadas para activarse con rapidez en el caso de que detecten a su antígeno de nuevo en el futuro. Como veremos más adelante, las células memoria son la razón de la eficacia de las vacunas.

Además de la desaparición del antígeno que reconocen, causada por su eliminación gracias en parte a su actividad secretando anticuerpos contra él, las células B deben dejar también de recibir las señales proporcionadas por las citocinas estimuladoras, que son producidas por las células T colaboradoras. Para ello, estas últimas deben ser inhibidas de manera activa, ya que una vez activadas no todas dejan de estarlo o mueren cuando el antígeno desaparece.

Recordemos que, para su correcta activación, las células T necesitan recibir tres señales de las células presentadoras de antígenos. Una de ellas es recibida a través del receptor de la célula T, otra es recibida mediante las citocinas secretadas por la célula presentadora de antígenos y la otra es recibida a través del receptor CD28 de la célula T, el cual es activado por las moléculas coestimuladoras B7-1 y B7-2 expresadas por las células presentadoras de antígenos. Esta última señal es la más importante para favorecer la supervivencia de los linfocitos T activados. Estos proveen también señales de supervivencia a las células B a través de la expresión del ligando CD40L para el receptor CD40 expresado en las células B. Si las células T no reciben la señal coestimuladora a través de CD28, no expresan niveles adecuados de CD40L, por lo que no pueden ayudar a las células B a producir anticuerpos, ni pueden ayudar a los macrófagos a eliminar bacterias extracelulares.

Por esta razón, la inhibición de la señal coestimuladora enviada por el receptor CD28 es uno de los mecanismos más importantes utilizado por el sistema inmunitario para frenar un exceso de actividad de los linfocitos T. Los propios linfocitos T, tras su activación inicial, comienzan a expresar en la membrana receptores inhibidores que generan señales inhibidoras para el crecimiento y la supervivencia celular.

Uno de estos receptores inhibidores es el receptor **CTLA-4**. Este receptor, como es el caso de CD28, interacciona con las moléculas coestimuladoras B7-1 y B7-2, pero lo hace con mayor avidez que este, por lo que es capaz de evitar así que CD28 interaccione con B7-1 y B7-2, puesto que estas moléculas se unen con preferencia a CTLA-4. De este modo, la célula T no puede recibir la señal a través de CD28, lo que disminuye su nivel de activación.

Las células T cuando son activadas no expresan inicialmente CTLA-4 en la membrana. Esta molécula se encuentra en unas vesículas intracelulares. Sin embargo, un tiempo tras la activación del linfocito T por una célula presentadora de antígenos, CTLA-4 es transportada a la membrana, donde interfiere con la unión de B7-1 y B7-2 a CD28.

La cantidad de CTLA-4 que se localiza en la membrana depende del nivel de activación recibido por la célula T. A mayor nivel de activación inicial, mayor es la cantidad de CTLA-4 que acaba localizada en la membrana y, por consiguiente, mayor el nivel de inhibición recibido. De este modo, la célula T es capaz de regular la intensidad de la señal activadora y mantenerla en unos niveles adecuados. Esto es importante, porque se ha comprobado que ratones de laboratorio a los que se ha eliminado el gen *CTLA-4* mueren muy jóvenes debido la activación incontrolada de sus células T.

¿Cómo funciona este mecanismo de regulación automática de la activación de los linfocitos T? Como todo en la célula, el mecanismo depende de reacciones e interacciones químicas. La química puede no ser una rama de la ciencia que goza de buena fama, pero puedo asegurar que sin química no habría vida, porque la vida, la inteligencia y también los sentimientos y emociones humanas no existirían sin las interacciones químicas.

No vamos a adentrarnos aquí en el complejo y fascinante mundo de la regulación de las interacciones químicas que tienen lugar en el interior de una célula en respuesta a una señal molecular externa recibida por un receptor, pero sí podemos mencionar que una forma muy extendida de activación molecular con la que las células modulan las interacciones químicas y consiguen así, finalmente, que la señal externa alcance el núcleo celular y modifique la expresión de los genes, es la **fosforilación de proteínas**. La fosforilación de las proteínas consiste en la adición de los llamados **grupos fosfato** en aminoácidos concretos de estas (serina, treonina o tirosina, para quien quiera saberlo). Los grupos fosfato están formados por un átomo de fósforo central rodeado de cuatro átomos de oxígeno ($PO_4$) y poseen carga eléctrica. Los aminoácidos a los que los grupos fosfato son añadidos no poseen carga eléctrica, es decir, son neutros. Cuando un grupo fosfato es añadido a ellos, sin embargo, los aminoácidos cambian su masa y también su carga, adquiriendo dos cargas negativas que antes no tenían. La presencia ahora de esas dos cargas negativas permite que se establezcan nuevas interacciones electrostáticas con otros aminoácidos, bien de la misma proteína, bien de proteínas diferentes. En uno u otro caso, la proteína fosforilada resulta así activada y es capaz de ejercer ahora una función que antes no podía ejercer. La fosforilación es, por tanto, una modificación química que funciona como un interruptor, "encendiendo" a proteínas que antes estaban "apagadas".

Como todas las reacciones químicas que tienen lugar en el interior de las células, la fosforilación es una reacción catalizada por enzimas. Las enzimas que catalizan las reacciones de fosforilación pertenecen a la famila de las **quinasas** o **cinasas**. Estas se dividen a su vez en dos clases principales: **las tirosina quinasas**, que añaden grupos fosfato al aminoácido tirosina y **las serina/treonina quinasas**, que añaden grupos fosfato a los aminoácidos serina y treonina. Los receptores de las células T y B llevan unidas en sus regiones intracelulares este tipo de enzimas y la interacción con un antígeno causa la activación de las quinasas unidas. Estas quinasas fosforilan, es decir, añaden grupos fosfato, a proteínas concretas, lo que finalmente conduce a la activación de uno o varios factores de transcripción que viajan al núcleo y modifican la expresión de ciertos genes, por ejemplo, genes de las citocinas, entre otros.

El receptor CD28 de las células T es una de las dianas de las quinasas. Cuando se une a B7-1 o B7-2, CD28 resulta fosforilado, lo que produce, a su vez, la activación de otra quinasa fundamental para la transmisión de la señal al núcleo celular. Igualmente, la molécula CTLA-4 es una diana de las quinasas activadas por los receptores TCR y CD28 y también se fosforila por ellas. Cuando CTLA-4 es fosforilada, esta modificación química permite que CTLA-4 alcance la membrana. Esto no sucede si CTLA-4 no está fosforilada. Por consiguiente, la activación de los receptores, que a su vez activa a las quinasas, tiene como resultado la fosforilación de CTLA-4, la cual va a ser localizada así en la membrana, donde va a inhibir la actividad de CD28.

La inhibición de CD28 va a conllevar una menor fosforilación de CTLA-4. Esta menor fosforilación conducirá finalmente a menor cantidad de CTLA-4 en la membrana y así a una mayor activación de CD28. Vemos de este modo que el propio mecanismo de activación de CD28 lleva implícita su propia inhibición, y la inhibición de este receptor por CTLA-4 lleva también implícita su propia activación. Esto supone una autorregulación del nivel de activación de los linfocitos T, que alcanza un estado de equilibrio y se mantiene en él. Este estado genera una menor producción de la citocina IL-2 en los linfocitos activados por más tiempo que en los linfocitos T recién activados, los cuales todavía no expresan CTLA-4 en su membrana por lo que son más sensibles a las señales activadoras. Como sabemos, la IL-2 es un factor fundamental para la expansión clonal de las células T, por lo que la acción de CTLA-4 es fundamental para limitar la proliferación excesiva de las células T tras su activación, lo que puede llevar al desarrollo de autoinmunidad y de leucemias.

Otros receptores inhibidores de los linfocitos T actúan de manera más activa que CTLA-4. Este último parece solo competir con CD28 por conseguir la interacción con B7-1 y B7-2. Sin embargo, otros receptores inhibidores poseen sus propios ligandos y actúan de manera activa para frenar la señal de los receptores activadores TCR y CD28. La manera en que realizan esto es activando una o más enzimas que se oponen a la actividad de las quinasas. Estas enzimas se denominan **fosfatasas** y su actividad consiste en la eliminación de los grupos fosfato de las proteínas en las que las quinasas los han añadido. La **desfosforilación**, como se denomina esta eliminación, devuelve a los enzimas activados a su estado de reposo.

Uno de los receptores inhibidores más importantes que actúa mediante la activación de fosfatasas y que es expresado por las células T es el **PD-1** (*Programmed Death 1,* aunque a pesar de este nombre su actividad no está directamente relacionada con la apoptosis). La expresión del receptor PD-1 aumenta sustancialmente en células T y células B activadas por antígenos, pero este receptor no lo expresan los macrófagos o las células dendríticas. Al igual que CD28, PD-1 posee dos ligandos, que se denominan **PD-L1** y **PD-L2** (*Programmed Death Ligand 1 y 2*), y que son proteínas similares a B7-1 y B7-2, por lo que se dice que pertenecen a la misma familia de proteínas. El ligando PD-L1 se expresa de manera permanente por muchas células del organismo, que incluyen macrófagos, células dendríticas, y células B y T. El ligando PD-L2 se expresa solo células dendríticas y macrófagos y, notablemente, ambos tipos de células aumentan su expresión de forma importante en respuesta a citocinas inflamatorias, como IFN-γ e IL-4.

Los datos anteriores indican que mientras el receptor PD-1 aumenta la expresión en células T y B activadas, al menos uno de sus ligandos, PD-L2 también aumenta su expresión en las células presentadoras de antígenos cuando estas reciben citocinas producidas por linfocitos activados. De lo anterior podemos concluir que la propia activación de los linfocitos y la producción de citocinas por ellos inducen su propia inactivación a través del aumento de la expresión de PD-L2 en las células dendríticas. Esta inhibición se produce por la activación de enzimas fosfatasas por el receptor PD-1.

Aún otro receptor inhibitorio que funciona por la activación de fosfatasas es **BTLA** (*B and T lymphocyte attenuator*). Este receptor inhibitorio se expresa tanto en los linfocitos T como en los B activados, y también se expresa en algunas células del sistema inmunitario innato. El ligando de este receptor no pertenece a la misma familia de proteínas que la de los otros receptores inhibitorios, y cuando es activado actúa sobre los mecanismos moleculares que conducen a la activación del factor de transcripción NF-κB, un factor muy importante no solo para la correcta activación de células del sistema inmunitario innato, sino también de los linfocitos B y T cuando estos encuentran a su antígeno.

Otras proteínas intracelulares inhibitorias no actúan sobre las señales enviadas a través de los receptores de antígenos o de los correceptores, sino que su acción se centra en inhibir las señales enviadas por algunas citocinas activadoras. Estas proteínas se denominan **SOCS** (*Suppressors Of Cytokine Signaling*). Estas proteínas contienen en su estructura unos dominios capaces de unirse a ciertas regiones de proteínas fosforiladas en las tirosinas y secuestrarlas, impidiendo de este modo que estas ejerzan su actividad. La producción de las proteínas SOCS se estimula por las propias citocinas cuya actividad deben inhibir, de modo que una vez la señal enviada por los receptores de estas citocinas ha llegado al núcleo celular, además de inducir la síntesis de genes efectores, induce también la síntesis de las proteínas SOCS, lo que lleva a que la acción de las citocinas sobre las células dure solo un tiempo limitado.

Finalmente, el mecanismo más definitivo de frenado de la respuesta inmunitaria cuando ya se ha vencido a la infección es la eliminación de las células que la llevan a cabo, sobre todo los linfocitos T y B. Esta eliminación se produce mediante la inducción de la apoptosis, la cual puede desencadenarse tanto por ausencia de señales estimuladoras enviadas por los antígenos, como por la presencia de señales inductoras de este proceso de muerte celular enviadas a los linfocitos activados por otras células. Entre estas últimas se encuentra la señal enviada por el **receptor Fas** activado por su **ligando FasL (sección 2.6)**. A lo largo de la respuesta inmunitaria, la expresión de Fas es estimulada en los linfocitos activados y los hace más susceptibles a ser inducidos a morir por apoptosis a través de la interacción con células que expresen FasL. Mutaciones en el receptor Fas que lo inhabilitan para enviar señales proapoptóticas causan el llamado **síndrome linfoproliferativo autoinmunitario**, caracterizado por ataques del sistema inmunitario a nuestros propios tejidos y órganos.

Vemos, por tanto, que los receptores inhibidores intervienen en múltiples aspectos moleculares relacionados con la activación de las células inmunitarias o con su eliminación. Juntos, estos receptores actúan para frenar una excesiva activación de los linfocitos o de las células del sistema inmunitario innato, lo que causaría diversas enfermedades y patologías.

### 3.1.- POLARIZACIÓN DE LOS MACRÓFAGOS

Un aspecto también relacionado con la regulación de la respuesta inflamatoria es el fenómeno de la polarización de los macrófagos. Este fenómeno consiste en que, dependiendo de las señales externas que puedan recibir, estas células son capaces de modular sus propiedades y realizar funciones diferentes. Estas señales pueden resultar en la la generación de dos tipos principales de macrófagos, llamados **macrófagos M1** y **macrófagos M2**, los cuales pueden convertirse el uno en el otro dependiendo de lo que las circunstancias aconsejen.

Los macrófagos M1 son los macrófagos clásicos, es decir, los que nos hemos encontrado anteriormente luchando en el foco de infección. Estos se activan en el curso de la lucha contra la infección en respuesta a la detección de componentes bacterianos o víricos. Su activación se produce gracias a las señales emitidas por los receptores TLR al detectar esos componentes (**sección 2.5.1**). Igualmente, las citocinas producidas por las células $T_H1$ o las células NK (**sección 7.4**), en particular el IFN-γ, el TNF-α o la **citocina estimuladora de colonias de macrófagos y granulocitos (*Granulocyte-Macrophage Colony Stimulating Factor*, GM-CSF)**, de la que no hemos hablado hasta ahora, pueden también estimular la activación del macrófago y convertirlo en un macrófago de tipo M1.

Los macrófagos M1 están especializados en la lucha contra los patógenos invasores, aunque se ha comprobado que pueden también participar incluso en la lucha antitumoral. Son células con una elevada capacidad fagocítica y, además, pueden actuar como células presentadoras de antígenos, al viajar hasta los ganglios linfáticos con la linfa, como también hemos visto. Producen citocinas que ejercen una actividad proinflamatoria, es decir, estimuladora de la lucha contra las infecciones. Entre estas citocinas se pueden señalar a TNF-α, IL1-β, IL-6, IL-12 e IL-23, que promueven también la activación de la inmunidad adaptativa, al estimular la expresión de MHC-2 y de las moléculas coestimuladoras B7-1 y B7-2, además del receptor CD40. Las citocinas secretadas por los macrófagos M1 ayudan también a reclutar a monocitos desde la sangre hacia los focos de infección, donde se convertirán en macrófagos que ayudarán en la lucha contra la infección. Igualmente, los macrófagos M1 secretan quimiocinas que ayudan a los monocitos y a los linfocitos $T_H1$ a alcanzar los focos de infección.

Los macrófagos M1 son el tipo de macrófagos responsables de la fagocitosis de las bacterias y de la puesta en marcha de la explosión respiratoria (**sección 2.2**). Asimismo, pueden producir también otras sustancias proinflamatorias, en particular ciertas prostaglandinas, derivadas del ácido araquidónico, un ácido graso sintetizado a partir de otro ácido graso esencial, el ácido linoleico, que debemos adquirir con la dieta. Las prostaglandinas son las principales inductoras de la fiebre, que es también parte de un mecanismo que potencia la inmunidad adaptativa.

Los macrófagos M2, al contrario que los macrófagos M1, son antinflamatorios, es decir, van a actuar para frenar la respuesta inflamatoria cuando esta ya no sea necesaria por haber vencido a la infección. Se generan en respuesta, entre otras señales, a las citocinas IL-4 e IL-13, producidas por ciertas células T CD4, y por algunas células T CD8, así como por los propios macrófagos M2. La función principal de estos macrófagos es la resolución de la respuesta inflamatoria. Para ello, producen citocinas antiinflamatorias, como la **IL-10** y el **TGF-β**, y otras sustancias también derivadas del ácido araquidónico que son antiinflamatorias. Los macrófagos M2 no parecen actuar como células presentadoras de antígenos, aunque siguen poseyendo alta capacidad fagocítica. Esta capacidad la usan, sobre todo, para eliminar restos de células apoptóticas y neutrófilos muertos. Al mismo tiempo, poseen capacidades regenerativas de los tejidos que han podido ser dañados durante la respuesta inflamatoria.

Se ha comprobado que los macrófagos M1 pueden convertirse en M2 y viceversa, dependiendo de las señales que estas células reciban desde otras células. Esta repolarización proporciona una versatilidad funcional que permite a los macrófagos adaptarse a posibles cambios en el transcurso de la lucha contra la infección.

Podemos dar por terminado aquí nuestro primer paseo por los mecanismos del sistema inmunitario. Ahora podemos adentrarnos en algunas profundidades sorprendentes del mismo. Vamos a comenzar por explorar en mayor detalle cómo el sistema inmunitario diferencia lo propio de lo ajeno, e incluso diferencia lo propio sano de lo propio enfermo, una capacidad sin la cual estaríamos todos muertos.

# 4.- DIVERSIDAD DE LOS RECEPTORES DE LOS LINFOCITOS B

Hemos explicado que cada linfocito B posee en su superficie un receptor capaz de unirse a alguna molécula o parte de esta que se encuentra o podría encontrarse en el mundo exterior. Dijimos también que algunos de estos receptores podrán incluso unirse a sustancias que no existen todavía, pero que podrían ser sintetizadas en el futuro por algún laboratorio. Vamos ahora a explicar cómo puede cada linfocito B generar un receptor que encaje y se una a una molécula cualquiera y cómo los miles de millones de linfocitos de un organismo, entre todos, poseen receptores suficientes como para detectar y unirse a cualquier sustancia, conocida o desconocida.

Para entender este misterioso asunto, conviene detenerse un momento en conceptos tal vez conocidos por el lector, pero que es necesario recordar. Como hemos dicho, para que un linfocito pueda generar un anticuerpo, su receptor debe detectar un epítopo y debe unirse físicamente a él. La unión física requiere de la formación de enlaces químicos que, en este caso, dependen normalmente de una diferencia de cargas eléctricas (sea esta diferencia temporal o permanente) entre la superficie del receptor y la superficie del epítopo. Las superficies de receptor y epítopo deben ser complementarias entre sí, es decir, deben ser como dos piezas de un puzle que encajan la una en la otra. Además de ser complementarias en la forma, las cargas eléctricas de una de las superficies deben ser de sentido contrario a las de la otra superficie, aunque esta diferencia de cargas solo se genera en muchas ocasiones cuando ambas superficies se acercan lo suficiente la una a la otra (y, para quien quiera saberlo, entran en juego las llamadas fuerzas de enlace de van der Waals, entre otras). Sea como sea, la diferencia de cargas eléctricas es lo que crea una fuerza de unión suficiente entre el epítopo y el receptor del linfocito B.

Por la razón anterior, la capacidad de un receptor de los linfocitos B de formar enlaces con un epítopo determinado depende de las propiedades fisicoquímicas de los aminoácidos que forman dicho receptor. Los receptores son proteínas y como todas las proteínas están formados por la unión concatenada de aminoácidos. Existen unos veinte aminoácidos en la Naturaleza, los cuales muestran una gran diversidad de propiedades químicas. En efecto, los hay con carga positiva, con carga negativa, sin carga, con afinidad al agua, que repelen el agua, etc. Estas últimas propiedades en relación con el agua son muy importantes, ya que todas las interacciones entre moléculas de la vida se realizan en medio acuoso, el cual influye fuertemente en el hecho de que una determinada interacción pueda suceder o no.

Si comprendemos lo anterior, comprenderemos que la capacidad de un receptor para interaccionar con una sustancia cualquiera dependerá del tipo de aminoácidos que muestre en la superficie del sitio de unión, la cual debe ser complementaria, como decíamos, a la del epítopo que pueda detectar. Por consiguiente, la diversidad de epítopos que puedan ser detectados dependerá de las combinaciones de aminoácidos que puedan ser presentados en la zona de la superficie del receptor destinada a interaccionar con el epítopo. Por ejemplo, si esta superficie muestra aminoácidos con carga negativa, solo podrá interaccionar con epítopos de una superficie complementaria, pero con carga positiva. Si la superficie del receptor muestra aminoácidos con cargas negativas y positivas, en lugares diferentes, interaccionará con un epítopo que muestre cargas negativas y positivas en lugares complementarios a los de la superficie de ese receptor. La figura siguiente ilustra la idea de la complementariedad entre epítopos y sitios de unión a los antígenos de las cadenas ligeras y pesadas de los anticuerpos.

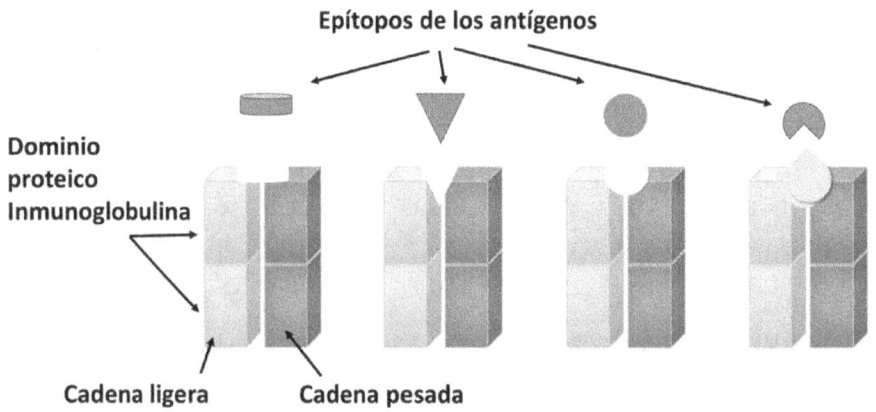

*Los fragmentos Fab de los anticuerpos adoptan diferentes formas en su superficie adaptadas a los epítopos de los antígenos*

De lo anterior se puede deducir que, para generar receptores proteicos contra cualquier sustancia que podamos imaginar, solo tenemos que idear un sistema que permita la colocación de la mayor diversidad posible de aminoácidos en una zona de la superficie exterior del receptor, al mismo tiempo que mantenemos una estructura común para esos receptores. Esta estructura común es importante, porque es la que les permite interaccionar con las proteínas de la maquinaria celular, que en este caso son todas idénticas en los diferentes linfocitos B, para enviar una señal al núcleo celular cuando el receptor haya detectado a su epítopo. La idea es, por lo tanto, generar una proteína receptora que, al mismo tiempo que mantiene unas zonas de aminoácidos comunes, sin variación entre ellos o con variaciones mínimas, contenga unas zonas en su superficie en las que la variación de los aminoácidos sea máxima. Las zonas de variación mínima sirven para mantener una estructura común adaptada a la función que el receptor (y más tarde el anticuerpo, cuando sea producido) debe desempeñar. Las zonas, de variación máxima son las que sirven para contar con miles de millones de receptores que puedan interaccionar cada uno con una sustancia concreta de los miles de millones de sustancias desconocidas que existen en la Naturaleza. Al generar miles de millones de millones de receptores con estas características, podemos estar seguros de que alguno habrá que detectará alguna sustancia propia de cualquier virus, bacteria, hongo, etc., y podrá servir para neutralizar la amenaza.

Puesto que cada proteína necesita de un gen para ser producida, el misterio era cómo era posible que los linfocitos B tuvieran tal cantidad de genes diferentes. La respuesta a este misterio costó décadas de investigación, pero, en resumen, la respuesta reveló que cada linfocito B, durante su maduración desde una célula madre precursora a una célula B adulta, construye un gen diferente para la cadena pesada y otro para la cadena ligera de su receptor y anticuerpo (que son producidos por el mismo gen) a partir de la selección de decenas de piezas de ADN. Estas piezas, combinadas entre ellas de una manera única en cada linfocito, producen genes maduros con información diferente en zonas concretas. Estos genes podrán dirigir la producción de los millones de receptores diferentes con la diversidad de aminoácidos de la que hablamos precisamente en la región del receptor destinada a la interacción con el epítopo, al mismo tiempo que respetan una estructura general idéntica para los receptores y los anticuerpos. Veamos cómo están organizados los genes precursores de las cadenas ligeras y de las cadenas pesadas y qué sucede para que cada linfocito genere una versión diferente de genes maduros para cada una de estas cadenas.

## 4.1.- RECOMBINACIÓN DE LOS GENES DE LOS ANTICUERPOS

El descubrimiento de la estructura de los genes precursores de las cadenas pesadas y ligeras de los anticuerpos tuvo que esperar a que se desarrollaran las tecnologías propias de la biología molecular y de la secuenciación del ADN. Gracias a ellas se ha descubierto esta estructura, que es fascinante y da buen ejemplo de la generación de diversidad a partir de la aplicación de reglas simples a un conjunto de elementos que se combinan entre sí.

Los precursores de los genes maduros de las cadenas pesadas y ligeras de los receptores están formados por una serie de diversas regiones de ADN que deben ser cortadas y unidas, es decir, recombinadas, para generar un gen maduro. En el caso del gen de la cadena pesada (localizado en el cromosoma humano número 14, en un sitio denominado el *locus* –el sitio–, de los genes de la cadena pesada), estas regiones se denominan **V** (por *variability*, variabilidad), **D** (por *diversity*, diversidad), **J** (por *joining*, unión) y **C** (por *constant*, constante). La unión de una región **V**, con una **D**, con otra **J** y, finalmente, con una región **C**, es necesaria para la generación de un gen maduro de la cadena pesada. Existen cinco clases principales de regiones **C** para las cadenas pesadas, que se denominan con las letras griegas mu (μ), delta (δ), gamma (γ) –de los que existen cuatro subclases–, épsilon (ε) y alfa (α) –de los que existen dos subclases–. Esto suma un total de **nueve regiones C para la cadena pesada**. Sin embargo, los genes precursores de las cadenas ligeras, de los que hay dos, denominados con las letras griegas kappa (κ) –localizado en el cromosoma humano número 2– y lambda (λ) –localizado en el cromosoma humano número 22–, solo contienen regiones **V, J** y **C**, pero no contienen regiones **D**. Las regiones **C** de las cadenas ligeras son diferentes de las de las cadenas pesadas y no afectan a la clase final de anticuerpo producido. En este caso, la unión de una región **V** con una **J** y con otra **C** (bien en los genes κ, bien en los genes λ) es la que genera un gen maduro de la cadena ligera. La siguiente figura explica el proceso de unión de las regiones **V**, **J** y **C**, de esta recombinación genética, como se denomina en el lenguaje de la ciencia, para el caso de la cadena ligera.

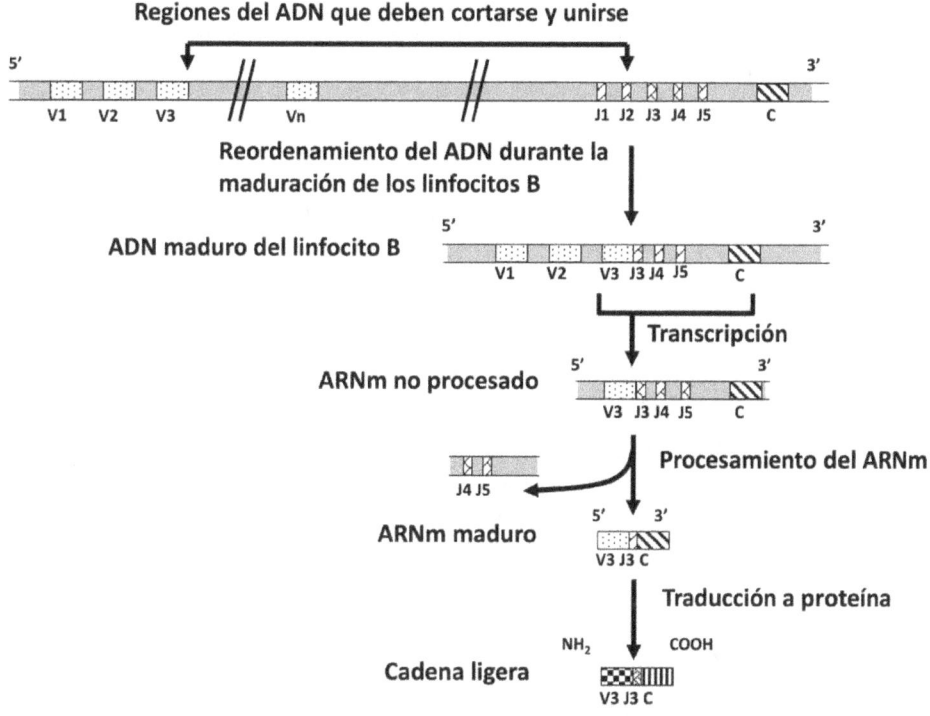

*La recombinación de regiones V, J y C forma el gen maduro de la cadena ligera de las inmunoglobulinas*

Es claro que, puesto que las regiones **V**, **D** y **J** se recombinan eligiendo al azar una de cada clase en cada linfocito y juntándolas, dependiendo de la cantidad de regiones **V**, **D** y **J** de que dispongamos en el genoma se conseguirá una mayor o menor cantidad de genes maduros diferentes para los anticuerpos y, por consiguiente, una mayor diversidad de anticuerpos. Sin embargo, no es conveniente tener más regiones **V**, **D** y **J** de las necesarias para generar la diversidad de anticuerpos suficiente como para cubrir todas las posibles estructuras moleculares que deban ser reconocidas. Tener demasiadas regiones, además de suponer un coste en términos de síntesis de ADN, que cuesta energía, supone también un aumento en la complicación de la gestión de ese ADN precursor para generar genes maduros con solo una región **V**, otra **D** y otra **J** para la cadena pesada o solo una **V** y otra **J** en el caso de la cadena ligera de los anticuerpos. Así pues, cabe preguntarse cuántas regiones **V**, **D** y **J** ha acabado generando la evolución en nuestro genoma para poder conseguir una diversidad de anticuerpos adecuada frente a las amenazas del exterior.

Curiosamente, los datos recogidos a partir de la secuenciación de los genomas de centenas de individuos han revelado que no todos tenemos el mismo número de regiones **V** en nuestro genoma. El número de regiones **J** y de regiones **C** para los genes de la cadena ligera de clase λ también muestra una ligera variabilidad entre las personas. Sin embargo, todos tenemos 23 regiones **D**, 6 regiones **J** y 9 regiones **C** en los genes precursores de la cadena pesada. Si tienes más curiosidad en saber la cantidad máxima y mínima de regiones **V**, **D**, y **J** que un individuo puede tener, consulta la siguiente tabla (datos extraídos del libro titulado *Janeway´s Inmunobiology, 9th Edition*).

| Número de fragmentos de ADN de los genes de las inmunoglobulinas en el genoma humano | | | |
|---|---|---|---|
| Segmento | Cadenas ligeras | | Cadena pesada |
| | κ | λ | H (*heavy*) |
| Variable (V) | 34-38 | 29-33 | 38-46 |
| Diversidad (D) | 0 | 0 | 23 |
| Unión (J, *joining*) | 5 | 4-5 | 6 |
| Constante (C) | 1 | 4-5 | 9 |

¿Cómo elige cada célula B qué regiones unir? ¿Cómo se garantiza que se van a producir células B que han unido las regiones de manera diferente de modo que cada una de ellas pueda producir un anticuerpo contra un epítopo diferente?

Para comprender esto, debemos tener en cuenta varios factores. El primero es que existen células precursoras de las células B en la médula ósea que se dividen sin cesar y generan una multitud de células hijas. Estas células hijas atraviesan una serie de etapas de maduración en las cuales van a generar los genes maduros de las cadenas pesadas y ligeras de los anticuerpos.

Cada célula hija, de las que se producen millones y millones, tiene la oportunidad de seleccionar al azar una región **V**, otra **D** y otra **J** para generar una cadena pesada particular, así como también la posibilidad de elegir al azar una región **V** y otra **J** para generar un gen maduro de la cadena ligera. En este caso, además, la célula generará un gen maduro de la cadena ligera solo de tipo λ o solo de tipo κ, es decir, no genera dos genes maduros para las dos cadenas ligeras, sino solo uno. Al final, la célula B madura posee un gen maduro de la cadena pesada y otro gen maduro de la cadena ligera y puede utilizar estos genes para generar un receptor listo para detectar un epítopo particular.

Este epítopo podrá tal vez hallarse en algún microorganismo que podría intentar infectarnos si nos encontramos con él. Esto dependerá de los avatares de la vida del individuo. Para entender por qué, aquí va un ejemplo: supongamos que un linfocito B de tu organismo posee un receptor capaz de detectar un epítopo presente en un microorganismo que se encuentra solo en la isla de Papúa Nueva Guinea. En estas condiciones, a menos que decidas viajar a Papúa Nueva Guinea y en el viaje seas afectado por ese microorganismo, tu linfocito B jamás será activado porque jamás encontrará el epítopo capaz de hacerlo. No obstante, el sistema inmunitario genera continuamente miles de millones de linfocitos B que nunca servirán para nada, por si las moscas o, mejor dicho, por si los microorganismos.

¿Cómo genera entonces cada linfocito B derivado de una célula madre precursora un gen maduro particular para la cadena ligera y otro gen maduro particular para la cadena pesada? Pues bien, lo hace de la manera más sencilla: por combinación al azar de una región **V** con una **D** y con una **J**, **siempre en ese orden**, en el caso de la cadena pesada, y la combinación al azar de una región **V** con una **J** para la cadena ligera. En otras palabras, nunca se unen dos regiones **V** y nunca se unen dos regiones **D** (aunque hay alguna excepción a esta regla) ni dos regiones **J**. Cada región **V**, **D** y **J** está flanqueada por regiones con una secuencia de nucleótidos específica (las "letras" del ADN) que sirven para indicar a los enzimas de recombinación, es decir, los enzimas los que cortan y pegan el ADN, en qué lugares y en qué orden deben hacer los cortes y los empalmes. La razón de que las regiones **V**, **D** y **J**, en el caso de la cadena pesada, o **V** y **J**, en el caso de la cadena ligera, deban unirse en ese orden es que, si se produjera la unión en otro orden diferente, la información que acabaría en el gen maduro no tendría sentido y no generaría la proteína correcta.

Para entender mejor lo que sucede cuando se produce la combinación al azar, aunque en un orden definido, de varias regiones de ADN, podemos hacer uso de una analogía utilizando palabras. Supongamos que tenemos que construir una multitud de frases simples con la estructura sujeto, verbo y complemento: por ejemplo, "el perro es marrón". Para construir las frases disponemos de 60 nombres, de 2 verbos (ser y estar) y de 23 complementos. Podemos elegir al azar cualquiera de los 60 nombres. Igualmente, podemos elegir cualquiera de los dos verbos y cualquiera de los 23 complementos. Sin embargo, si queremos que la frase tenga sentido, deberemos elegir primero un nombre; luego, un verbo y, finalmente, un complemento.

Aunque nosotros podemos entender frases como "marrón es el perro", o "buena está la cosa" (frase que es sutilmente diferente de "la cosa está buena"), las células son mucho más tontas que nosotros y solo pueden entender frases en el orden sujeto-verbo-complemento y nada más, es decir, solo puede entender la información generada en el ADN cuando se combinan en orden una región **V** con una **D** y con otra **J** en el caso de la cadena pesada de las inmunoglobulinas, o una **V** con una **J** en el caso de las cadenas ligeras.

Por tanto, aunque podemos elegir al azar cualquiera de las regiones **V**, **D** o **J**, solo los podemos unir en ese orden si queremos que la "frase" que generen tenga sentido. ¿Cómo hace la maquinaria celular para elegir una u otra región? Puesto que la elección se hace prácticamente al azar (aunque puede haber algunos factores que favorezcan algunas recombinaciones más que otras), que se elija una u otra región depende, sobre todo, de que las enzimas que catalizan las reacciones de corte y unión del ADN se unan a una región en lugar de a otra.

Una vez unidas estas enzimas, llamadas **enzimas de recombinación génica** (de las que las más importantes son las llamadas **RAG1** y **RAG2**, del inglés *recombination activating gene 1 and 2*), estas producen, en primer lugar, un corte en el ADN justo detrás de una de las regiones **D** y otro corte justo delante de una de las regiones **J**, en el caso del gen de la cadena pesada. El ADN que separa ambas regiones es eliminado y los dos extremos cortados son ahora unidos entre sí. De este modo se ha formado ahora una región **DJ** generada aleatoriamente.

A continuación, las enzimas RAG van a unirse detrás de una de las regiones **V**, elegida al azar, y van a cortar el ADN en ese lugar; los enzimas van a unirse igualmente delante de la región **DJ** y van a cortar ahí también la doble hebra de ADN. La región de ADN cortada, que separaba las regiones **V** y **DJ**, es eliminada, y los extremos de ADN que quedan ahora detrás de la región **V** y delante de la región **DJ** son unidos. Tenemos así formado una región recombinada **VDJ**, que formará parte del gen maduro de la cadena pesada.

Este gen, además de la región **VDJ**, necesita de la unión de un fragmento **Cµ** para generar una cadena pesada de un receptor de las células B que, al mismo tiempo, generará anticuerpos IgM si la célula B es activada por un epítopo al que el receptor pueda unirse. En resumen, un gen maduro para una cadena pesada del receptor de la célula B (y también del anticuerpo IgM) se ha formado por recombinación génica al azar de las regiones **V**, **D** y **J** y su unión (que esta vez no es al azar) a una región **Cµ**. La figura siguiente muestra este proceso para la cadena pesada de los anticuerpos.

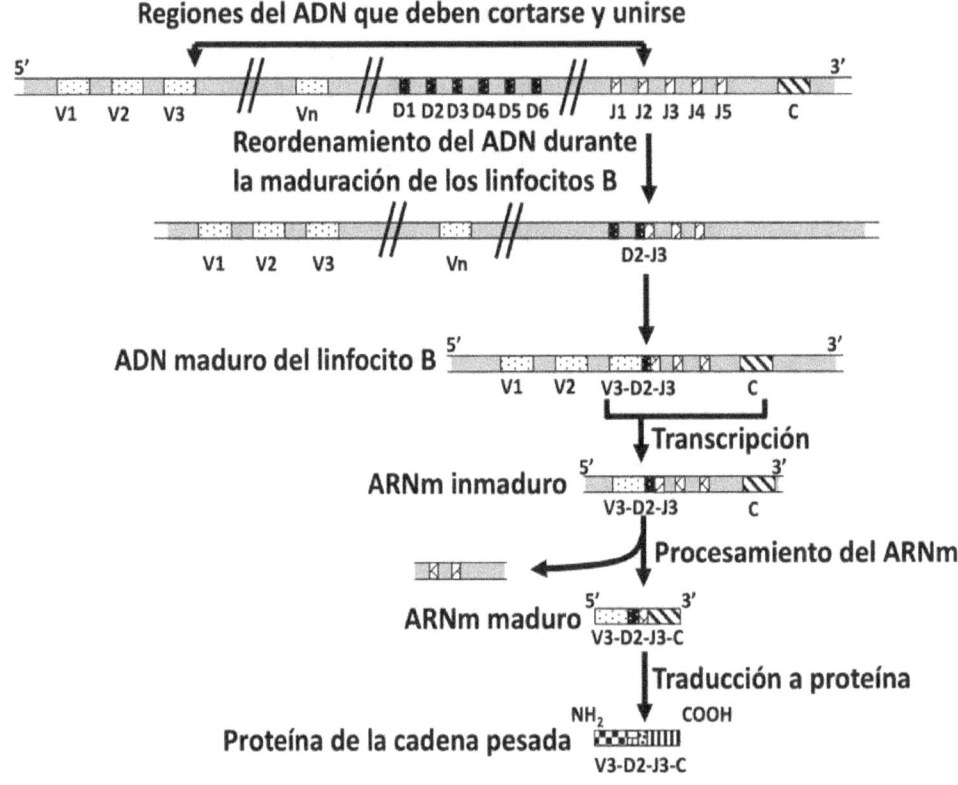

Regiones del ADN que deben cortarse y unirse

V1  V2  V3  //  Vn  //  D1 D2 D3 D4 D5 D6  //  J1 J2 J3 J4 J5  C

**Reordenamiento del ADN durante la maduración de los linfocitos B**

V1  V2  V3  //  Vn  //  D2-J3

**ADN maduro del linfocito B**
V1  V2  V3-D2-J3  C

**Transcripción**

**ARNm inmaduro**
V3-D2-J3  C

**Procesamiento del ARNm**

**ARNm maduro**
V3-D2-J3-C

**Traducción a proteína**

NH₂  COOH

**Proteína de la cadena pesada**
V3-D2-J3-C

*La combinación de regiones V, D, J y C forma el gen maduro de la cadena pesada de las inmunoglobulinas*

## 4.2.- EXCLUSIONES ALÉLICA E ISOTÍPICA

Hasta aquí hemos visto someramente el proceso de recombinación para generar cadenas pesadas y ligeras de las inmunoglobulinas. Sin embargo, este no es el único proceso molecular implicado en la generación correcta de las cadenas de los anticuerpos. Vamos a explicar aquí brevemente otros dos procesos adicionales que son necesarios para que una célula B se convierta en un linfocito hecho y derecho.

Como sabemos, cada linfocito debe poseer un receptor para un epítopo, y solo uno. Si poseyera dos receptores diferentes, el linfocito produciría dos clases de anticuerpos cuando fuera activado, pero uno de los anticuerpos producidos no serviría para nada.

La razón es que para activarse bastaría con que el linfocito encontrara uno o el otro de los epítopos que podría detectar con cualquiera de sus dos receptores. La activación de un linfocito con dos receptores solo por uno de los epítopos conduciría a la generación de un clon de células B activadas que se dedicarían a producir y secretar grandes cantidades de los dos anticuerpos, porque siendo los genes del receptor formados de la misma forma, no podrían ser diferenciados a la hora de activarlos. En las condiciones anteriores, la mitad de la energía utilizada para que las células B produzcan anticuerpos sería desperdiciada.

Quizá aquí nos hagamos la pregunta de si es posible que un solo linfocito B genere dos receptores diferentes. Sí, posible es. Recordemos que cada célula posee dos copias de cada gen, es decir dos **alelos** de cada gen, heredados uno del padre y otro de la madre. Por tanto, cada linfocito inmaduro posee dos copias de los genes para la cadena pesada y cuatro copias para los genes de las cadenas ligeras, porque, recordemos, estas eran de dos tipos, κ y λ, y cada uno de estos genes posee también dos alelos, uno materno y otro paterno.

A lo largo de la evolución, aquellos individuos incapaces de maximizar el empleo de los siempre escasos recursos para la supervivencia han sido eliminados. En otras palabras, los organismos capaces de garantizar que cada célula B produce anticuerpos con el máximo de eficacia frente a una amenaza concreta y no desperdician los recursos, son los que han podido sobrevivir hasta nuestros días.

Para garantizar esta máxima eficacia, la evolución ha generado dos fascinantes mecanismos que operan en los linfocitos B, y ya veremos que uno de ellos también lo hace en los linfocitos T. El primero de estos mecanismos es la **exclusión alélica**, que opera tanto en los genes de las cadenas pesadas como en los de las ligeras. El segundo es la **exclusión isotípica**, que opera solo en los genes de las cadenas ligeras.

La exclusión alélica es un mecanismo molecular por el que uno de los dos alelos de los genes de las cadenas ligeras o pesadas de las inmunoglobulinas es silenciado tan pronto como la célula ha recombinado con éxito el alelo del otro cromosoma. El proceso de recombinación comienza con la unión de una región **D** con una región **J** de los genes de la cadena pesada en uno de los dos cromosomas. Una vez unidas estas regiones se une a ellas una región **V**. Este proceso comienza primero en uno de los cromosomas, se cree que el primero que es generado en el proceso de división celular que tiene lugar en la generación de células hijas desde los precursores de la médula ósea. Así uno de los dos cromosomas va por delante del otro en el proceso de recombinación, por lo que un cromosoma se recombina antes que el otro.

Si esta recombinación tiene éxito en el primer alelo (el éxito no está asegurado en todas las células que inician el proceso de recombinación), se produce una cadena pesada completa. Esta cadena pesada es transportada a la membrana celular desde donde es ya capaz de enviar una señal bioquímica al núcleo celular.

Para que esta señal se produzca, la cadena pesada debe unirse primero a otras dos proteínas que la célula B en desarrollo produce con la única misión de detectar cuándo esta ha producido con éxito una cadena pesada. Estas proteínas se denominan λ5 y **VpreB**. Las dos juntas forman una especie de cadena ligera sustituta (recordemos que el linfocito B todavía no ha reordenado el gen de la cadena ligera, lo que sucederá solo tras comprobar que el reordenamiento de los genes de la cadena pesada ha funcionado correctamente). La unión de la cadena pesada recién formada con esta cadena ligera sustituta forma una especie de receptor, también sustituto (llamado **receptor pre-B**), en la superficie de la célula.

Este receptor no detecta un antígeno, sino que, gracias a las cadenas sustitutas, es capaz de interaccionar consigo mismo. Esta interacción del receptor pre-B consigo mismo proporciona una información que indica a la célula que ha producido correctamente una cadena pesada. La información se transmite desde la membrana al núcleo, donde se ponen en marcha los mecanismos para impedir la recombinación del otro alelo de la cadena pesada que se esté produciendo en el otro cromosoma. Esto tiene como consecuencia la generación de células B que poseen solo uno de los alelos de la cadena pesada reordenado de manera funcional.

Evidentemente, si el primer alelo no se ha reordenado con éxito, es decir, si la recombinación **VDJ** ha sucedido con errores que impiden la formación de una cadena pesada correcta, el receptor pre-B no se forma y la célula continúa con el reordenamiento del segundo alelo de la cadena pesada. En este caso, pueden pasar dos cosas: que el reordenamiento tenga éxito y se produzca una cadena pesada correcta en esta segunda oportunidad, o que este reordenamiento también falle y la célula no pueda generar la cadena pesada. Si sucede lo primero, el receptor pre-B formado enviará la señal al núcleo. En este caso, la señal será innecesaria para silenciar el otro alelo, pero, de nuevo, cumplirá la función de informar a la célula que ha reordenado correctamente un alelo de la cadena pesada, aunque haya sido en la segunda oportunidad.

Esta señal es fundamental para permitir que la célula siga viva, puesto que, si en este momento de su vida la célula no consigue reordenar uno de los dos alelos de la cadena pesada, la célula "sabe" que su misión en la vida no podrá ser cumplida. La célula no servirá para nada y, en ese caso, se suicidará por el proceso de apoptosis. Todos estos procesos dan como resultado la generación de células B que poseen solo uno de los alelos de la cadena pesada reordenado de manera funcional.

La siguiente figura representa el proceso de exclusión alélica en las células B. En la figura se muestra el cruce de dos conejos de laboratorio que son homocigotos para dos variedades diferentes de los genes de las cadenas pesadas de las inmunoglobulinas, representadas aquí por dos tonos diferentes de gris, claro y oscuro. La descendencia híbrida generada por el cruce (en tono intermedio) posee una copia del alelo materno y otra del alelo paterno. Si las células B generadas no sufrieran la exclusión alélica descrita antes, cada una tendría receptores con cadenas pesadas generadas a partir de cualquiera de los dos alelos, el heredado del padre o el heredado de la madre. Sin embargo, el análisis de las células B maduras de los conejos híbridos indica que las células B maduras de este animal poseen receptores con cadenas pesadas que provienen solo de uno de los alelos; el otro ha sido, por consiguiente, excluido. Esta exclusión de uno u otro de los alelos se produce al azar, de acuerdo con cuál de los dos cromosomas comienza primero el proceso de la recombinación.

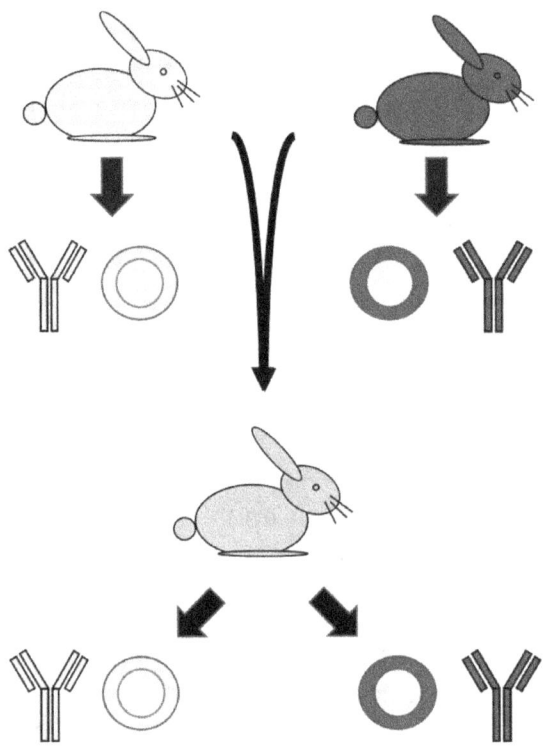

El mecanismo para garantizar que los receptores de los linfocitos B poseen solo una cadena ligera es algo más complicado. Recordemos que estos receptores, y los anticuerpos que se derivan de ellos, pueden poseer cadenas ligeras de uno u otro de los dos isotipos, el κ o el λ. Sin embargo, los receptores y anticuerpos solo poseen un tipo de cadena ligera, la cual es, además, idéntica en los dos brazos de la molécula, es decir, es siempre o κ o λ. En otras palabras, no hay inmunoglobulinas que tengan una cadena κ en uno de los brazos de la Y, y una cadena λ en el otro. Esto supone que, además de que la célula B en desarrollo debe garantizar que se reordenan los genes de la cadena ligera en un solo cromosoma, con la exclusión del otro, es necesario también que la célula ponga en marcha un proceso para garantizar que se excluye uno de los dos isotipos de la cadena ligera en la formación de la molécula madura de anticuerpo. Esto es lo que se denomina la **exclusión isotípica**.

Para garantizar esta exclusión, la célula ha desarrollado unos mecanismos de control secuencial de la recombinación de los genes de la cadena ligera. Una vez la célula ha comprobado que ha reordenado correctamente la cadena pesada, comienza el reordenamiento de los alelos del gen de la cadena κ de uno u otro de los cromosomas donde se localizan. Si este proceso tiene éxito en el primer alelo, el proceso de reordenamiento se detiene. Si no tiene éxito, se procede a reordenar el alelo del gen de la cadena κ del otro cromosoma. De nuevo, si este proceso tiene éxito, el reordenamiento se detiene. Si, por el contrario, fracasa de nuevo, se procede a reordenar los alelos del gen de la cadena λ de uno de los cromosomas donde esta localizado. Si tiene éxito, el reordenamiento del otro alelo λ se detiene; si no tiene éxito, el otro alelo λ es reordenado. Si uno u otro proceso de reordenamiento tiene éxito, finalmente la célula B habrá conseguido un gen productivo maduro de la cadena ligera y generará un receptor B maduro. Si el proceso no ha tenido éxito, la célula no podrá generar un receptor B funcional por lo que no podrá recibir las **señales de supervivencia** que este receptor envía, y la célula no podrá impedir que se desencadene el proceso de apoptosis y morirá.

Así pues, todos estos procesos garantizan que durante el desarrollo de las células B, cada una produzca un solo receptor B dirigido contra un solo epítopo o, como mucho, contra epítopos muy relacionados química y espacialmente. En caso de no ser así, estos procesos garantizan también que no se van a generar células inútiles para el organismo, células que costaría mantener, pero que, sin embargo, no podrían contribuir a su defensa. El proceso de apoptosis en ausencia de las señales de supervivencia enviadas por el receptor pre-B o el receptor maduro garantiza que estas células inútiles sean eliminadas. En consecuencia, todos los linfocitos B que se generan cuentan con receptores B funcionales que tal vez podrán encontrar un único epítopo en la superficie de un microorganismo extraño y contribuir a la defensa frente a él.

Esto nos lleva a recordar que, como dijimos anteriormente, la estrategia que podría permitir la generación de proteínas receptoras y de anticuerpos contra prácticamente la totalidad de sustancias necesitaba de una estructura que permitiera la concentración de toda la diversidad química de los aminoácidos en ciertas zonas del exterior del receptor. La estructura, al mismo tiempo, debería tener una forma común, ya que todos los anticuerpos y receptores son moléculas muy similares. Ha llegado el momento de abordar el análisis de esta estructura y de explicar cómo la recombinación **V(D)J** (el paréntesis indica que las cadenas ligeras no recombinan regiones **D**) permite la producción de proteínas del receptor con una estructura común que, sin embargo, concentran una enorme diversidad justo en las zonas de interacción con los epítopos.

### 4.3.- EL DOMINIO INMUNOGLOBULINA

Como ya hemos dicho, el receptor de los linfocitos B y los anticuerpos son proteínas que presentan aminoácidos variados en una zona exterior destinada a la interacción con el epítopo. Estos aminoácidos van a poder formar enlaces químicos con algunos de los átomos que forman los epítopos en las moléculas de antígenos. Sin embargo, los aminoácidos que forman una proteína cualquiera no solo van a establecer enlaces con moléculas externas, sino que la mayoría van a establecerlos con aminoácidos de la propia proteína. Estos enlaces establecidos entre muchos de los propios aminoácidos de una proteína consiguen que esta se pliegue en el espacio y adquiera una estructura tridimensional que normalmente es la adecuada para que la proteína desempeñe su función en colaboración con otras proteínas o moléculas. La estructura tridimensional que una proteína adquiere depende de la secuencia de aminoácidos que esta posea, ya que, de acuerdo con esta secuencia, se van sucediendo las diferentes propiedades químicas de cada aminoácido, lo que, en el medio acuoso en el que se encuentran las proteínas, determina cómo estos interaccionan con otros aminoácidos vecinos o lejanos y determina igualmente, qué aminoácidos de las proteínas no interaccionan con ningún otro de la propia proteína. Estos aminoácidos que no interaccionan con los de la propia proteína son los designados para interaccionar con otras moléculas, incluidas otras proteínas o el ADN.

En el caso de las inmunoglobulinas, se ha podido comprobar que las cadenas de aminoácidos que las forman, debido a su secuencia particular, se pliegan en el espacio en unas estructuras tridimensionales que se han denominado el **dominio inmunoglobulina**. Los dominios de las proteínas son zonas de estas que se pliegan en el espacio de manera independiente a otras zonas de la misma cadena de aminoácidos que forma la proteína completa. Las proteínas pueden poseer diversos dominios, llamados cada uno por su nombre, caracterizados por su forma tridimensional. En nuestro caso, las inmunoglobulinas solo poseen dominios del mismo nombre. Una razón para ello es que la estructura del dominio inmunoglobulina es la que guarda el secreto de la enorme diversidad de los anticuerpos y, al mismo tiempo, de su estructura común. Veamos cómo está plegado en el espacio este dominio.

La clave de la funcionalidad del dominio inmunoglobulina se encuentra en que los aminoácidos que lo forman se pliegan una estructura que se ha denominado **hoja β**. Esta "hoja" se forma por plegamiento de la cadena de aminoácidos formando giros cada pocos aminoácidos, de manera similar a la que se muestra en la siguiente figura.

*Estructura de un plegamiento proteico en hoja β*

Las flechas indican la dirección de la cadena de aminoácidos, que siempre tiene un punto inicial y otro final, por supuesto. Igualmente, la longitud de las flechas indica las zonas de la cadena de aminoácidos que establecen uniones entre sí, las cuales fijan el plegamiento de esta forma. En el caso de la figura, una flecha en un sentido establece interacciones con las flechas vecinas, que van en sentido opuesto. Como puede verse, podemos así dividir a la cadena de aminoácidos plegada de esta forma en dos clases de zonas: las zonas que establecen interacciones entre ellas, que corresponden a las flechas, y las zonas que no establecen interacciones con otras zonas de la cadena de aminoácidos, que corresponden a los giros (representados por fragmentos delgados que unen las flechas). Puesto que estos giros no son necesarios para el mantenimiento de la estructura, que solo depende de las interacciones entre los aminoácidos localizados en las flechas, en ellos se puede colocar cualquier aminoácido, sean cuales sean sus propiedades químicas. Esto no es posible en las zonas de la proteína que corresponden a las flechas, ya que, si cambiamos los aminoácidos en ellas cambiamos las propiedades químicas, con lo que podríamos impedir que se formaran correctamente los enlaces que mantienen a las zonas de flechas unidas entre sí formando la hoja β. Puesto que los giros están orientados hacia el exterior, estos serán los encargados de establecer las interacciones con moléculas externas.

El dominio inmunoglobulina sigue estas reglas de diseño. Está formado por dos hojas β que se colocan la una sobre la otra formando una especie de sándwich, como se muestra en la figura siguiente, que representa un dominio inmunoglobulina de una de las regiones variables de las inmunoglobulinas.

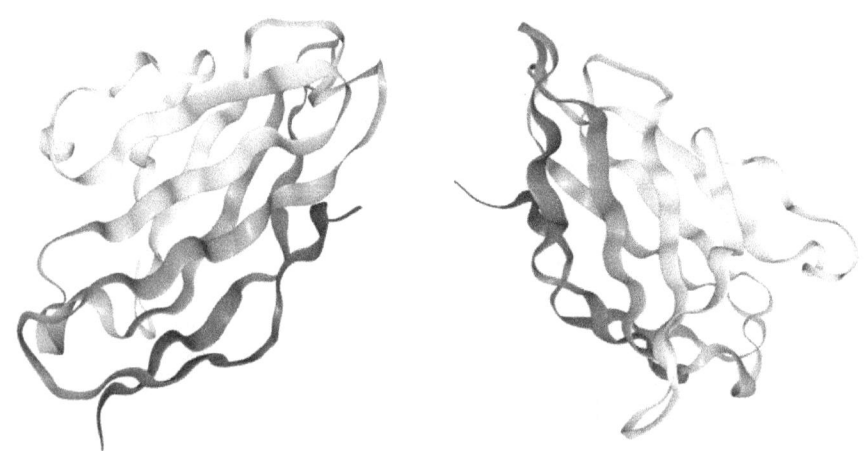

*Dos vistas del plegamiento del mismo dominio de la región variable de una inmunoglobulina. Las cintas representan la cadena de aminoácidos y cómo esta se pliega en el espacio.*

El plegamiento del dominio inmunoglobulina coloca siempre hacia el exterior tres de los giros de las hojas β. Estos son los que van a interaccionar con los epítopos presentes en la superficie de los antígenos. Que interaccionen con un epítopo o no dependerá de la clase de aminoácidos situados en los giros, pero como estos pueden aparecer en todas las combinaciones posibles, y puesto que son también flexibles y pueden adaptarse a un gran número de formas diferentes, el número potencial de epítopos con los que pueden establecer interacciones es virtualmente ilimitado.

De acuerdo con lo que hemos explicado, deberíamos esperar que, si comparamos las secuencias de "letras" del ADN de los genes maduros ya recombinados de las inmunoglobulinas, o los aminoácidos de las cadenas pesadas y ligeras que se derivan de la secuencia de estos genes maduros, deberíamos esperar que algunas zonas fueran mucho más diferentes que otras. Estas zonas, además, deberían coincidir con los giros de los dominios de inmunoglobulina, ya que es en estos giros donde se encuentra la mayor diversidad de aminoácidos. En efecto, cuando se realizó este análisis, esto es lo que se observó. De hecho, las regiones recombinadas **VDJ** de las cadenas pesadas o las **VJ** de las cadenas ligeras poseen tres regiones de una alta diversidad de secuencia tanto de "letras" del ADN como de aminoácidos en el caso de las proteínas. Estas zonas se denominan **regiones hipervariables**, puesto que muestran una enorme variabilidad en los nucleótidos y aminoácidos correspondientes.

Para cada proteína madura de las cadenas de las inmunoglobulinas tenemos **tres regiones hipervariables** que, en efecto, coinciden al plegarse en el espacio con los tres giros del dominio de las inmunoglobulinas. Estas regiones reciben el nombre de **CDR1**, **CDR2** y **CDR3** (*Complementarity Determinant Regions*, o regiones determinantes de la complementariedad. Se habla de complementariedad porque estas regiones son complementarias a la forma y propiedades químicas del epítopo). Dos de estas zonas hipervariables se encuentran codificadas en el ADN de las regiones **V** presentes en el genoma. La tercera zona hipervariable, **CDR3**, sin embargo, se encuentra codificada en la zona de unión de la región **V** con la **D** (en el caso del gen de la cadena pesada) o en la unión de la región **V** con la **J** (en el caso de la cadena ligera).

Puesto que durante el fenómeno de la recombinación se producen cambios en las "letras" del ADN en la zona de unión, ya que hay enzimas que añaden o eliminan algunas al azar, esta tercera región hipervariable es la más hipervariable de todas y, por consiguiente, la mayor responsable de la enorme diversidad de los receptores de antígenos y de los anticuerpos que derivan de ellos y de su capacidad para unirse a virtualmente cualquier molécula del mundo exterior.

Cabe mencionar aquí una última consideración. Es evidente que si se genera al azar un receptor de célula B en cada uno de los miles de millones de linfocitos producidos en la médula ósea, puesto que no hay restricción a la cantidad de sustancias que estos receptores en su conjunto pueden detectar, esto quiere decir que algunos de los linfocitos B maduros podrán poseer receptores que detecten a nuestras propias moléculas. Si esto sucede, esos linfocitos B son eliminados o inactivados por diferentes mecanismos de los que no vamos a hablar aquí. Quedémonos solo con la idea de que mediante las recombinaciones génicas al azar durante el desarrollo de los linfocitos B, se genera un repertorio de miles de millones de linfocitos B con receptores capaces de detectar virtualmente cualquier molécula presente en el mundo exterior, pero que no son normalmente capaces de detectar ni de reaccionar contra nuestras propias moléculas. Veremos que un proceso similar, aunque más sofisticado, tiene lugar en el timo para la selección del repertorio de los linfocitos T, de lo que vamos a hablar a continuación.

# 5.- MÁSCARAS DE IDENTIDAD

En la sección anterior, hemos visto cómo los linfocitos B son capaces de generar inmunoglobulinas contra virtualmente cualquier molécula que se encuentre en el mundo, e incluso contra moléculas que, aunque no se encuentren, se encontrarán en él en el futuro, como un nuevo fármaco aún por inventar o descubrir. Sin embargo, para que el sistema inmunitario funcione correctamente, además de poder identificar lo extraño al organismo, es también necesario que pueda identificar lo propio en estado sano para poderlo distinguir de lo propio cuando está enfermo, por ejemplo, cuando una célula del propio organismo ha sido infectada por un virus, o cuando una célula se ha convertido en tumoral. Es necesario, por tanto, que el organismo genere sus propias señas de identidad y que el sistema inmunitario aprenda a distinguirlas en los estados de salud y de enfermedad celular.

Estas señas de identidad son fundamentales, puesto que los organismos multicelulares se basan en la colaboración de células de idéntico genoma. El mantenimiento de un idéntico genoma entre todas las células de un organismo ha sido tan importante a lo largo de la evolución que, aunque las células se han especializado y adquirido funciones específicas y en ningún caso tienen todos los genes de su genoma funcionando al mismo tiempo, siguen manteniendo todos sus genes. Para un organismo dado sería mucho más económico (aunque tal vez más complejo) si las células del hígado, por ejemplo, perdieran los genes que no necesitan y lo mismo hicieran las células del resto de órganos. De este modo, el crecimiento desde el zigoto fecundado a un organismo maduro se podría realizar a un mucho menor coste metabólico, ya que, si desde los primeros estadios de la diferenciación y crecimiento celulares, estos genes innecesarios se perdieran, se ahorraría una importante cantidad de energía y de materia en el desarrollo embrionario y postnatal. Sin duda, este ahorro podría proporcionar una ventaja evolutiva a los organismos que lo hubieran adoptado. Sin embargo, ninguno de los organismos pluricelulares conocidos ha adoptado una estrategia así. Todas las células poseen el mismo genoma y son los genes los que se silencian o se activan dependiendo del tipo de célula madura de que se trate y de la función que deba desempeñar.

¿Por qué es esto así?

No creo que la respuesta sea completamente conocida, pero se cree que, en el caso de las células, la colaboración entre iguales es tan importante que los organismos multicelulares no hubieran podido generarse de otro modo. Y la igualdad entre las células se mide por la igualdad en sus genomas. Probablemente, además, los mecanismos por los que los genes se adquieren o se pierden de un genoma dado a lo largo de la evolución no ha permitido una situación diferente a la que tenemos hoy, que implica que prácticamente la totalidad de las células de un organismo tengan el mismo genoma (con algunas excepciones como, precisamente, los linfocitos maduros, que han recombinado genes y perdido parte de su genoma, y también los glóbulos rojos, que han perdido el núcleo celular y por tanto, todo su genoma), y que la especialización entre unas células y otras se haga, como hemos visto, activando o silenciando los genes.

En todo caso, para asegurar la colaboración entre iguales, es necesario que las células manifiesten su identidad y confirmen que, en efecto, pertenecen a un mismo organismo multicelular derivado de una sola célula primordial, es decir, que todas pertenecen a la misma familia. Como en el caso de las sociedades humanas, en las que normalmente es la policía la que controla la identidad, el control de la identidad celular se lleva a cabo también por una "policía", que en este caso está constituida por linfocitos T.

El sistema desarrollado para la comunicación de la identidad celular a la "policía" de linfocitos T es fascinante y uno de los más complejos y difíciles de comprender del sistema inmunitario, ya que es este el encargado de eliminar a cualquier célula que no demuestre que pertenece al organismo (por eso se produce el rechazo a los trasplantes, por ejemplo) o que no demuestre que no se ha subvertido y se ha convertido en una célula peligrosa para el conjunto de las demás (como, por ejemplo, una célula cancerosa o una célula infectada por un virus). ¿Cómo hacen las células para indicar su identidad y su buena voluntad a las células del sistema inmunitario y evitar así ser eliminadas por él? Pues bien, lo logran gracias a un conjunto de moléculas que ya hemos visto en el marco de la respuesta frente a la infección: **las moléculas del complejo mayor de histocompatibilidad**, **MHC**, presentes en la superficie de todas las células, y que son detectadas por los receptores de los linfocitos T. Las moléculas de MHC son las depositarias de la información sobre la identidad de cada célula y los linfocitos T son los encargados de detectar esa información y actuar en consecuencia, permitiendo la vida o causando la muerte de las células, según interpreten esa identidad. Ya veremos, sin embargo, que las moléculas de MHC, en realidad, no indican ellas solas la identidad de las células del organismo a las del sistema inmunitario, sino que estas normalmente ignoran a las células normales y solo pueden detectar aquellos casos en los que la célula ha cambiado su personalidad, se ha "radicalizado", y comienza a ser peligrosa para las demás. Es este cambio de identidad el único que, en condiciones normales, las células del sistema inmunitario pueden detectar, y la manera en que esto se consigue es realmente una maravilla de la Naturaleza. Vamos a intentar explicarlo con una divertida analogía.

## 5.1.- LA TRIBU DE LOS CARASBUENAS

Para comenzar a comprender cómo funciona este sistema, vamos a sumergirnos en una alegoría y viajar al corazón de una desgraciada tribu formada por personas ciegas y sordas que, no obstante, necesitan saber en todo momento quiénes son miembros de la tribu y quiénes no. Recordemos que las células son también ciegas y sordas, y solo pueden tocarse entre sí unas a otras u "oler" las sustancias que emiten, como las citocinas o las quimiocinas.

Llamemos a esta tribu la tribu de los Carasbuenas. Una terrible enfermedad, de causa desconocida, ha causado la desgracia de que todos los miembros de la tribu han perdido los sentidos de la vista y del oído. Solo poseen los sentidos del olfato y, sobre todo, del tacto para identificarse entre ellos.

Resulta vital para los miembros de la tribu identificar a quienes pertenecen a la misma. La tribu vive rodeada de otras tribus enemigas. Con paciencia y mucha colaboración entre ellos, los miembros de la tribu Carasbuenas fueron capaces de construir una muralla que protege sus dominios. La muralla posee una puerta por la que, por las noches, algunos destacamentos salen para intentar recolectar frutas del bosque, leña y otros materiales necesarios para la supervivencia de la tribu. A su regreso, obviamente necesitan atravesar la puerta y es el momento en el que infiltrados de otras tribus que, evidentemente no son ni vistos ni oídos, pueden aprovechar para penetrar la muralla fácilmente por la puerta al mismo tiempo que el destacamento entra.

Estas infiltraciones enemigas causaron mucha miseria y dolor y pusieron en serio peligro la supervivencia de la tribu. Los infiltrados se dedicaban a aprovecharse de los escasos recursos de la tribu y a vivir a sus expensas, lo que resultaba insostenible si el número de infiltrados llegaba a ser demasiado alto. La supervivencia de la tribu Carasbuenas estaba amenazada. Así estaban las cosas hasta que apareció el mayor genio que la tribu Carasbuenas tuvo jamás. Este elegido de los dioses, de nombre Uvedejota, tuvo la más brillante idea que nunca habitó una mente humana: fabricar máscaras asesinas.

Una máscara asesina es un tipo especial de máscara que este genio ideó. Se trata de una máscara fabricada con silicona fina (las tribus modernas tienen acceso a todo tipo de materiales) que encaja tan perfectamente en un rostro humano que no deja espacio para la entrada del aire, por lo que el desafortunado que tenga un rostro en el que la máscara encaje perfectamente morirá por asfixia en pocos minutos. Sólo las personas con rostros en los que las máscaras no encajen bien dejarían un poco de holgura para que entrara el aire y no se asfixiaría.

Evidentemente, el problema era cómo fabricar máscaras asesinas que solo mataran a los que NO eran miembros de la tribu de los Carasbuenas. Una vez que las máscaras hubieran sido hechas de esa manera, la idea era establecer una policía de máscaras que continuamente fuera probando máscaras al azar a las personas que se encontraran dentro del recinto de la tribu. Así, tarde o temprano se encontrarían con un intruso, si lo había. Mientras ninguna máscara encajara perfectamente en un rostro, la persona examinada no moriría, y eso sería debido a que dicho rostro pertenecería a un miembro de la tribu y no a un invasor extraño. Sin embargo, si alguna máscara asesina encajaba en el rostro de alguien, eso sería porque esa persona era un invasor que se habría infiltrado en el grupo y no era miembro de la tribu. En ese caso la máscara asesina lo asfixiaría.

La idea era buena, porque suponía que todos los miembros de la tribu estarían siempre controlados con respecto a su identidad y, de este modo, tarde o temprano, se identificaría y eliminaría a los infiltrados parásitos que pretendían aprovecharse de ellos. Sin embargo, el problema era que, para fabricar máscaras asesinas, Uvedejota solo tenía como molde las caras de los miembros de la tribu y no las caras de los miembros de otras tribus. ¿Cómo podía hacer para fabricar máscaras que encajaran en rostros desconocidos a los que no tenía acceso, pero al mismo tiempo evitar que encajaran en los rostros conocidos de los miembros de su tribu?

Aquí es cuando Uvedejota tiene su genial idea. Se da cuenta de que, en lugar de hacer máscaras empleando solo una cara conocida como molde, lo que tiene que hacer es generar máscaras mezclando al azar los rasgos de las caras de los miembros de su tribu. De este modo, se generarían máscaras que no encajarían bien en el rostro de ninguno de ellos, dejando siempre algún hueco por donde pudiera pasar el aire. Estas máscaras, mientras contengan todos los componentes propios de un rostro humano, nariz, boca, pómulos, etc..., encajarán tarde o temprano en algún rosto desconocido. Así, hizo múltiples réplicas de silicona de las narices, de las orejas, de los pómulos, etc. de todos los miembros de la tribu de los Carasbuenas. Además, modificó de manera aleatoria cada componente de los rostros, con lo que generó una gran diversidad de orejas, narices etc., generalmente diferentes de las que pertenecían a los miembros de su tribu. Mediante la combinación aleatoria de los componentes así generados, Uvedejota fabricó innumerables máscaras que potencialmente podrían encajar en cualquier rostro, aunque normalmente no podrían encajar perfectamente en los rostros de ningún miembro de la tribu, a menos que, por mala suerte, se hubieran combinado todos los componentes del rostro de algún desafortunado, por lo que se hubiera generado una máscara asesina para él que tarde o temprano acabaría matándolo.

Sin embargo, en este punto, Uvedejota tenía dos problemas. El primero era comprobar que las máscaras fabricadas habían salido bien y se trataba en efecto de máscaras que encajaban en rostros humanos, y no de máscaras tan defectuosas que no encajarían en ninguno. Si había muchas máscaras imperfectas de este tipo, disminuirían mucho la eficacia de su sistema, por lo que tenía que eliminarlas de la colección de máscaras generada. El segundo problema era eliminar aquellas máscaras que, puesto que se habían generado al azar, tal vez encajaran perfectamente en los rostros de algunos miembros de su tribu, ya que podrían matarlos.

Para solucionar estos problemas, Uvedejota tuvo otra idea genial. Llamó al escultor oficial de su tribu y le pidió que elaborara rostros de escayola idénticos a los de cada uno de los miembros de la tribu. Sobre estos rostros podría ahora probar sus máscaras sin peligro de asfixiar a nadie.

Una vez los rostros de escayola estuvieron listos, Uvedejota comenzó a probar sus máscaras en ellos. Uvedejota realizó primero una selección a la que llamó **selección positiva**, es decir, seleccionó a todas aquellas máscaras que encajaban más o menos bien en los rostros de escayola, y eliminó aquellas que no encajaban nada bien. De nuevo, si las máscaras no encajaban en algún grado en los rostros de los miembros de su tribu era porque no eran máscaras adecuadas; eran demasiado defectuosas, y probablemente tampoco encajarían en ningún otro rostro. Por tanto, en una primera selección, Uvedejota se quedó solo con máscaras que encajaban al menos en un grado aceptable, aunque no perfecto, con los rostros de escayola.

Pero esto no era suficiente. Ahora hacía falta realizar una selección que Uvedejota llamó **selección negativa**. Esta selección consistía en eliminar de la población de máscaras que habían sido anteriormente seleccionadas aquellas que encajaran demasiado bien en los rostros de los miembros de su tribu. Uvedejota volvió a probar las máscaras sobre los rostros y esta vez lo hizo de manera más detallada para comprobar el grado en el que cada una de las máscaras encajaba en cada uno de los rostros de escayola. Cualquier máscara que encajara demasiado bien era eliminada.

Uvedejota se quedó así con una colección de máscaras de las que estaba seguro, en primer lugar, que eran máscaras bien hechas, es decir, que tenían la propiedad de encajar perfectamente en algún rostro humano, y, en segundo lugar, que no había ninguna máscara que encajara perfectamente en los rostros de los miembros de su tribu. Con estas máscaras, los miembros de su tribu se probarían la identidad de sus rostros a cada oportunidad.

El procedimiento fue todo un éxito. Poco a poco, logró eliminar a todos los que se infiltraban en la tribu haciéndose pasar por miembros de los destacamentos. Siempre había alguna máscara que encajaba lo suficientemente bien como para asfixiar a un extraño y, en general, nunca asfixiaban a los miembros de la tribu. Una desgraciada excepción se produjo, por desgracia, cuando uno de los miembros de un destacamento nocturno se dio un fuerte golpe en la nariz y volvió con ella inflamada. El desafortunado tuvo la mala suerte de que una máscara encajó perfectamente en su rostro deformado y lo asfixió. Uvedejota dio instrucciones a los miembros de su tribu de que, en caso de sufrir un accidente, no debían regresar a menos de estar seguros de que su rostro no había sufrido daño. Si lo había sufrido, debían esperar hasta que este sanara para volver al poblado. En caso contrario podría suponerles la muerte. A pesar de estas dificultades, el sistema de Uvedejota se reveló extremadamente eficaz para proteger a los miembros de la tribu Carasbuenas, la única tribu de ciegos y sordos que ha sido capaz de sobrevivir hasta la actualidad.

## 5.2.- "CARAS" Y "CARETAS" MOLECULARES

Con estas ideas acerca de la tribu de los Carasbuenas siempre presentes, disponemos ahora de mejores herramientas intelectuales para comprender cómo el sistema inmunitario examina la identidad de las células del organismo, y no solo la identidad en estado de salud celular, sino también el cambio de identidad que puede producirse cuando la célula es forzada a producir proteínas extrañas, al haber sido infectada o haber mutado y haberse convertido en tumoral. Igualmente, el sistema inmunitario examina los cambios en la identidad celular que pueden producirse cuando las células captan desde el exterior proteínas extrañas producidas por microorganismos infecciosos, lo que también puede cambiar la identidad molecular de la célula que las ha captado. ¿Qué moléculas constituyen las "caras" y cuáles las "caretas" con las que las células ciegas y sordas del sistema inmunitario examinan la identidad de lo propio para distinguirla de lo extraño?

Comencemos por lo que constituyen las "caras". Estas están constituidas por las moléculas del complejo mayor de histocompatibilidad de tipo 1 y de tipo 2, que ya hemos visto antes **(sección 2.5.4.1)** en el marco de la lucha contra la infección. Vamos a analizar cómo están formadas estas moléculas en la membrana de las células y por qué existen dos clases de ellas, cada una de las cuales representa un tipo de rostro diferente (como las caras de las personas de raza blanca representa un tipo de rostro que difiere del tipo de rostro propio de personas de raza amarilla, por ejemplo), para los que es necesario generar dos tipos de caretas, también diferentes.

### 5.2.1.- EL COMPLEJO MAYOR DE HISTOCOMPATIBILIDAD

El complejo mayor de histocompatibilidad (MHC) es el conjunto de genes responsables de generar las proteínas que van a funcionar como "los rostros" de identidad de las células. Como hemos dicho, existen dos tipos de "rostros moleculares" constituidos por las moléculas MHC-1 y MHC-2.

Cada molécula madura de MHC de cualquier tipo está formada por la combinación de tres componentes. Dos de ellos son fijos para cada tipo de persona y de célula, y uno de ellos es variable.

### 5.2.1.1.- LAS "CARAS" DEL MHC-1

Los dos componentes fijos de este tipo de MHC son dos cadenas de proteínas, cada una derivada de un gen. En el caso de las moléculas MHC-1, la primera cadena se denomina **cadena α** y la segunda cadena se denomina **β2-microglobulina**. Como en el caso de las inmunoglobulinas, con sus cadenas pesadas y ligeras, tenemos aquí una nueva molécula formada por la unión de dos cadenas diferentes. Vemos, pues, que este es un tema recurrente en el sistema inmunitario y muchas moléculas de este están formadas por la unión de dos proteínas diferentes, y en ocasiones por tres o más. En el caso de las moléculas MHC-1, ambas cadenas se unen entre sí y se proporcionan estabilidad la una a la otra. No obstante, la cadena α es tal vez la más importante, porque esta es la encargada de unir al tercer componente del complejo. Este componente no es otro que un péptido derivado de la degradación de alguna de las proteínas producidas por la célula a partir del funcionamiento de sus genes o de los genes de parásitos como los virus. Ya vimos que, en el caso de una infección vírica, estos péptidos pueden derivarse de las proteínas del virus que han sido producidas por la maquinaria celular de síntesis proteica, pero en el caso de que la célula no haya sido infectada, sus moléculas MHC-1 presentan, no obstante, en la superficie celular, péptidos procedentes de la degradación de las proteínas propias que la célula produce. Estos péptidos, unidos a las cadenas α, que están unidas a su vez también a la β2-microglobulina, revelan en la superficie celular información acerca del estado de la célula. La figura siguiente representa una molécula de MHC-1 con el péptido unido a su surco o hendidura de unión.

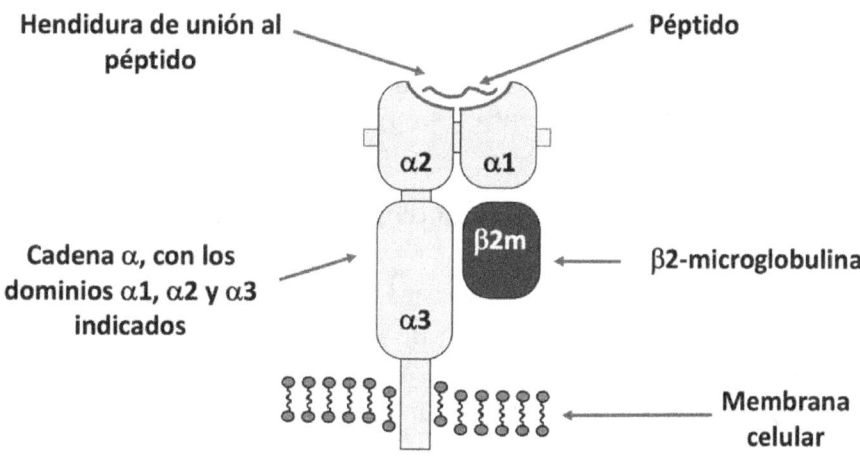

*Representación de la estructura de las moléculas de MHC de tipo 1*

### 5.2.2.2.- EL PROTEASOMA

¿De dónde provienen los péptidos que se unen al MHC-1 y cómo se acoplan con él en el interior de la célula? Hoy es conocido que los péptidos proceden de todo tipo de proteínas celulares que, por la razón que sea, han dejado de funcionar correctamente (en general, porque se han desnaturalizado total o parcialmente, o porque se han fragmentado) o nunca han funcionado, al haber sido sintetizadas incorrectamente, y deben ser recicladas para la generación de proteínas nuevas. Esto se hace digiriendo las cadenas de aminoácidos que forman las proteínas para liberar los aminoácidos constituyentes, los cuales podrán ser utilizados para la síntesis de nuevas proteínas. Esta digestión la llevan a cabo enzimas denominadas con el nombre genérico de **proteasas** que, en este caso, son diferentes de las metaloproteasas liberadas por las células del sistema inmunitario en el sitio de infección (**sección 2.5**). La degradación de las proteínas se realiza por etapas, y la primera etapa consiste en la fragmentación de las proteínas en péptidos cortos de manera que luego estos puedan ser atacados por otros enzimas para liberar los aminoácidos individuales.

La degradación de las proteínas inservibles es tan importante que, como hemos dicho, las células cuentan con un orgánulo especializado en esta función: el denominado **proteasoma**. Este orgánulo también participa en el control de la concentración de las proteínas no dañadas, de manera que estas se encuentren siempre en concentraciones óptimas en la célula.

El proteasoma es como una compleja factoría dedicada al reciclaje de las proteínas. Vamos a describir brevemente cómo está formado para que podamos de nuevo atisbar otro más de los maravillosos mecanismos que las células albergan y también de los trabajos de investigación no menos maravillosos que han permitido identificar estas y otras estructuras celulares y su modo de funcionamiento.

El proteasoma está constituido por dos partes: un núcleo y dos cabezales reguladores uno de los cuales es importante para permitir la entrada de las proteínas al núcleo, donde sucede la degradación, mientras que el otro se sitúa en donde van a salir los péptidos generados tras la degradación. El núcleo está formado por la unión de veintiocho subunidades de proteínas, catorce subunidades llamadas α y catorce subunidades llamadas β.

El núcleo es como una especie de sándwich con dos rebanadas de pan y dos lonchas de jamón. Siete de las subunidades β forman un anillo, y las otras siete forman otro anillo. Ambos anillos se colocan juntos, uno al lado del otro, formando el núcleo interior. Ahora, siete subunidades α forman otro anillo y se colocan sobre uno de los anillos β del núcleo interior. Las otras siete subunidades α restantes forman otro anillo y se colocan sobre el otro anillo β del núcleo interior. De este modo, se forma el núcleo del proteasoma, compuesto por cuatro anillos, dos β (las lonchas de jamón), y dos α (las rebanadas de pan), uno a un lado y otro al otro lado de los anillos β.

Así pues, el núcleo del proteasoma es una especie de cilindro hueco de siete caras. Es en el interior de esta especie de cilindro formado por las catorce subunidades β interiores y las catorce subunidades α más externas donde se produce la degradación de las proteínas en péptidos de solo siete u ocho aminoácidos de longitud. Son las subunidades β, las más internas, las que actúan como las enzimas proteasas encargadas de llevar a cabo esta degradación de las proteínas en péptidos. Recordemos que un péptido es simplemente un fragmento pequeño de proteína.

Detengámonos en el resultado de esta degradación. Sean jóvenes o viejas, las proteínas están formadas, en general, por cientos o incluso miles de aminoácidos. En el proteasoma, estas proteínas van a ser cortadas en trocitos (péptidos) de solo siete u ocho de estos aminoácidos. Los cortes se realizan casi al azar, así que de una misma proteína de cientos de aminoácidos de longitud no van necesariamente a producirse idénticos péptidos. Además, algunos de los péptidos generados en un primer corte pueden ser unidos a otros para generar péptidos algo más largos que ya no corresponden a una secuencia concreta de aminoácidos de la proteína que está siendo degradada. De este modo, de la degradación de las moléculas de una misma clase de proteína se produce una gran cantidad de péptidos diferentes, y lo mismo sucede con proteínas de otras clases, claro está. A partir del conjunto de todas las proteínas producidas por las células, se producen así millones de péptidos distintos. Estos péptidos van a unirse a moléculas MHC-1 que serán transportadas, cada una con su carga de un péptido, a la superficie celular. Allí, van a constituir así una especie de huella digital, de código de barras molecular de la célula, es decir, la identidad molecular de esta, ya que no todos los tipos de células producen las mismas proteínas, ni las producen en la misma precisa cantidad. Si esta huella molecular cambia, aunque solo sea un poco, debido a la presencia de péptidos extraños, por ejemplo, de proteínas procedentes de un virus que haya infectado a la célula, el sistema inmunitario podrá detectar este cambio y actuar en consecuencia.

Evidentemente, para que las proteínas sean degradadas en el proteasoma, deben ser captadas y conducidas a su interior. En esta labor desempeña un papel importante uno de los dos cabezales, formado por diez subunidades de proteína. Este cabezal se une al anillo de subunidades α de uno de los lados del núcleo y actúa como una especie de cubierta, de capota móvil, que permite o no el acceso de las proteínas a la entrada del proteasoma para su degradación. Otras nueve subunidades proteicas forman una estructura similar unida al otro anillo α del otro extremo del proteasoma, donde desempeña la función de facilitar la salida de los péptidos generados en el interior. La figura siguiente muestra representaciones del proteasoma humano.

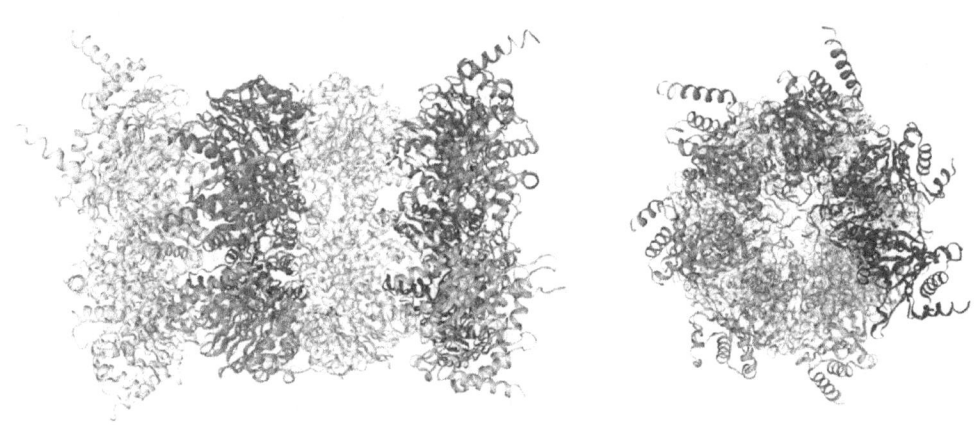

*Vista lateral y frontal del núcleo central del proteasoma humano*

### 5.2.2.3.- UNA DEGRADACIÓN DE NARICES

En general, para que una proteína sea introducida en el proteasoma debe ser primero identificada como defectuosa o vieja por aún otra maquinaria celular especializada en esta tarea. Es obvio que la célula debe evitar degradar innecesariamente proteínas sanas y funcionales, ya que cuesta una gran cantidad de energía producirlas. Por esta razón, la actividad del proteasoma está finamente regulada. La manera más importante en que esta regulación se consigue es mediante el marcaje de las proteínas viejas para su degradación. Las proteínas no marcadas no podrán entrar en el proteasoma y no podrán ser degradadas.

Como no se le escapa a nadie, marcar algo supone añadirle una marca. En el mundo en el que vivimos, una marca puede ser un signo pintado o grabado sobre un objeto, pero en el mundo de las moléculas, como son las proteínas, las marcas solo pueden ser hechas por otras moléculas. En el caso de las proteínas que deben ser degradadas, esta marca se genera mediante la unión enzimática a las mismas de una pequeña proteína denominada **ubiquitina**. Las enzimas que unen ubiquitina a otras proteínas se denominan **ligasas de ubiquitina**. La ubiquitina se denomina así porque cuando se descubrió, en 1975, se comprobó que se encontraba en la práctica totalidad de las células de todos los órganos. Era ubicua, y de ahí se deriva su nombre.

La adición de ubiquitina a una proteína vieja o deteriorada se denomina **ubiquitinación**. La adición es una reacción química, la cual, como todas las reacciones químicas de las células, está acelerada, catalizada, por enzimas. En este caso, la acción secuencial de tres enzimas es necesaria para la ligación de una molécula de ubiquitina a una proteína vieja. Además, estas enzimas no solo unen una molécula de ubiquitina a las proteínas identificadas como defectuosas, sino que pueden unir varias moléculas de esta proteína, una detrás de la otra, formando cadenas de ubiquitina ligadas a la proteína defectuosa y asegurando aún más su degradación por el proteasoma.

Solo las proteínas que han sido ubiquitinadas son reconocidas por la parte del proteasoma que funciona como cubierta, la cual, como hemos dicho, regula la entrada de las proteínas al núcleo interior donde se produce su degradación. Esta entrada requiere energía metabólica (se consumen moléculas de adenosín trifosfato, ATP, la moneda universal de energía metabólica de todas las células). La ubiquitina funciona como una llave para la cubierta, la abre y permite la entrada de la proteína al núcleo del proteasoma, donde será troceada en péptidos. Las proteínas no ubiquitinadas no poseen esta llave y no pueden entrar al proteasoma, lo que las protege de una degradación inadecuada.

Volviendo a hacer uso de la analogía de caras y caretas, las moléculas de MHC-1 constituirían solo un tipo de "caras" (otro tipo del que luego hablaremos en mayor detalle lo constituyen las moléculas MHC-2). Sin embargo, estas "caras" están incompletas. Haciendo otra analogía, podemos decir que las moléculas MHC-1 son como caras sin nariz. La "nariz" de cada "cara" del MHC-1 estará formada por los péptidos generados en el proteasoma, que deben ser unidos por las moléculas MHC-1 para generar "caras" completas. Así, las "caras" MHC-1 presentes en la superficie celular son similares en un individuo dado, y solo difieren porque poseen millones de "narices" diferentes. Estas "narices" están formadas por el universo de péptidos generados en el proteasoma, provenientes de la degradación de las proteínas propias o extrañas producidas por la célula. Las "narices" constituyen, pues, un conjunto variado de péptidos que, juntos, contienen la información sobre la identidad de una célula. En el caso de que uno o más de esos péptidos varíen, eso será indicación de que la célula ha variado su identidad, lo cual solo puede suceder si ha variado su estado de salud, bien porque ha sido infectada por un virus, bien porque se ha transformado por mutaciones en alguno de sus genes y proteínas en una célula tumoral. Estos cambios convierten a las células en peligrosas para el organismo, por lo que deben ser detectadas y eliminadas. Más adelante hablaremos de cómo las "narices" se unen a las "caras" compuestas por MHC de tipo 1, un proceso que, de no funcionar correctamente, puede generar serias enfermedades y es, además, un mecanismo en el que muchos virus interfieren para evitar ser detectados.

#### 5.2.2.4.- UN ROSTRO PARA CADA CUAL

Sin embargo, las moléculas de MHC-1 son diferentes en los diferentes individuos de una población. Al igual que cada persona tiene su rostro particular, cada persona tiene sus "rostros moleculares" particulares en forma de moléculas MHC-1 y de los péptidos unidos a ellas. Esto es así porque los genes que producen las proteínas MHC-1 son muy diversos, es decir, existen cientos de ellos diferentes. Además, el genoma humano no posee solo un gen para generar la cadena $\alpha$ de las moléculas MHC-1, sino tres, con un alelo de ellos en cada cromosoma, con lo que cada persona puede generar seis cadenas $\alpha$ diferentes del MHC-1, es decir, cada célula muestra seis tipos de "caras" MHC-1 diferentes. Por otra parte, existen cientos de alelos diferentes de cada uno de los tres genes del MHC-1. Por ello, es muy improbable que dos personas, salvo que sean hermanos gemelos idénticos, posean los mismos alelos para producir sus "rostros moleculares" que luego deben completarse, además, con las "narices moleculares" propias de cada célula.

Esta es parte de la razón que explica que las personas, en general, seamos incompatibles a la hora de donar o recibir trasplantes de órganos. Cada una tiene sus "rostros moleculares", y estos resultarán extraños si son introducidos con un trasplante a otra persona. En este caso, es seguro que al menos uno de esos "rostros" extraños encajará perfectamente en, al menos, una de las "caretas" que ha generado el sistema inmunitario de la persona receptora del trasplante y que, como hemos explicado antes, están diseñadas de manera que no encajen perfectamente en los "rostros" sanos propios, sino en "rostros" propios modificados por la presencia de "narices" diferentes, formadas por péptidos originados por la degradación de proteínas de microorganismos infecciosos, por ejemplo. Recordemos que la selección de "caretas" (los receptores generados por los linfocitos T) de modo que no encajen perfectamente en los "rostros" propios permite la existencia de "caretas" que encajen a la perfección en "rostros" ligeramente diferentes, sea esta diferencia debida a la "nariz" (el péptido) o al resto de la "cara" (la molécula de MHC-1). Este encaje es el que activa la acción del sistema inmunitario, que acabará por rechazar al órgano trasplantado a menos que se intervenga con fármacos inmunosupresores para evitarlo y se consiga que finalmente el sistema inmunitario lo tolere.

### 5.2.2.5.- LAS "CARAS" DEL MHC-2

Las "caras" constituidas por las moléculas MHC-1 están especializadas en mostrar "narices" generadas por proteínas sintetizadas en la propia célula. Otro tipo de "caras", las constituidas por el MHC-2, están especializadas en mostrar "narices" de proteínas captadas desde el exterior celular. ¿Cómo están formadas estas "caras", y cómo se generan sus "narices"?

Al igual que sucede con las moléculas MHC-1, las moléculas MHC-2 están formadas por dos cadenas de proteínas denominadas α y β. En este caso, sin embargo, a diferencia de las moléculas MHC-1, ambas cadenas participan en la unión de un péptido. La figura siguiente representa la estructura de una molécula MHC-2.

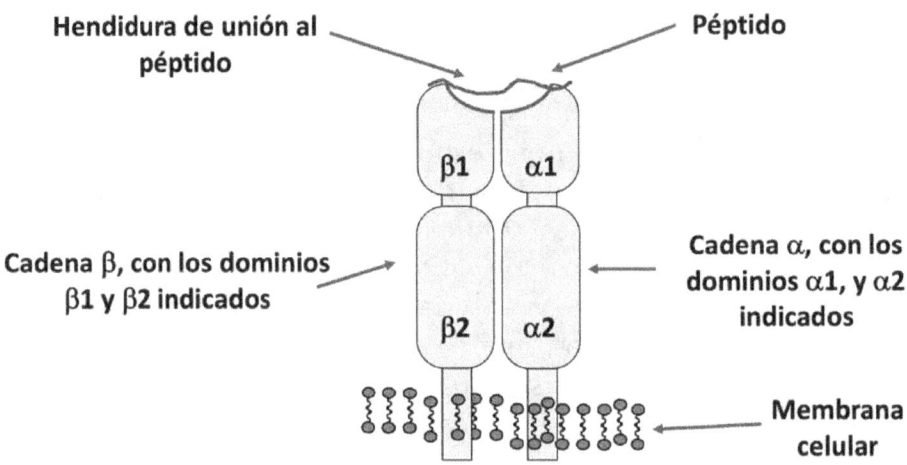

**Hendidura de unión al péptido**

**Péptido**

β1  α1

**Cadena β, con los dominios β1 y β2 indicados**

**Cadena α, con los dominios α1, y α2 indicados**

β2  α2

**Membrana celular**

*Representación de la estructura de las moléculas de MHC de tipo 2*

Otra diferencia con respecto a las moléculas MHC-1 es que ambas cadenas MHC-2 atraviesan la membrana de la célula. Sin embargo, la diferencia más importante se encuentra en el origen de los péptidos que se unen a las moléculas MHC-2, los cuales provienen de la digestión en los lisosomas de proteínas captadas por la célula desde el exterior. Esto implica que solo las células capaces de incorporar proteínas del medio exterior podrán presentar péptidos derivados de ellas en las moléculas MHC-2.

De hecho, las células que no pueden fagocitar o incorporar de alguna forma proteínas extrañas, no poseen en general moléculas MHC-2 en su superficie, puesto que no tienen activados los genes para producir las cadenas α y β, ya que no los necesitan. Por esta razón, en condiciones normales, solo las células presentadoras de antígenos profesionales, es decir, las especializadas en la función de presentar al enemigo a los linfocitos T, expresan los genes para producir las proteínas MHC-2 y presentar péptidos en ellas. Estas células son de cuatro tipos: las células dendríticas, los macrófagos, los linfocitos B y los eosinófilos, unas células implicadas en las reacciones alergias de las que no hablamos en este libro.

Las moléculas MHC-2 expresadas en estas células pueden presentar péptidos derivados de moléculas propias del organismo captadas por ellas a partir del medio y líquido extracelular. Esos péptidos propios son en general ignorados por las células T, puesto que estas han sido seleccionadas para encajar solo débilmente en nuestras propias "caras". Solo cuando las células presentadoras de antígenos capten moléculas procedentes de microorganismos extraños, podrán presentar "narices" que conseguirán convertir en extrañas a las "caras" del MHC-2, lo que conducirá a la activación de los linfocitos T y de los mecanismos de defensa. Estas "narices" son, además diferentes de las "narices" presentadas por las moléculas MHC-1. Recordemos que estas últimas se generan en el proteasoma, mientras que las presentadas por el MHC-2 se generan en los lisosomas. Esto da lugar a péptidos muy diferentes, en particular, en su longitud. Los péptidos unidos al MHC-1 son más cortos y homogéneos, de solo 8 a 10 aminoácidos, y encajan perfectamente dentro de la hendidura en la que deben acoplarse para ser presentados. Los péptidos presentados por el MHC-2 son de longitudes más diversas y, en algunos casos, los péptidos más largos desbordan la hendidura y tienen sus extremos fuera de esta.

### 5.2.2.6.- POLIMORFISMO Y POLIGENIA DE LOS GENES DEL MHC

Los genes del MHC son un ejemplo magnífico de cómo funciona la evolución de los genes de los animales cuando estos se encuentran bajo una gran presión de selección, es decir, cuando los individuos que no poseen ciertas variantes de esos genes o la cantidad adecuada de ellos son rápida e implacablemente eliminados de la población y, por consiguiente, no pueden trasmitir sus genes a las siguientes generaciones.

Esta presión de selección es muy fuerte sobre los genes MHC. La razón es sencilla de comprender: estos genes son requeridos para la importantísima misión de colocar en la superficie celular péptidos derivados de microorganismos patógenos externos para presentarlos a las células T, sin las cuales la inmunidad adaptativa no puede funcionar. La inmunidad adaptativa, no obstante, genera una gran presión de selección a su vez sobre los microorganismos a los que ataca y, en general, elimina. Evidentemente, en estas condiciones aquellos microorganismos que puedan evitar en un mayor grado la presentación de sus antígenos podrán tener mejores probabilidades de supervivencia y trasmitirán sus genes con mayor frecuencia.

Ya veremos luego **(sección 7)** que los microorganismos han desarrollado a lo largo de su evolución numerosos e ingeniosos mecanismos para evitar la acción del sistema inmunitario. Varios de ellos actúan sobre el mecanismo de presentación de péptidos.

En esta situación, se establece una continuada guerra evolutiva entre los microorganismos y los organismos animales a los que parasitan y causan enfermedad. Esta guerra ha tenido y seguirá teniendo importantes consecuencias para la evolución de los genes del MHC, y explica dos importantes propiedades de estos: el **polimorfismo** y la **poligenia**. Comencemos explicando el primero.

Como sabemos, el prefijo *poli* significa 'muchos', y el sufijo *morfismo* significa 'forma'. Por consiguiente, el término *polimorfismo* significa 'muchas formas'. Esto quiere decir que la población humana, y la de la mayoría de los vertebrados, poseen múltiples variantes de los genes del MHC-1 y MHC-2. Esto es importante. Las múltiples formas de estos genes se encuentran en la población en su conjunto, pero cada individuo contiene en su genoma solo unas pocas de estas formas, no contiene todas las variantes presentes en la población.

Es conveniente explicar qué es lo que diferencia una forma de MHC de otra. No es difícil de entender que, si las proteínas están formadas por aminoácidos, las diferencias entre proteínas serán debidas sobre todo a diferencias en los aminoácidos (aunque puede haber también diferencias debidas a las modificaciones químicas de estos una vez incorporados a la cadena de proteína). En el caso de las proteínas de MHC, las diferencias entre sus aminoácidos, sin embargo, no suceden en lugares aleatorios, sino precisamente en los lugares encargados de unir a los péptidos propios o extraños, es decir, en los aminoácidos que forman el surco de unión de los péptidos, la parte de la "cara" donde debe encajar la "nariz". Esto implica que cada forma de las moléculas de MHC posee aminoácidos con propiedades químicas (carga eléctrica, afinidad por el agua, etc.) ligeramente diferentes en esos lugares, lo que afecta a la naturaleza de los péptidos que pueden unir. Obviamente, los péptidos ligados preferentemente en la hendidura serán aquellos que posean aminoácidos con propiedades químicas complementarias a las de los aminoácidos localizados en la hendidura de las proteínas MHC. Puesto que cada proteína MHC posee diferentes aminoácidos con diferentes propiedades en su surco de unión al péptido, los péptidos unidos por una u otra de esas formas no serán los mismos. Esto, a su vez, implica que cada individuo de la población, al tener sus propias formas de los genes del MHC, no presentará a las células T exactamente los mismos péptidos derivados de un microorganismo particular. No obstante, estas diferencias, en condiciones normales, no ejercen ninguna influencia sobre la capacidad del sistema inmunitario para controlar las infecciones.

Hablemos ahora de la **poligenia**. Este término se refiere a la existencia **en el genoma de cada individuo** de muchos genes del MHC. Esto significa que cada persona o animal posee no solo uno, sino varios genes a partir de los que se generan las proteínas MHC-1 y MHC-2. En el caso humano, cada uno de nosotros posee tres genes para sintetizar las cadenas $\alpha$ del MHC-1 (la $\beta2$-microglobulina no es polimórfica). Estos genes se denominan *HLA-A*, *HLA-B* y *HLA-C*. Las letras **HLA** derivan de *Human Leukocyte Antigen*, nombre por el que se conocen también a las proteínas MHC humanas, en inglés. Puesto que heredamos una variante de cada gen de nuestro padre y otra de nuestra madre, cada uno de nosotros poseemos dos variantes, es decir, dos alelos de cada uno de esos genes. En consecuencia, poseemos dos alelos *HLA-A*, dos *HLA-B* y dos *HLA-C*. Cada uno de estos alelos se expresa de manera codominante, es decir, ambos alelos, el paterno y el materno, se expresan en cantidades iguales y generan igual cantidad de proteína. Por consiguiente, cada uno de nosotros posee en cada una de las células presentadoras de antígenos seis tipos de moléculas MHC-1 ligeramente diferentes y capaces cada uno de capturar y de presentar una población de péptidos también diferentes. Esto amplía el número de péptidos que puede ser presentado por las moléculas de MHC-1, lo que disminuye la probabilidad de que algún microorganismo pueda evitar la presentación de, al menos, uno de los péptidos derivados de sus proteínas por las células presentadoras de antígenos y escapar así a la acción del sistema inmunitario.

El caso de los genes MHC-2 es más complicado aún, puesto que las proteínas MHC-2 están formadas por dos cadenas, α y β, y cada una de ellas necesita ser producida por un alelo diferente. Como en el caso de las moléculas MHC-1, cada individuo posee tres genes distintos para cada cadena. Estos genes se denominan **HLA-DPA1**, **HLA-DQA1** y **HLK-DRA**, que producen la cadena α, y **HLA-DPB1**, **HLA-DQB1** y **HLA-DRB**, que producen la cadena β. En este último caso, existe más de un gen *HLA-DRB*. Todas las personas poseen el gen *HLA-DRB1*, pero algunas poseen también genes adicionales para esta cadena, llamados *HLA-DRB3, 4* y *5*. Esto implica que, en este caso, puesto que cada persona cuenta con dos cromosomas, un máximo de doce cadenas β diferentes (seis procedentes de los genes heredados del padre y seis, de los de la madre) pueden combinarse con seis cadenas α también diferentes (tres procedentes de los alelos heredados de la madre y tres, de los del padre). Así, vemos que la diversidad combinatoria en el caso de los genes MHC-2, al estar formados por dos cadenas implicadas en la unión y presentación de péptidos, es muy superior a la diversidad de los genes MHC-1.

La cosa se complica más todavía si consideramos el enorme polimorfismo de los genes, tanto del *HLA-1* como del *HLA-2*. Estos genes son los más polimórficos conocidos, es decir, los que más variantes, más alelos, poseen. Algunos cuentan con miles de variantes, aunque otros solo con algunas decenas. Este enorme polimorfismo prácticamente garantiza que haya muy pocas personas en el mundo que tengan exactamente los mismos alelos *HLA-1* o *HLA-2*. Además, las diferentes variantes de los genes *HLA* acumulan las diferencias en los aminoácidos involucrados en la unión y presentación de péptidos Esto supone una ventaja defensiva para la población en su conjunto, puesto que de ser infectada por un microorganismo y sufrir una epidemia, como la pandemia de COVID-19 que apareció a finales de 2019, causada por el virus SARS-CoV-2, algunos de los individuos serán más eficaces que otros para presentar los péptidos derivados del microorganismo infeccioso y activar al sistema inmunitario algo mejor. Estos individuos serán, en parte por esa razón, los que sobrevivirán a la epidemia y la población no se extinguirá. Esto ilustra uno de los peligros de la clonación. Una población clonada, desde el punto de vista del sistema inmunitario, sería como una sola persona. Si este sistema inmunitario resultara vulnerable a algún microorganismo, la población entera de clones sería eliminada si se declara una epidemia. El polimorfismo de los genes MHC garantiza que la población va a poseer una gran diversidad en su capacidad de presentar péptidos y activar al sistema inmunitario, lo que garantiza que un solo microorganismo no podrá acabar con ella. Esto ilustra también el riesgo que sufren las especies con escasos individuos, es decir, con escasa biodiversidad, que se encuentran al borde de la extinción. El peligro no viene solo porque el escaso número de individuos limita su capacidad reproductiva, sino también porque su diversidad genética, en particular la del sistema inmunitario, puede no ser suficiente como para garantizar su supervivencia futura frente al ataque de los microorganismos.

Por último, es necesario hablar también del concepto de **haplotipo del MHC**. El prefijo *haplo* significa 'mitad', por lo que *haplotipo* significa 'la mitad del tipo'. Puesto que los genes MHC están todos organizados en el mismo cromosoma, el 6, heredamos la mitad de ellos de la madre y la otra mitad del padre. Cada persona tiene así, dos haplotipos diferentes, formados por la combinación de los alelos *HLA-1* y *HLA-2* que se encuentren en los cromosomas. Evidentemente, en la población existen miles y miles de haplotipos diferentes, ya que cada haplotipo puede diferir solo en una de las variantes de uno de los alelos del MHC. Esto conduce a que la mayoría de los individuos sean heterocigotos para los haplotipos del MHC. La única excepción a esta regla la constituyen los gemelos idénticos y los hermanos que por azar hayan heredado los mismos cromosomas 6 de sus padres. Esta situación hace que sea muy difícil, prácticamente imposible, encontrar donantes de órganos completamente compatibles con las personas que necesitan un trasplante, si estos carecen de un hermano compatible.

Llegados a este punto, vamos a describir a continuación, brevemente, el interesante proceso por el cual se generan y se seleccionan las "caretas", es decir, se forman las células T, cada una con un receptor diferente capaz de interaccionar, aunque no con mucha fuerza, con nuestras "caras" moleculares, es decir, con nuestras moléculas de MHC de ambos tipos. Sin embargo, en el caso de algunas células T con la "máscara" apropiada, esta interacción aumentará enormemente en intensidad cuando las "caras" propias hayan sido modificadas por péptidos extraños. Para ello, nos vamos a apoyar en lo que ya hemos visto para la generación de los receptores de las células B y los anticuerpos, ya que el proceso es muy similar y en él intervienen mecanismos moleculares prácticamente idénticos.

### 5.3.- Generación y selección de las "caretas" moleculares

Para adentrarnos en cómo cada linfocito T de nuestro cuerpo acaba poseyendo un receptor único que detectará a una molécula MHC-1 o MHC-2, es necesario que nos detengamos primero para analizar la estructura molecular de este receptor. Recordemos que la función de cualquier receptor es detectar alguna molécula en el exterior de la célula y transmitir la información hasta el núcleo celular, donde la célula pone en marcha o apaga genes necesarios para hacer frente a lo que la información que el receptor ha detectado aconseja que la célula haga. En el caso del receptor de la célula T, esto implica que debe poseer en su estructura dos tipos diferentes de componentes. En primer lugar, debe poseer las proteínas receptoras únicas para detectar una combinación de MHC y péptido concreta. En segundo lugar, este componente único debe estar asociado a otro componente común a todos los linfocitos T, que es el encargado de transmitir la información al núcleo de manera que el linfocito se active y reaccione frente a la amenaza que ha detectado: una "mala cara" en una de nuestras células que indica una infección, o una transformación cancerosa.

El componente común de cada receptor de los linfocitos T, encargado de transmitir la información al núcleo, está formado por cuatro moléculas diferentes que atraviesan la membrana celular. Tres de ellas (denominadas con las letras griegas δ, γ y ε) poseen un dominio inmunoglobulina cada una que se sitúan en el exterior de la célula y forman el denominado **complejo CD3**. La cuarta cadena se denomina cadena zeta (representada con la letra griega ζ) y posee una pequeña región fuera de la célula y una más larga región en el interior que es muy importante para desencadenar los mecanismos internos que transmiten la información al núcleo.

La siguiente figura representa la estructura del receptor de los linfocitos T. La figura muestra también el componente del receptor del linfocito T que es diferente en cada linfocito. Este está formado por la unión de dos cadenas de proteína diferentes, denominadas α y β.

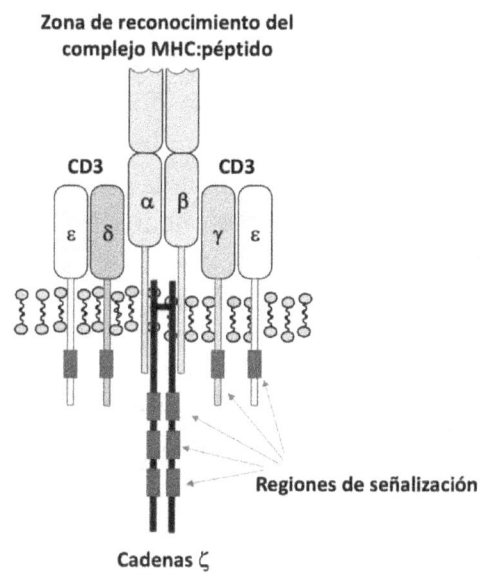

Cada una de estas cadenas posee dos dominios de inmunoglobulina, uno variable y otro constante. Hemos ya visto esta combinación de dominios de inmunoglobulina en las cadenas ligeras y pesadas de los anticuerpos, combinación que posibilitaba que los dos dominios variables fueran capaces, juntos, de detectar cualquier estructura molecular del mundo exterior. La misma filosofía molecular aparece aquí de nuevo, con la diferencia de que las cadenas α y β del receptor de los linfocitos T están encargadas de detectar cambios en estructuras moleculares de nuestro mundo interior: los complejos MHC:péptido. Vemos así con mayor claridad ahora una división clara de funciones entre las dos clases de linfocitos: los linfocitos B están encargados de detectar amenazas externas, mientras que los linfocitos T están encargados de detectar amenazas que de alguna forma han cambiado internamente a las células. Estas pueden ser microorganismos introducidos en el interior de nuestras células, como las micobacterias o los virus, o células que han mutado internamente y se han transformado en tumorales.

Dicho lo anterior, posiblemente no te haya pasado desapercibido que la estructura de las cadenas α y β del receptor de los linfocitos T es muy similar a la estructura del fragmento Fab de los anticuerpos, que son los que poseen los sitios de unión al epítopo de un antígeno. En efecto, como ya hemos mencionado, las cadenas α y β del receptor T poseen un dominio inmunoglobulina constante y otro dominio variable, al igual que las cadenas que forman el fragmento Fab de los anticuerpos. Como se muestra en la figura anterior, la combinación de los dos dominios variables de la cadena α y de la cadena β forman el sitio de unión al péptido presentado por una molécula MHC-1 o MHC-2. Recordemos que los linfocitos T que detectaban cada uno de los tipos de moléculas de MHC eran también de clases diferentes y se denominaban linfocitos T CD8 y T CD4, respectivamente.

De este modo, las cadenas α y β del receptor de los linfocitos T desempeñan una función similar a la de las cadenas ligera y pesada de los anticuerpos. De hecho, la cadena α es similar a la cadena ligera y la cadena β es similar a la cadena pesada. ¿Cómo sabemos esto, considerando que en este caso ambas cadenas son muy similares en su tamaño?

Los científicos lo han averiguado tras analizar los genes que van a generar las dos cadenas en cada linfocito T. Al igual que sucedía en el caso de los anticuerpos, la diversidad en el dominio variable proviene de un proceso de recombinación entre regiones génicas **V**, **D**, **J** y **C**.

Recordemos que, en el caso de los anticuerpos, los genes de las cadenas ligeras poseían solo regiones **V**, **J** y **C**, mientras que los genes de las cadenas pesadas poseían, además de ellas, regiones adicionales de diversidad, denominadas regiones **D**. Pues bien, en el caso de los genes de la cadena α estos poseen solo regiones **V**, **J** y **C**, mientras que los genes de la cadena β poseen también regiones **D**. Esto indica que la cadena α está genéticamente relacionada con la cadena ligera de los anticuerpos, mientras que la β está genéticamente relacionada con la cadena pesada.

El gen humano inmaduro, es decir, no reordenado, de la cadena α posee de 70 a 80 regiones **V**, dependiendo de los individuos, es decir, existe una cierta diversidad en este aspecto en el genoma humano.

Además de las regiones **V**, contiene 61 regiones **J**, un número que parece ser, en este caso, constante entre los individuos. Por último, el gen de la cadena α posee una región **C** que corresponde a la región constante de la cadena α.

El caso del gen de la cadena β es algo diferente, ya que, en realidad, no contamos con un solo gen, sino con uno y medio, con una primera mitad que es compartida por dos medias mitades finales diferentes. La primera mitad corresponde a la región con los fragmentos **V**, de los que existen 52 en este caso, al parecer sin variabilidad en este número entre los individuos. Tras esta primera mitad del gen tenemos a continuación otras dos mitades, una de las cuales, al azar, va a completar el gen maduro. La primera mitad contiene una sola región **D**, 6 regiones **J** y una región **C**. La segunda mitad contiene otra única región **D**, 7 regiones **J** y otra región **C**. Esto se muestra en la siguiente figura.

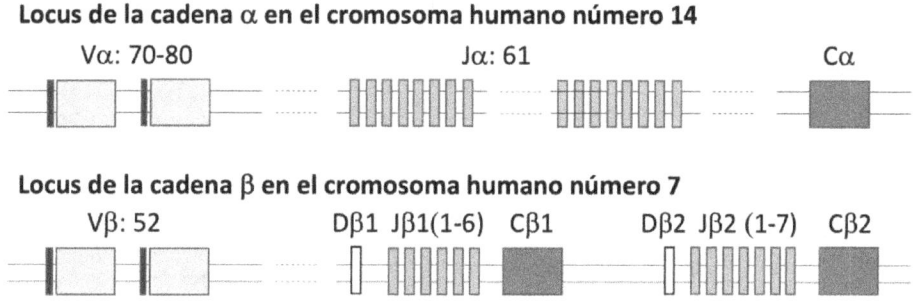

**Locus de la cadena α en el cromosoma humano número 14**

Vα: 70-80    Jα: 61    Cα

**Locus de la cadena β en el cromosoma humano número 7**

Vβ: 52    Dβ1 Jβ1(1-6)  Cβ1    Dβ2 Jβ2 (1-7)  Cβ2

De estos genes inmaduros se van a generar genes maduros mediante el proceso de reordenamiento que supone cortar y pegar el ADN como hemos visto sucedía en el caso de los genes de los anticuerpos. De hecho, el reordenamiento se lleva a cabo con la participación de las mismas enzimas que cortaban y pegaban el ADN en los linfocitos B.

En el caso del gen de la cadena α, se va a juntar una región **V** con una **J**, al azar, lo que ya generará el gen maduro. Este pasará a ser transcrito, es decir formará un ARN mensajero, que sufrirá el proceso de maduración que eliminará la parte que separa a la región **VJ** unida de la región **C**. El ARN maduro será traducido a proteína.

El gen inmaduro de la cadena β permite generar dos genes maduros diferentes para las cadenas β, aunque cada linfocito solo generará uno, al azar. En este caso, la primera recombinación sucede entre una región **D** y una **J**, que se unen para formar una región **DJ**. Esta unión puede suceder entre la región $D_{\beta 1}$ y una región $J_{\beta 1}$ cualquiera o entre la región $D_{\beta 2}$ y una región $J_{\beta 2}$ cualquiera. A esta región se unirá una región **V** cualquiera para formar el gen maduro, que será bien $VD_{\beta 1}J_{\beta 1}$, bien $VD_{\beta 2}J_{\beta 2}$. La transcripción subsiguiente a partir de estos genes genera un ARN mensajero inmaduro que es procesado para juntar la correspondiente región $C_{\beta 1}$ o $C_{\beta 2}$ a la región **VDJ** y generar un ARN mensajero que será traducido a una cadena **β1** o **β2**.

La figura siguiente representa un ejemplo de recombinación entre las regiones que constituyen el *locus* α y las regiones que constituyen el *locus* β para generar genes maduros que se traducen a las proteínas que forman las cadenas del receptor TCR.

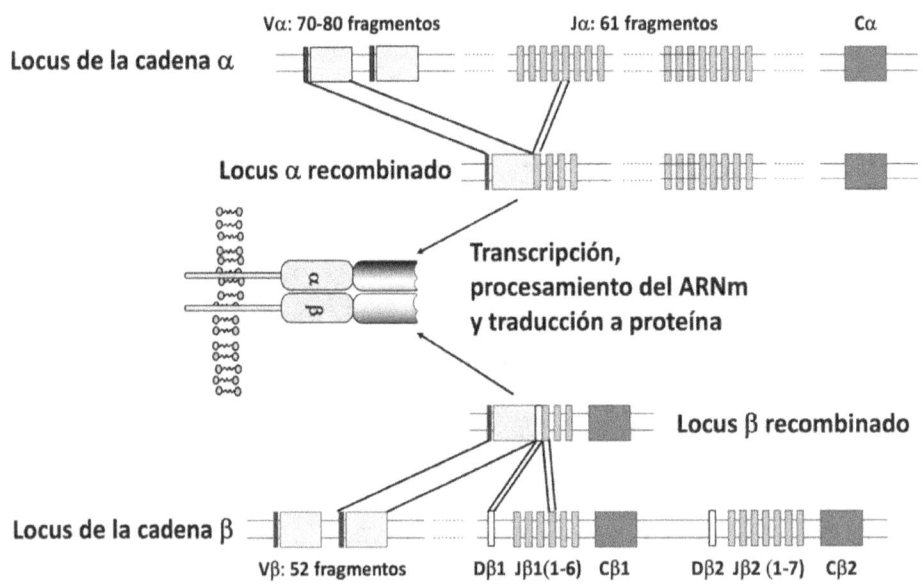

De este modo, las recombinaciones génicas que se producen en cada linfocito T generan una cadena α de un solo tipo, y una cadena β que puede ser de tipo β1 o del tipo β2. La combinación de la cadena α con la β que se haya generado es la que produce la región del receptor capaz de interaccionar con una molécula de MHC y su péptido.

## 5.4.- SEMEJANZAS Y DIFERENCIAS ENTRE LOS RECEPTORES DE LAS CÉLULAS B Y DE LAS CÉLULAS T

Existen muchas similitudes en el proceso de generación de los receptores de las células T y de las células B; estos últimos se convierten también en los anticuerpos secretados. Sin embargo, existen también diferencias significativas entre los dos procesos. La primera diferencia es que los receptores de las células T no tienen región Fc. La razón lógica para esta diferencia es que los receptores T no tienen que ser secretados al exterior para realizar sus funciones, ya que estas están confinadas en la célula T. Sin embargo, los anticuerpos producidos por los linfocitos B, derivados del receptor B, están destinados al mundo exterior. Una vez secretados por la célula B activada, esta no tiene ya que cumplir ninguna función adicional. Al contrario, estas funciones adicionales dependen ahora de otras moléculas o células que detectan las regiones Fc de las distintas clases de anticuerpos unidos a los antígenos.

La segunda diferencia fundamental entre los receptores de los linfocitos T y los receptores de los linfocitos B es que los primeros están restringidos, mientras que los segundos no lo están. ¿Qué demonios significa esto de que están restringidos? Pues bien, esto significa que los receptores de los linfocitos T tienen limitaciones, mientras que los receptores de las células B y los anticuerpos no las tienen. ¿De qué limitaciones estamos hablando? Por supuesto, hablamos de limitaciones en lo que estas moléculas pueden o no pueden hacer. Los receptores de ambas clases de linfocitos están destinados a detectar moléculas exteriores a las células que los producen. Sin embargo, los receptores de las células B, como ya hemos dicho, pueden detectar cualquier estructura molecular presente en la superficie de las moléculas, pero los receptores de las células T están restringidos a detectar moléculas del MHC-1 o MHC-2 con péptidos unidos.

La restricción de detectar solo moléculas de MHC de uno u otro tipo, nunca los dos al mismo tiempo, es un hecho realmente extraordinario. A pesar de que los genes maduros de los receptores T están formados por la unión aleatoria de regiones de ADN, ya hemos visto, las **V**, las **D** y las **J**, y aunque estas regiones son diversas, su diversidad no es infinita y las secuencias de aminoácidos de las proteínas que generan están diseñadas para interaccionar con los aminoácidos y la forma de las moléculas MHC.

La parte más variable del complejo MHC:péptido con el que las moléculas de receptor T interaccionan es, por supuesto, el péptido. Las moléculas MHC por sí solas son menos variables, porque provienen de nuestros propios genes, y cada persona dispone solo de unos pocos de ellos. Por esta razón, los genes que producen los receptores de las células T pueden haber sido seleccionados a lo largo de la evolución para generar proteínas que se unen a las proteínas MHC. La restricción se referiría, por tanto, a esta situación. Sin embargo, los receptores no deberían estar restringidos para posibilitarles así detectar los miles de millones de péptidos diferentes que pueden ser presentados por las moléculas de MHC. En este caso, la restricción no es adecuada, entre otras cosas porque los péptidos son muy diversos y provienen tanto de nuestras propias proteínas como de proteínas extrañas. Restringir a los receptores para que estos solo detecten ciertos péptidos y no otros podría tener la consecuencia de que algunos péptidos extraños escaparan a la detección.

La solución a esta contradicción la proporciona el propio mecanismo de recombinación génica. Recordemos que, en el caso de los anticuerpos, la mayor diversidad se producía en la región CDR3 (**sección 4.3**), ya que esta provenía de la unión de las regiones **VJ** o **DJ**, dependiendo de si la cadena era la ligera o la pesada. Pues bien, como en el caso de los anticuerpos, los receptores de los linfocitos T también poseen tres regiones de complementariedad por cadena, **CDR1**, **CDR2** y **CDR3**. La información para la secuencia de aminoácidos de las regiones CDR1 y CDR2 está ya presente en las regiones **V** del genoma, es decir, no cambia en el proceso de recombinación. Sin embargo, la secuencia de aminoácidos de la región CDR3 proviene igualmente de la recombinación **VJ** o **DJ**, dependiendo de si la cadena es la α o la β. Esto quiere decir que la región CDR3 de las cadenas de los receptores T es mucho más diversa que las regiones CDR1 y CDR2.

Lo extraordinario de esto es que los estudios que se han realizado para averiguar qué regiones del receptor de los linfocitos T interaccionan con las moléculas de MHC con su péptido unido han revelado que las regiones CDR1 y CDR2 establecen contactos con las cadenas α del MHC-1 o las cadenas α y β del MHC-2. Sin embargo, son los aminoácidos de la región CDR3 los que establecen contactos con los aminoácidos de los péptidos que las moléculas de MHC llevan unidos. Las tres interacciones son necesarias para que un receptor T detecte y se fije a una molécula de MHC. Los enlaces formados entre la región CDR3 del receptor T y el péptido son fundamentales para conseguir una interacción estable, pero es igualmente cierto que los enlaces entre las regiones CDR1 y CDR2 con las cadenas proteicas del MHC son también necesarios. Si falla uno u otro tipo de interacción, el receptor T no puede unirse con fuerza a la molécula de MHC. De este modo vemos que todos los receptores T están "diseñados" para interaccionar con moléculas de MHC, gracias a los aminoácidos que derivan de las secuencias **V** presentes en el genoma, pero esta interacción solo es posible si estas moléculas llevan unido un péptido que se una a la región CDR3 de un receptor concreto o, de otro modo, una interacción estable no se producirá. Afortunadamente, esta última región no tiene restringida su secuencia de aminoácidos, puesto que se genera en el proceso de recombinación. Estas limitaciones no atañen a los receptores de los linfocitos B, los cuales, aunque también poseen aminoácidos que derivan de regiones V presentes en el genoma, no tienen estas regiones restringidas de manera que los aminoácidos que derivan de sus secuencias interaccionen preferentemente con ninguna otra molécula, sino que poseen total libertad para detectar cualquier molécula.

### 5.5.- ¿VA A SER CD4 O CD8?

La restricción que limita a los linfocitos T a interaccionar solo con las moléculas MHC es más profunda de lo que parece. Hemos visto anteriormente que los linfocitos T son de dos clases principales: los linfocitos T CD4 y los linfocitos T CD8. Los linfocitos T CD4 están restringidos a interaccionar solo con moléculas MHC-2 y sus péptidos, mientras que los linfocitos T CD8 están restringidos a interaccionar con moléculas MHC-1 y sus péptidos. Durante la maduración de los linfocitos T, estos deben convertirse bien en T CD4, bien en T CD8. ¿Qué señales le indican a un linfocito en desarrollo y que ha reordenado con éxito los genes de su receptor T, si debe convertirse en un linfocito T CD4 o T CD8? ¿Dónde reciben los linfocitos estas señales?

La conversión de los precursores de los linfocitos T en linfocitos maduros es un proceso tan importante para la supervivencia del organismo que posee un órgano dedicado a él. Este órgano es el timo, del que hablamos brevemente al inicio. El timo está organizado en dos lóbulos idénticos, cada uno de los cuales está dividido en dos zonas que se denominan la **médula** y la **corteza**, las cuales desempeñan papeles diferentes, pero complementarios en el desarrollo de los linfocitos T. Son las células de la médula y de la corteza las que van a proporcionar a los precursores de los linfocitos T las distintas señales necesarias para convertirlos en linfocitos T maduros de una clase determinada.

El timo posee células propias, llamadas células del **estroma**, que producen quimiocinas atractivas para las células precursoras de los linfocitos T, así como para otras células de origen inmunitario. Las células que son atraídas por las células del estroma del timo se denominan **células hematopoyéticas del timo**, porque derivan de la medula ósea desde donde se generan todas las células de la sangre en un proceso global denominado **hematopoyesis**.

De este modo, en la médula ósea, las células madre linfoides están convirtiéndose en células hijas que aún no son maduras. En esta conversión, algunas de las células hijas inmaduras madurarán para convertirse en linfocitos B. En este caso, todo el proceso de maduración sucede en la médula ósea, desde donde los linfocitos B generados salen a la sangre y viajan a los ganglios linfáticos en busca de potenciales antígenos. Sin embargo, muchas de las células hijas se convierten en las precursoras de los linfocitos T y abandonan la médula ósea saliendo a la sangre antes de madurar. Son estas células las que son atraídas por las quimiocinas producidas por las células del estroma del timo. Cuando estas células pasan por los capilares sanguíneos de este órgano y detectan a las quimiocinas, se adhieren al endotelio de estos capilares, los atraviesan y se establecen en el timo. Una vez en el timo, estas células van a continuar su maduración y van a sufrir los procesos de selección positiva y negativa que asegurarán que los linfocitos T maduros generados detecten moléculas MHC-1 o MHC-2 con la intensidad suficiente como para no activarse intensamente contra ellas, en espera que de tal vez en el futuro un péptido extraño unido a esas moléculas haga necesaria su activación y participación en los mecanismos de defensa.

Los precursores de los linfocitos T que llegan al timo se denominan **timocitos**. Estas células no han reordenado todavía los genes de los receptores T. Este reordenamiento se inicia cuando los timocitos reciben señales de las células del estroma del timo que les indican que se encuentran en el lugar adecuado y pueden comenzar su maduración.

Además de enviar señales para que los timocitos comiencen el reordenamiento de sus genes de las cadenas $\alpha$ y $\beta$ del receptor T, las células del estroma del timo también muestran en su superficie moléculas MHC-1 y MHC-2 que llevan unidos péptidos propios y que pueden estimular a los receptores de los timocitos cuando estos los vayan generando. Las células del estroma del timo son muy interesantes desde el punto de vista de que son capaces de producir prácticamente todas las proteínas del organismo, generar péptidos de estas y presentarlos en el MHC-1. Tengamos en cuenta que cada órgano produce solo las proteínas que son necesarias para su función. Por ejemplo, muchas proteínas producidas por el hígado no son producidas por el corazón, o por el intestino. Sin embargo, el timo debe ejercer la función de mostrar a las células T que están formando "caretas" todas las "caras" posibles propias del organismo donde esas células T se están generando y esto es lo que hace. Al mismo tiempo, las células del estroma del timo captan también las proteínas propias presentes en la sangre y líquidos extracelulares, las degradan y muestran los péptidos derivados de ellas en el MHC-2. La expresión de MHC-2 en estas células es también algo excepcional, puesto que solo las células presentadoras de antígenos, no el resto de las células del organismo, expresan MHC-2. Las células del estroma del timo, por consiguiente, expresan y presentan péptidos de la práctica totalidad de las proteínas propias, tanto en las moléculas de MHC-1 como en las de MHC-2.

De este modo, tan pronto los timocitos han reordenado con éxito los genes de su receptor T, estos pueden comprobar si el receptor producido es funcional y adecuado para detectar nuestras propias "caras". La detección de nuestras propias "caras", recordemos, es necesaria para asegurarse de que el receptor va a ser útil, es decir, es una "careta" bien formada. Cuando un timocito detecta con su receptor recién formado una molécula de MHC con un péptido propio de manera que la interacción producida no es muy fuerte, recibe una señal de supervivencia que evita que la célula se suicide por apoptosis. Los timocitos que no han reordenado con éxito los genes de su receptor y no pueden detectar ni siquiera débilmente una molécula de MHC y su péptido, no reciben estas señales de supervivencia y mueren por apoptosis.

Obviamente, tras el reordenamiento al azar de los genes del receptor, se pueden producir receptores que se unan preferentemente a las moléculas MHC-1 y receptores que se unan a moléculas MHC-2. En el primer caso, los timocitos se convierten en linfocitos T CD8, y en el segundo se convierten en linfocitos T CD4. En esta conversión participan otras señales, además de las recibidas por el receptor de la célula T, pero la señal más importante es la enviada por el receptor que detecta una molécula MHC-1 o MHC-2.

Recordemos en este punto que la interacción del receptor con una molécula de MHC de uno u otro tipo necesita de las moléculas de correceptor CD4 o CD8, las cuales colaboran con el receptor para unirse a las moléculas de MHC formando una "pinza molecular". Sin la presencia de estas moléculas, los linfocitos no pueden interaccionar con las moléculas de MHC, al faltarles una de las partes de la "pinza". Por esta razón, en un momento de su desarrollo, cuando ya han reordenado los genes de los receptores de las células T, los timocitos producen y expresan en su superficie las dos moléculas, la CD4 y la CD8. De este modo sea cual sea la clase de molécula de MHC con la que su receptor prefiera interaccionar, la "pinza" necesaria para mantener la internación podrá ser formada.

Sin embargo, el resultado de formar una pinza con una molécula de CD8 es diferente al de formarla con una de CD4. CD4 y CD8 actúan como correceptores, es decir, colaboran con el receptor T para enviar una señal al interior celular y poner en marcha o apagar genes, que es casi siempre lo que hacen las señales moleculares. Una de las consecuencias de esta señal es que, si la pinza es formada con una molécula de CD8, es decir, si el receptor se une a una molécula de MHC-1, entonces la señal enviada a través del receptor y a través de CD8 acaba por silenciar la actividad del gen CD4, con lo que la molécula CD4 deja de expresarse en la membrana. La célula se convierte así en una célula T CD8 madura que solo podrá ser activada por péptidos extraños presentados por moléculas MHC-1. En cambio, si la pinza se forma con el correceptor CD4, la señal enviada a través del receptor y a través en este caso de CD4 acaba por silenciar al gen que produce CD8, con lo cual la célula se convertirá en una célula T CD4 madura y solo podrá ser activada por péptidos extraños presentados por moléculas MHC-2.

Los timocitos que se convierten en linfocitos T CD4 o CD8 maduros han superado, por tanto, un proceso de selección, llamada **selección positiva**. Este proceso, como hemos dicho, asegura que los linfocitos formados interaccionen con nuestras propias "caras" de identidad. Sin embargo, es posible que esa interacción, en ocasiones, sea demasiado fuerte. Ya hemos explicado antes que, si eso sucede, el linfocito T generado podría atacar al propio organismo, lo que generaría enfermedades autoinmunitarias. Para impedir esto, los linfocitos que interaccionan demasiado fuertemente con las moléculas de MHC reciben una señal intensa que también induce la muerte celular por apoptosis. Este proceso se denomina **selección negativa**, porque elimina (niega) la existencia de linfocitos que puedan reaccionar demasiado fuertemente contra nuestras propias moléculas MHC cargadas con nuestros propios péptidos. La combinación de los procesos de selección positiva y negativa termina generando un repertorio de linfocitos T maduros y vírgenes, con la garantía de que poseen receptores de células T bien formados, capaces de detectar moléculas MHC-1 o MHC-2 propias cargadas con sus péptidos extraños correspondientes y, al mismo tiempo, incapaces de reaccionar fuertemente contra las moléculas de MHC cargadas con péptidos propios. Estos linfocitos T sólo se activarán cuando las moléculas de MHC propias les presenten algunos péptidos extraños que no se hayan presentado en el timo durante el proceso de generación de este repertorio de linfocitos T vírgenes maduros.

En este punto, podemos dar por terminado nuestro viaje por los aspectos básicos del sistema inmunitario. Vamos a adentrarnos ahora por otros aspectos interesantes de este sistema que afectan a la vida de millones de personas todos los días, en particular las vacunas, que pueden salvarnos de una muerte prematura, y también exploraremos los interesantísimos mecanismos que algunos microorganismos emplean para evadir el ataque del sistema inmunitario, lo que puede explicar por qué muchas enfermedades infecciosas carecen de una vacuna eficaz. Finalmente, abordaremos el tema de cómo el sistema inmunitario se defiende de nuevos virus emergentes –como el coronavirus SARS-CoV-2, causante de la enfermedad COVID-19–, e intentaremos explicar, apoyándonos en lo que ya sabemos hasta ahora, por qué unas personas reaccionan de manera asintomática frente a este virus y otras, en cambio, sucumben a su infección. Esta diferencia está relacionada no con el propio virus sino con cómo el sistema inmunitario de las personas reacciona frente a él, aunque puede haber también otros factores. Además, al tratar estos temas, aprovecharemos para introducir, cuando sea necesario, nuevos conceptos y actores del sistema inmunitario que nos permitirán ir profundizando más en su maravilloso funcionamiento. Adelante, pues, con valentía, porque lo que sigue solo es accesible para los intelectuales aguerridos, los muy curiosos, y los enamorados de la ciencia.

## 6.- LAS VACUNAS Y NUESTRA SALUD

Con lo que hemos aprendido hasta este punto, podremos apreciar mejor la contribución que para la Humanidad ha supuesto la invención de las vacunas. Pese a lo que se podría pensar en los países desarrollados, en los que el cáncer y las enfermedades cardiovasculares son las principales causas de muerte, las enfermedades infecciosas son la primera causa de muerte en todo el mundo. Las dos contribuciones más importantes a la salud pública hasta ahora han sido la mejora de las condiciones sanitarias y la vacunación. Ambas en conjunto han reducido de manera muy notable los fallecimientos por enfermedades infecciosas. Gracias a la vacunación pudo erradicarse la viruela en 1980, lo que ha supuesto uno de los logros más sobresalientes de la Medicina moderna. En la actualidad, la vacunación está acercándonos a la erradicación de otra enfermedad importante: la poliomielitis.

La vacunación tiene por objeto inducir una reacción inmunológica protectora adecuada contra un microorganismo patógeno en particular. La palabra "adecuada" es importante. Ya hemos visto que el sistema inmunitario identifica el tipo de amenaza a la que debe hacer frente y toma las decisiones que considera más eficaces para combatirla. Por consiguiente, las vacunas deben ser capaces de inducir en el sistema inmunitario las respuestas adecuadas para protegernos del microorganismo contra el que nos vacunamos.

Por ejemplo, si el microorganismo patógeno debe ser combatido mediante opsonización y fagocitosis, es necesario que la vacuna induzca la producción de anticuerpos opsonizantes, como son los anticuerpos de la clase IgG1, pero no anticuerpos de otras clases. Si la vacuna induce anticuerpos, pero no de la clase correcta, como sucedería si indujera anticuerpos de la clase IgE, no sería eficaz para protegernos y, además, podría generarnos alergias. Lo anterior implica que los componentes de una vacuna deben activar a las células dendríticas o a los macrófagos presentadores de antígenos, del mismo modo que estos serían activados por el microorganismo patógeno real contra el que deseamos vacunarnos. De este modo, estas células activarán a los linfocitos T y más tarde a los B de manera correcta.

Sin embargo, los beneficios de la vacunación no solo dependen de que esta induzca los mecanismos inmunitarios correctos, sino de que esta induzca, además, la llamada **memoria inmunitaria**. La memoria inmunitaria es un fenómeno fundamental para la protección que el sistema inmunitario debe proporcionar a los organismos y sin ella seríamos mucho más susceptibles a la enfermedad, sin mencionar que las vacunas serían imposibles.

Una vez que el sistema inmunitario adaptativo ha vencido una infección, las células efectoras eliminan a los antígenos y moléculas del patógeno que inicialmente las activaron y atrajeron al sitio de infección. En ausencia del estímulo continuado que proporciona la presencia de antígenos, tras la eliminación de los organismos infecciosos, los linfocitos efectores dejan de recibir señales de supervivencia, es decir, señales que les informan de que son aún necesarios, y mueren por apoptosis, tras lo que sus restos son eliminados rápidamente por los fagocitos. Estas células, además de fagocitar microorganismos, ejercen también la función de englobar y digerir a las células muertas. Esto pueden hacerlo gracias a que los fagocitos poseen receptores en su superficie que reconocen al lípido **fosfatidilserina** en la membrana externa de las células apoptóticas. Este lípido es mantenido de manera activa en la capa interior de la membrana celular, es decir, es necesario que la célula esté viva y sana para que esta sea capaz de mantener este lípido activamente, utilizando energía, en la capa interior de la membrana citoplasmática. Solo cuando la célula comienza a morir, este lípido aparece en la capa exterior de la membrana y constituye una señal molecular del tipo **"cómeme"**. Estas señales son identificadas por los fagocitos para eliminar por fagocitosis a las células muertas. De esta manera, la eliminación de la infección supone no solo la eliminación del patógeno, sino también la desaparición las células efectoras específicas para este último.

No obstante, no todos los linfocitos activados se convierten en células efectoras y mueren una vez eliminada la infección. Algunos linfocitos activados se convierten en **células memoria** en el proceso de su activación. Algunas de estas células se mantienen vivas durante toda la vida del organismo y proporcionan inmunidad duradera contra enfermedades tan graves como el sarampión. ¿Cómo se generan estas células memoria y qué características poseen?

Como no debe resultar una sorpresa, existen células memoria de los dos tipos principales de los que constituyen la inmunidad adaptativa, es decir, células B memoria y células T memoria. La investigación sobre su proceso de generación y sus características no ha sido fácil, ya que estas células se producen en mucha menor cantidad que las células efectoras. No obstante, los estudios más recientes han conseguido revelar tanto su proceso de generación como sus características principales y las diferencias que estas células muestran con las células vírgenes y con las células efectoras de la misma clase.

Más adelante hablaremos de estas diferencias que, como tampoco debe parecer asombroso, resultan del funcionamiento diferencial de distintos genes que posibilitan sus capacidades en tanto que células memoria, entre las que fundamentalmente se encuentra la capacidad de activarse mucho más rápidamente que las células vírgenes tras el encuentro con el mismo antígeno que condujo a su generación. Hablemos primero, sin embargo, del proceso de su producción, que aún no es completamente conocido en todos sus detalles. Comenzaremos por el proceso de producción de células B memoria.

## 6.1.- GENERACIÓN DE LAS CÉLULAS B MEMORIA

Como sabemos, la protección eficaz contra muchos microorganismos, en particular contra los virus, depende de la secreción de anticuerpos neutralizantes contra ellos. La memoria inmunológica humoral depende, por consiguiente, de la presencia de estos anticuerpos en cantidades suficientes, incluso en ausencia de infección, así como de la generación de elevadas cantidades de anticuerpos específicos en el caso de que la infección no pueda ser evitada por los anticuerpos preexistentes.

Los anticuerpos, como todas las proteínas que se encuentran en la sangre y los líquidos internos de organismo que bañan las células, envejecen poco a poco, pierden sus propiedades de unión a los antígenos con el tiempo y son eliminados a una cierta velocidad. Esto implica que, para mantener una concentración constante de estas moléculas, estas deben ser producidas también de manera constante.

Esta producción constante de anticuerpos protectores corre a cargo de células B de vida larga, localizadas en el plasma sanguíneo, que continuamente producen anticuerpos contra el antígeno que encontró por primera vez la célula B virgen de la que derivaron. Estas células B plasmáticas, continuas productoras de anticuerpos, deben ser generadas, en el curso de la batalla contra una infección, en cantidades apropiadas para proporcionar protección adecuada frente a un segundo encuentro con el microorganismo infeccioso.

No obstante, la generación de estas células no es suficiente para garantizar una protección adecuada. Deben también generarse células B de vida larga que no producen anticuerpos, pero que, si encuentran de nuevo a su antígeno, deben poder activarse rápidamente y convertirse en células altamente productoras de anticuerpos. Como ya hemos mencionado, tanto los anticuerpos producidos por una como por otra clase de células memoria deben ser, además, de la clase adecuada para neutralizar u opsonizar al microorganismo de que se trate mediante la activación del complemento o la inducción de la fagocitosis directa por los fagocitos. Esto implica que al menos algunas células B memoria deberían derivar de las que han realizado el cambio de clase y estar preparadas así para producir inmediatamente el anticuerpo de la clase correcta. Otras, en cambio, podrían sufrir el cambio de clase en subsiguientes encuentros con el mismo antígeno. Igualmente, sería conveniente que el anticuerpo generado fuera de elevada afinidad, es decir, que algunas células B memoria derivaran de una célula B activada que hubiera sufrido el proceso de hipermutación somática. Otras, en cambio, podrán igualmente sufrir la hipermutación somática tras su activación en subsiguientes encuentros con su antígeno.

Los estudios realizados han confirmado que, en efecto, un segundo encuentro con el mismo microorganismo anterior origina la generación de anticuerpos mayoritariamente de la clase que fue generada contra él tras el primer encuentro, aunque también pueden generarse anticuerpos de la clase IgM, la cual, recordemos, es la primera clase de anticuerpos secretados por las células B activadas. Esto indica que existen células B memoria que han sufrido el cambio de clase y otras que no lo han sufrido aún. La afinidad media de los anticuerpos generados es, sin embargo, también generalmente mayor que la generada frente al primer encuentro con el antígeno, y esta afinidad puede aún aumentar tras un tercer o posteriores encuentros con el mismo microorganismo. Esto parece indicar que algunas células memoria han sufrido el proceso de hipermutación somática antes de convertirse en células memoria y que otras lo pueden sufrir en un subsiguiente encuentro con su antígeno.

Para posibilitar este estado de cosas, por consiguiente, tras la activación de una célula B por un antígeno y la generación de un clon de células B activadas, algunas de estas células deben convertirse en células B memoria de diversos tipos, las cuales, juntas, proporcionan una protección mucho más segura frente al microorganismo que causó una enfermedad infecciosa tras un primer encuentro con él, enfermedad que, afortunadamente, fue superada gracias a la respuesta inmunitaria inicial, o primaria. Para entender bien el proceso de generación de estas células, debemos explorar de nuevo, con algo más de profundidad, la generación de células B activadas tras su encuentro con un antígeno. Recordemos que para la correcta activación de las células B y para el cambio de clase de las inmunoglobulinas es necesario que al menos un clon de células T colabore con las células B enviándoles tanto citocinas secretadas como ligandos estimuladores de membrana. Esta colaboración se lleva a cabo en un ganglio linfático, de los que tenemos varios cientos distribuidos por el organismo.

Los ganglios linfáticos son estructuras organizadas cuya función es poner en marcha la respuesta inmunitaria adaptativa de manera eficiente. La estructura del ganglio linfático consta de una corteza exterior, que es como si fuera la pared de un recipiente, y una médula interior, que supone los contenidos de ese recipiente. Arterias y venas entran y salen, respectivamente, de ese órgano, como también llegan a él vasos linfáticos aferentes y salen de él vasos linfáticos eferentes. Los vasos linfáticos aferentes aportan linfa y células presentadoras de antígenos desde la periferia del organismo, es decir, desde las zonas donde pueden desarrollarse focos de infección. La sangre aporta linfocitos B y T vírgenes, que entran en el ganglio linfático mediante el proceso de la extravasación, y que, en ausencia de un encuentro con el antígeno, van a abandonar el ganglio por los vasos linfáticos eferentes, desde donde regresarán a la sangre principalmente por el ducto torácico.

Una vez dentro del ganglio, los linfocitos se organizan en zonas concretas, que se denominan **zonas T**, formadas no sorprendentemente por células T, y **zonas B**, formadas también sin sorpresa por células B. La organización en zonas ocupadas por cada clase de linfocitos es posible porque las células T son atraídas a su zona por determinadas quimiocinas, al igual que las células B son atraídas a su zona por otras quimiocinas a las que estas células responden. Estas quimiocinas son secretadas por células del estroma, es decir, del esqueleto estructural del ganglio linfático.

Las células B dentro del ganglio forman los llamados **folículos linfoides**, que se localizan hacia el exterior de la región medular. Estos folículos linfoides están en contacto con las zonas de células T, situadas en las **áreas paracorticales**, localizadas hacia el interior del órgano. Las células B y las T, por consiguiente, disponen de una superficie de interacción que es equivalente a la frontera entre ambas zonas T y B. Esta frontera de interacción es fundamental para la correcta activación de las células B, porque es en esta frontera donde van a encontrar a una célula T colaboradora que haya sido activada por el mismo antígeno que ellas.

Las zonas de células T están también pobladas por células dendríticas que llegan al ganglio desde la periferia del organismo, como hemos dicho. Estas células presentan antígenos a las células T. Si alguna célula T posee un receptor que se una con fuerza a los péptidos extraños presentados, por ejemplo, por el MHC-2 expuesto en la superficie de las células dendríticas (en este caso se trata de activar una célula T colaboradora de las células B), la célula T podrá ser activada a una célula $T_{FH}$ efectora, capaz de suministrar señales estimuladoras a las células B.

Por otra parte, las células B del ganglio también pueden ser activadas por antígenos que llegan allí. Estos antígenos son transportados al ganglio por la linfa, y, además, son retenidos allí por unas células dendríticas diferentes de las células dendríticas clásicas, llamadas **células dendríticas foliculares**. Estas células no derivan de la médula ósea, como sí lo hacen las células dendríticas clásicas, sino que derivan de un tejido llamado mesénquima. Las células dendríticas foliculares no migran por la linfa, sino que residen en el ganglio linfático donde su función es la de almacenar en su membrana los antígenos que llegan al ganglio transportados por la linfa para mostrarlos a las células B. Su función es fundamental en el proceso de la hipermutación somática, ya que son estas células dendríticas las que permiten a las células B comprobar si las mutaciones que estas han generado en los genes de las inmunoglobulinas han conducido a la generación de receptores con mayor afinidad por su antígeno. Si es así, recordemos (**sección 2.5.3**), las células descendientes de la original podrán recibir a través de su versión mejorada de su receptor señales que les permitirán seguir con vida. Si, al contrario, las mutaciones no han generado receptores de mayor afinidad, no recibirán estas señales y las células morirán por apoptosis, al no poder competir con éxito con las otras células B por la unión al antígeno que les presentan las células dendríticas foliculares.

Recordemos también que, antes de que las células B sufran el proceso de hipermutación, las que detectan un antígeno dado por uno de sus epítopos lo incorporan a su interior por endocitosis y lo digieren a péptidos que son presentados por moléculas MHC-2. Además, la detección del antígeno envía una primera señal de activación al interior de las células B que les permiten adquirir sensibilidad a determinadas quimiocinas que las dirigen a la frontera entre la zona T y la zona B del folículo linfoide.

Las células $T_{FH}$ que se han activado por las células dendríticas en la zona T también son sensibles a estas quimiocinas y son igualmente dirigidas por ellas a la frontera entre la zona T y la zona B. Vemos ahora que la organización de los ganglios linfáticos en zonas de células separadas de acuerdo con su clase es muy importante para facilitar la interacción entre las células T y B activadas. Estas, primero son activadas de manera individual y específica por mecanismos diferentes en sus respectivas zonas de residencia, tras lo cual se dirigen a un punto de encuentro concreto, que, en realidad, no es un punto, sino una superficie de encuentro, por la cual las diferentes células activadas se deslizan y se tocan en busca de la célula compañera que ha sido activada por el mismo antígeno. De esta manera, de un conjunto de células que se encuentran en un espacio tridimensional en el que sería muy difícil que dos células concretas activadas por el mismo antígeno se encontraran, se aumenta enormemente la probabilidad de que este encuentro se produzca, primero porque a esa superficie de contacto solo van a acudir células activadas y, segundo, porque su distribución se reduce a un espacio bidimensional, en el que es mucho más fácil que las células T y B activadas por el mismo antígeno se encuentren.

Una vez este encuentro se ha producido, la célula $T_{FH}$ va a suministrar señales a la célula B que van a inducir su rápida proliferación y a la generación de un clon de células B idénticas. Al mismo tiempo, la propia célula $T_{FH}$ va también a reproducirse, gracias en parte a las señales enviadas a través de los complejos MHC-2:péptido antigénico que le presentan las células B y también a las moléculas coestimuladoras que estas expresan en su membrana, y se van a generar también más células $T_{FH}$ idénticas, capaces de interaccionar con las células B descendientes de la primera. Esto sucede en solo dos días tras el primer encuentro entre las células T y las B.

Al tercer día, algunas de las células B se transforman en unas células llamadas **plasmablastos**, que viajan desde la zona de células B a otra región del ganglio linfático llamada **el seno subcapsular**. En esta región, estas células comienzan ya a secretar altas cantidades de anticuerpos de la clase IgM, ya que todavía no se ha producido el cambio de clase. Los plasmablastos son células de vida corta que no permiten una producción sostenida de anticuerpos, los cuales, como son principalmente de la clase IgM, solo van a limitarse a activar el complemento, ya que por sí solos son incapaces de neutralizar eficazmente a los antígenos o de opsonizarlos. No obstante, algunos de estos plasmablastos pueden también realizar el proceso de cambio de clase y generar otras clases de anticuerpos en lugar de IgM.

Por otra parte, unas pocas de estas células B van a transformarse en células B memoria. Estas células B memoria van a disfrutar de una larga vida, y van a poder detectar de nuevo el mismo epítopo original que indujo su formación. Entonces, se activarán de nuevo para repetir el proceso que acabamos de describir y producir anticuerpos. Estas células memoria, sin embargo, al proceder de las células B originales activadas que no han sufrido el cambio de clase ni el proceso de hipermutación somática, no producirán, en principio, anticuerpos óptimamente eficaces contra una segunda reinfección.

Afortunadamente, la mayoría de las células B activadas en la frontera entre las zonas B y T van a migrar de nuevo a su zona de células B y van a llegar hasta su interior, donde se localizan las células dendríticas foliculares. Las células $T_{FH}$ activadas que encontraron en dicha frontera una célula B compañera activada por el mismo antígeno van también a migrar, pero no a su zona de células T, sino que van a acompañar a las células B activadas al interior de la zona de células B. Los tres tipos celulares van a interaccionar y formar en el interior del folículo linfoide el llamado **centro germinal**.

En el centro germinal van a tener lugar dos procesos de suma importancia: el cambio de clase y la hipermutación somática. Este último proceso se organiza gracias a que el centro germinal se estructura en dos zonas diferentes, las llamadas **zona clara** y **zona oscura**. En la zona oscura, las células B están muy empaquetadas, muy cerca unas de otras, razón por la que al microscopio esta región del centro germinal se ve oscura. Ahí las células B están reproduciéndose y generando células hijas con mutaciones en los genes de su receptor de inmunoglobulinas. Una vez estos mutantes han sido generados en una primera ronda de división celular, las células B salen de la zona oscura y, siguiendo un gradiente de concentración de quimiocinas específicas, se dirigen a la zona clara. Es en esta zona donde residen las células dendríticas foliculares que han acumulado antígenos transportados por la linfa desde el foco de infección, o desde el lugar de la vacunación. Estos antígenos son presentados a las células B mutantes, las cuales comprueban así si poseen o no un receptor de suficiente afinidad por el antígeno. Si no lo poseen, mueren por apoptosis, pero si lo poseen, reciben señales que les inducen de nuevo a reproducirse, a viajar a la zona oscura del centro germinal y a mutar otra vez sus genes de los receptores de las células B. Tras esta segunda ronda de mutación, las células descendientes de las primeras viajan de nuevo a la zona clara para comprobar otra vez la afinidad de sus receptores. De nuevo, solo las células con receptores de mayor afinidad sobreviven, al poder competir con éxito con otras células B por el antígeno, que se presenta siempre en cantidades limitadas, con sus hermanas mutadas menos afortunadas.

Tras varias rondas de reproducción y mutación, las células B abandonan el centro germinal y se dirigen a la médula ósea, donde se convertirán en células B maduras productoras de anticuerpos. Sin embargo, en cada ronda de mutación y selección, algunas de las células supervivientes se convierten en células B memoria. Serán estas las que en un segundo encuentro con el antígeno reaccionarán más rápidamente para generar anticuerpos contra él.

Vemos así que este proceso genera no una, ni dos, sino toda una población de células B memoria, no ya contra un antígeno, sino contra cada uno de los epítopos de ese antígeno, contra los que reaccionarán con un rango de afinidades. Es importante notar que para generar estas poblaciones de células B memoria solo es necesaria la colaboración de las mismas células $T_{FH}$, es decir, no es necesaria la generación de células $T_{FH}$ diferentes que reaccionen contra diferentes péptidos presentados en el MHC-2 por las células B. Basta con un clon de células $T_{FH}$ que reaccionen frente a un solo complejo MHC-2:péptido. No obstante, es posible que más de una célula T pueda ser estimulada por una célula dendrítica clásica y generarse así varios clones diferentes de células $T_{FH}$, todos ellos capaces de colaborar con las células B que han reaccionado frente al mismo antígeno.

Las distintas células B memoria, constituyentes de una población dada, son células que van a reaccionar con diferentes afinidades frente a los mismos epítopos. Esto permite un fenómeno interesante que es que, si el antígeno muta y genera epítopos ligeramente diferentes, alguna de las células B memoria aún será capaz de reaccionar frente a él, incluso con mayor afinidad de la inicial, en algunos casos. En otras palabras, las células B que inicialmente reaccionan con baja afinidad contra un epítopo pueden generar por hipermutación somática células con receptores de mayor afinidad contra él. Algunos patógenos mutantes en ese epítopo podrían evitar que las células B y los anticuerpos los neutralizaran. Sin embargo, es probable que, al haber mutado ese epítopo, sean ahora los anticuerpos de baja afinidad contra él los que adquieran alta afinidad, no porque el anticuerpo haya mutado, sino porque ha mutado el epítopo. De esta manera, la generación de una población de células B memoria de diferentes afinidades permite una mejor protección frente a potenciales mutantes futuros del mismo microorganismo al que será necesario neutralizar.

## 6.2.- GENERACIÓN DE LAS CÉLULAS T MEMORIA

La generación de células T memoria es aún más compleja que la de las células B memoria. Para empezar, existen células T CD8 y células T CD4 memoria. Además, de estas últimas, como sabemos, hay varias clases, como $T_H1$, $T_H17$, etc. Cada una de estas clases debe residir en un tejido particular, como, por ejemplo, el intestino, o en un ganglio linfático. Esto implica que cada tipo de célula T memoria debe poseer las moléculas necesarias que le permitan dirigirse y residir en el tejido adecuado. Es en este tejido donde las células T memoria pueden desarrollar su función con mayor eficacia, ya que es normalmente donde residen donde deben activarse de nuevo al encontrar al antígeno que activó por primera vez a las células vírgenes de las que derivaron. Por ejemplo, las células $T_{FH}$ memoria deben residir en los folículos linfoides o sus alrededores para poder proporcionar las señales adecuadas a las células B, de forma que estas produzcan anticuerpos eficazmente.

### 6.2.1.- CÉLULAS T CD8 MEMORIA

Vamos a explicar primero la generación de células T CD8 memoria, que es la más sencilla. En apartados anteriores hemos explicado que las células T CD8 vírgenes se activan a células T CD8 citotóxicas efectoras, involucradas sobre todo en la eliminación de células infectadas por virus. Pues bien, elegantes experimentos han demostrado que lo primero que sucede cuando una célula dendrítica presenta un antígeno a una célula T CD8 virgen es que esta se convierte primero en uno de dos tipos de células memoria. La primera se denomina **célula T CD8 madre memoria ($T_{MM}$)** y la segunda se conoce como **célula T CD8 memoria central ($T_{MC}$)**. Los dos tipos de células se dividen lentamente y son de vida larga. Si estas células siguen recibiendo señales, a partir del antígeno presentado por las células dendríticas, algunas de ellas se activan y se dividen para dar lugar a una población más numerosa de **células T CD8 memoria precursoras ($T_{MP}$)**, que son las precursoras, en efecto, de las células **T CD8 efectoras ($T_{EC}$)**. Estas células memoria precursoras pueden convertirse, si son debidamente estimuladas por el antígeno y moléculas coestimuladoras, en las células T CD8 efectoras citotóxicas propiamente dichas, que son las principales células encargadas de inducir la apoptosis a las células infectadas por virus. Estas células T CD8 efectoras morirán también por apoptosis una vez completada su misión.

Las células T CD8 madre memoria y las células T CD8 memoria centrales residen en los órganos linfoides, aunque pueden encontrarse también circulando por la sangre y la linfa, probablemente recirculando por los diferentes ganglios del organismo como también lo hacen las células T vírgenes en busca de sus antígenos. Sin embargo, las células T CD8 memoria precursoras que derivan de las células memoria centrales pueden encontrarse, además de en los tejidos linfoides y la sangre, en órganos y tejidos no linfoides, donde pueden ser activadas por células dendríticas residentes en esos tejidos. De este modo, estas células se activan *in situ* nada más han detectado al antígeno por segunda vez. Este modo de proceder ahorra tiempo, ya que no es necesario que las células dendríticas viajen por la linfa hasta los órganos linfoides y encuentren allí a las células T para activarlas. Sin embargo, este modo de proceder no es seguro llevarlo a cabo con las células vírgenes, sino solo con las células memoria, de las que el sistema inmunitario ya conoce que provienen de un anterior encuentro con un microorganismo que ha vencido gracias a la activación del mismo tipo de células que ahora son activadas de nuevo en respuesta a un segundo encuentro con el mismo microorganismo. La activación demasiado "alegre" de células T CD8 vírgenes podría causar a la larga serios problemas de autoinmunidad, y resultar más perjudicial que beneficiosa por esa razón.

Como no debe resultar ya una sorpresa, la activación de las células T CD8 memoria precursoras en un entorno diferente del de un órgano linfoide, donde se produce la activación de las células T vírgenes, es posible porque estas células T memoria precursoras poseen las herramientas moleculares que les permiten una activación más fácil en condiciones menos favorables que las encontradas en el ganglio linfático. Además, estas células T CD8 memoria efectoras residentes en los tejidos no son atraídas por quimiocinas a los ganglios linfáticos ni poseen las moléculas necesarias para la extravasación en los capilares de esos órganos, aunque sí pueden extravasarse en los vasos sanguíneos de los tejidos no linfoides. Más adelante hablaremos brevemente de las características moleculares que diferencias a las células memoria de las células vírgenes.

### 6.2.2.- CÉLULAS T CD4 MEMORIA

Pasemos ahora a hablar brevemente de las células T CD4 memoria. Al igual que las células T CD8, los linfocitos T CD4 vírgenes también generan tras su activación **células T CD4 madre memoria** y **células T CD4 memoria centrales**. Estas últimas no son células memoria predeterminadas para las distintas subclases de células T CD4, sino que también recirculan por los ganglios linfáticos como lo hacen las células T CD4 vírgenes y se activarán y diferenciarán a células T CD4 efectoras de la clase adecuada ($T_H1$, $T_{FH}$, $T_H17$, etc.,) de acuerdo con las señales que, en forma de citocinas, les envíen las células dendríticas que les presentan el antígeno.

Existen también **células T CD4 memoria efectoras** que residen en los tejidos, aunque pueden también ser atraídas a los sitios de infección cuando se produce una. No está claro si esas células T CD4 memoria efectoras se activan y se convierten en el tipo adecuado de célula T CD4 de acuerdo con las señales recibidas de las células dendríticas o si ya están predestinadas a convertirse en las células T CD4 del tipo al que fueron inducidas a diferenciarse las células T CD4 vírgenes de las que derivan. En este último caso, estas células T CD4 memoria solo requerirían para su activación el encuentro con el antígeno y moléculas coestimuladoras, pero no necesariamente necesitarían las citocinas que sí necesitan las células T CD4 vírgenes, puesto que ya estarían preprogramadas a diferenciarse a un tipo concreto de células T efectoras.

Sea como fuere, vemos que las células T memoria, sean CD4 o CD8, se organizan de una forma similar, con la generación inicial de una clase de células que actúan como células madre específicas del tipo de células T efectoras que son necesarias para luchar contra un patógeno concreto. Este conjunto de células madre es importante para mantener siempre una población de células T en los ganglios linfáticos capaces de dividirse rápidamente tras un segundo o subsiguiente encuentro con el antígeno y generar células T efectoras de la clase correcta.

## 6.3.- CARACTERÍSTICAS MOLECULARES DE LAS CÉLULAS MEMORIA

La memoria inmunológica no es un fenómeno misterioso. Se basa en la generación de una población de células de vida larga, más numerosa que la de células vírgenes específicas para un antígeno, que son capaces de activarse más rápidamente que estas si encuentran el mismo antígeno. El mayor número de células memoria específicas para un antígeno aumenta la probabilidad de que estas lo encuentren con gran rapidez si este vuelve a pretender invadir el organismo. Como sucede en general con las diferencias entre las células, la causa de las diferencias entre las células memoria y las células vírgenes reside en la diferente expresión de ciertos genes. Son estos genes los que confieren las diferentes propiedades a las diferentes células.

Comencemos por explicar por qué las células memoria son de vida larga, sean estas B o T. La longevidad de los linfocitos de todas las clases depende de su susceptibilidad a la apoptosis. La muerte por apoptosis de estas células es un mecanismo por defecto que viene incluido desde su generación. Ya hemos visto que durante el desarrollo de los linfocitos B y T, a menos que estos reciban señales de supervivencia procedentes de sus receptores de antígenos, van a morir por apoptosis. Esas señales de supervivencia son las que les indican que han generado receptores funcionales y, por tanto, son linfocitos potencialmente útiles. Por consiguiente, los linfocitos, en general, incluso los no activados, deben recibir continuamente señales del entorno para seguir vivos. En ausencia de estas señales moleculares de supervivencia, la apoptosis se desencadena. Estas señales de supervivencia pueden estar generadas gracias a una actividad basal del receptor de antígenos, es decir, por la actividad que este receptor posee incluso cuando no ha sido activado por un antígeno extraño. Las citocinas que se encuentran en los órganos linfoides, donde algunos linfocitos residen y por los que todos recirculan entrando y saliendo de ellos mientras patrullan el organismo en busca de patógenos, también son importantes.

Tras la activación de los linfocitos, estos aumentan el nivel de requerimiento de señales de supervivencia recibidas a través del receptor de antígenos. Estas señales son recibidas siempre que haya antígeno presente, es decir, mientras la infección no haya sido completamente vencida. Cuando la infección es vencida, el antígeno desaparece del organismo, y las células efectoras no pueden seguir recibiendo señales de supervivencia en el nivel requerido, por lo que la apoptosis se desencadena.

Las células memoria se producen, como hemos visto, durante el proceso de activación de los linfocitos, pero son diferentes de las células efectoras generadas en varios aspectos, en particular en que no dependen de las señales de supervivencia recibidas a través de su receptor de antígenos para sobrevivir. La razón de esta independencia es el aumento de la expresión de genes que producen proteínas antiapoptóticas, las cuales bloquean el proceso de muerte celular programada. Existen varias de estas proteínas, aunque tal vez la más importante sea la proteína **Bcl-2**. Las células memoria expresan niveles de Bcl-2 mucho más elevados que las células efectoras y que las células vírgenes, aunque estas también expresan niveles mayores que las efectoras, lo que indica que estas últimas, al activarse, aumentan su sensibilidad a la apoptosis, como hemos explicado.

Además de contar con una vida larga, las células memoria poseen una capacidad mayor de activarse de nuevo y generar células efectoras. Esta activación puede realizarse con menores cantidades iniciales de antígeno que las necesarias para activar a las células vírgenes. En el caso de las células B, esta menor necesidad de antígeno para la activación es posible, en parte, porque los receptores de antígeno de las células memoria poseen una mayor afinidad por este que los receptores de las células vírgenes, las cuales, a diferencia de las células B memoria, no han sufrido la hipermutación somática. Esto permite a los receptores de antígenos de las células B memoria captar estos con mayor fuerza, lo que facilita que los receptores se entrecrucen en la membrana.

La existencia de una población heterogénea de células B memoria con receptores de diferentes afinidades por el antígeno ayuda a explicar también por qué los anticuerpos generados tras sucesivos encuentros con el antígeno (llamados anticuerpos secundarios, terciarios, etc.) son, en general, de mayor afinidad que los anticuerpos primarios. Un segundo encuentro con el mismo antígeno, que generalmente se encontrará en pequeñas cantidades, conducirá a la activación preferente de la subpoblación de células B memoria que tenga receptores de mayor afinidad, puesto que la subpoblación de células B memoria con receptores de menor afinidad no podrá competir con sus compañeras por la unión al antígeno y no resultará activada. Esta población de menor afinidad, en ausencia de activación, acabará por desaparecer de la población de células B memoria, por lo que esta irá evolucionando hacia estar compuesta de células B con receptores de mayor y mayor afinidad. Esta evolución se producirá porque el proceso de competición y selección de las células B de mayor afinidad se repetirá a cada encuentro posterior con el antígeno, por lo que a medida que esto suceda se irá generando una población de células B memoria que poseerá receptores para el antígeno cada vez de afinidad más elevada. Este proceso se denomina **maduración de la afinidad de los anticuerpos**, y es un proceso importante para conferir inmunidad protectora cada vez más potente frente a un microorganismo que se encuentre de manera continuada en el entorno en el que vivamos, y con el que, por esa razón, nos vamos a encontrar a menudo. Esto explica la necesidad y conveniencia de administrar dosis de refuerzo de las vacunas, que responde en parte a la necesidad de que estas generen anticuerpos de alta afinidad contra los antígenos.

La presencia de células memoria ayuda también a explicar un curioso fenómeno llamado **el pecado original antigénico**. Este fenómeno consiste en que los anticuerpos generados en encuentros posteriores con un microorganismo que ha mutado van dirigidos contra los antígenos que estos sucesivos microorganismos mutantes comparten con el inicial, pero no se producen anticuerpos contra antígenos nuevos generados por mutación de los originales. Para entenderlo mejor, analicemos un ejemplo. Supongamos que la primera vez que un niño se infecta con un virus de la gripe este presenta cuatro antígenos, A, B, C y D. Si todo funciona normalmente, el niño generará cuatro anticuerpos: uno, anti-A; otro, anti-B; otro, anti-C y, finalmente, otro anti-D. Tres años más tarde, el mismo niño vuelve a ser infectado por un virus de la gripe. En este caso, el virus ha mutado y posee solo dos antígenos idénticos a los del virus original y dos antígenos nuevos, digamos que el virus tiene ahora los antígenos A, C, E y F. Pues bien, si todo funciona con normalidad, el niño generará anticuerpos contra los antígenos presentes en el virus original, es decir, anti-A y anti-C, pero no los generará contra los antígenos E y F. Supongamos, finalmente que a la edad de veinte años el mismo niño, convertido ahora en adulto, es infectado de nuevo por un virus de la gripe. En este caso el virus tiene los antígenos B, D, E y F. Pues bien, los anticuerpos producidos en este caso serán anti-B y anti-D, pero de nuevo no se generarán anticuerpos anti-E ni anti-F.

La razón de este comportamiento reside en la generación de células memoria tras el primer encuentro con el virus. Son estas las que primero van a encontrar el antígeno y a reaccionar contra él, ayudando a su rápida eliminación antes de que otras células B vírgenes puedan encontrar a los nuevos antígenos presentes en la nueva variedad de virus. Además de este proceso, las células B vírgenes que pudieran encontrar el nuevo antígeno no se activan frente a él porque en presencia de anticuerpos contra el mismo antígeno se activa un proceso de señalización celular que interfiere con la señal activadora procedente del antígeno. De este modo se evita la generación de anticuerpos ineficaces comparados con los que generan las células memoria. La generación de esos anticuerpos ineficaces consumiría recursos que resulta más eficaz dedicar a la generación de anticuerpos de mayor afinidad a partir de las células memoria, las cuales suelen ya, además, generar anticuerpos de la clase adecuada.

La mayor facilidad con la que las células T memoria se activan en sucesivos encuentros con el antígeno no puede, sin embargo, explicarse porque sus receptores de antígeno posean una mayor afinidad por este. Los receptores de antígenos de las células T no sufren hipermutación somática, por lo que tanto las células T vírgenes como las células T memoria poseen receptores de afinidad idéntica por los complejos péptido:MHC antigénicos que reconocen. Los estudios sobre estas células han demostrado que las células T memoria han modificado sus mecanismos internos de activación tras la estimulación de sus receptores por complejos péptido:MHC antigénicos. Esta modificación facilita la transmisión de la señal bioquímica desde la membrana al núcleo celular, lo que facilita la activación celular.

Lo anterior puede parecer misterioso, pero no lo es cuando consideramos que las células T vírgenes cuentan con mecanismos de seguridad para evitar una activación demasiado fácil que podría causarnos un daño colateral elevado y conducir incluso a la autoinmunidad. Estos mecanismos de seguridad incluyen, en particular, un enzima localizado en la membrana que dificulta la acción de los otros enzimas implicados en la transmisión de la señal desde el receptor al núcleo celular. Este enzima, **llamado CD45**, puede ser producido en diferentes variantes (gracias, para quien quiera saberlo, al procesamiento alternativo del ARN mensajero de este gen). Las células T vírgenes producen la versión más restrictiva de este enzima, mientras que las células T memoria producen una versión más permisiva que facilita su activación.

Que las células T memoria se activen con mayor facilidad que las vírgenes tiene sentido, puesto que ya han superado todas las barreras de seguridad y, por esta razón, fueron completamente activadas por las células presentadoras de antígenos. Las células T memoria, al derivar de células vírgenes activadas, han mostrado también ya su utilidad defensiva, por lo que resulta sensato permitir que su activación frente a un posterior encuentro con el mismo antígeno resulte más fácil.

Diferentes células T y B memoria se irán acumulando en nuestro organismo a medida que vayamos venciendo infecciones a lo largo de la vida. Por esta razón, hacia el final de la adolescencia y principio de la vida adulta poseeremos una población mayoritaria de células B y T memoria que se activarán con cierta facilidad al encontrar a su antígeno. Posiblemente esta sea también la razón por la que la función del timo pierde importancia con el tiempo y en la edad adulta ya no es necesario para la generación de nuevas células T vírgenes, puesto que el repertorio inicial de células T se ha ido activando y ha generado células memoria contra prácticamente todos los antígenos que se encuentran en el entorno donde el organismo vive. Estas células son las que ya han encontrado antes un antígeno que ha sido necesario vencer, por lo que los riesgos de una activación menos restrictiva son mucho menores que los que correríamos de no permitir esa fácil activación. Curiosamente, el sistema inmunitario estima también en cierto modo las probabilidades de los riesgos a los que se enfrenta. Es mucho más probable que una célula memoria se active frente al antígeno que su célula virgen precursora encontró por primera vez, que frente a un antígeno propio y generar autoinmunidad. Por esta razón, el riesgo de permitir una activación fácil es menor que el riesgo de no permitirla y facilitar así que el microorganismo pueda generar de nuevo la enfermedad que generó la primera vez que nos infectó. La activación rápida de las células memoria evita que la enfermedad se desarrolle al evitar que el microorganismo pueda establecer focos de infección. Esta es también la principal ventaja de las vacunas.

Además de la expresión de proteínas que facilitan la activación frente a un nuevo encuentro con el antígeno, las células T memoria expresan otras moléculas que son necesarias para su función. Algunas de ellas son expresadas en común con las células efectoras, pero todas son particulares para las células memoria. Extensivos estudios a lo largo de décadas han permitido identificar muchas de estas moléculas, que difieren además entre los distintos tipos de células T memoria. No vamos a aburrirnos aquí con una extensiva lista de ellas, pero sí mencionaremos algunos ejemplos de importancia. Aquí va el primero: las células T memoria expresan receptores para varias quimiocinas que son importantes para dirigirlas a los tejidos linfoides o a los sitios de infección, según sean células memoria centrales o efectoras. Otra molécula importante expresada por las células memoria es **CD127**, la cual forma parte del receptor de **IL-7**, una citocina estimuladora del crecimiento y de la longevidad de estas células. Por último, las células memoria no expresan, si no son activadas, moléculas propias de las células efectoras, como, por ejemplo, en el caso de las células T CD8 memoria, las granzimas y la perforina.

## 6.4.- MECANISMO DE ACCIÓN DE LAS VACUNAS

Una vez que hemos analizado la generación y comportamiento de las células memoria, podemos comenzar a comprender mejor los desafíos que plantea la generación de vacunas eficaces. Estas deben, sobre todo, generar una población adecuada de células memoria, capaz de defendernos frente al ataque de los microorganismos contra los que pretendemos vacunarnos.

Para lograr este objetivo, lo ideal es que las vacunas cuenten con la totalidad de los antígenos presentados por los microorganismos contra los que deseamos defendernos, de modo que se genere la mayor diversidad de células memoria contra ellos. Ideal sería también que la manera en que la vacuna estimule al sistema inmunitario potencie la generación de células memoria en lugar de potenciar la generación de células efectoras, cuya generación es, en muchos casos, innecesaria, puesto que la vacuna rara vez se realiza con microorganismos vivos atenuados, es decir, microorganismos manipulados en el laboratorio de manera que han perdido virulencia frente a la especie humana, aunque puedan ser muy virulentos para otras especies.

La potenciación de la generación de células memoria en lugar de células efectoras es posible y los factores que participan en ella comienzan a ser conocidos. Estos factores dependen de las condiciones moleculares en las que las células T vírgenes son activadas por las células presentadoras de antígenos, lo cual no debería causarnos ninguna sorpresa. Por ejemplo, se ha podido averiguar que altos niveles de inflamación favorecen la generación de células T CD8 efectoras, en lugar de la generación de células memoria y de hecho en casos de infecciones crónicas en las que la inflamación es elevada, las células T CD8 memoria no se producen. Altos niveles de inflamación son generados por las citocinas y quimiocinas que facilitan el reclutamiento de las células efectoras al sitio de infección. Esta mayor inflamación facilita también el transporte de antígenos a los ganglios linfáticos y el transporte de las células presentadoras de antígenos a esos órganos, además de generar un entorno molecular que estimula a las células T vírgenes probablemente de una manera diferente que la estimulación que se produciría en condiciones de niveles de inflamación menores. En este último caso, es cierto que hay una infección en curso que es necesario vencer, pero probablemente esta no sea tan importante como en el primer caso, lo que permite al sistema inmunitario generar mayor cantidad de células memoria a expensas de las efectoras sin poner en riesgo la seguridad del organismo ni la capacidad de erradicar la infección. Resulta fascinante la capacidad de adaptación del sistema inmunitario para tomar las mejores decisiones frente a los diferentes tipos de amenazas e incluso frente las diferentes condiciones en las que la misma amenaza, causada por un mismo microorganismo, puede producirse.

La generación de un estado inflamatorio es fundamental para la eficacia de la vacuna, ya que esta necesita estimular a las células del sistema inmunitario innato de modo que estas puedan a su vez estimular a las células del sistema adaptativo de la forma adecuada para que se generen células memoria. Este estado de inflamación se consigue, en general, mediante el empleo de **adyuvantes**. No nos hemos encontrado con ellos hasta ahora, pero los adyuvantes no son nada misterioso, sino simplemente componentes moleculares que activan a las células presentadoras de antígenos a través de la estimulación de sus receptores Toll u otros receptores capaces de detectar patrones moleculares asociados a microorganismos (**sección 2.5.1**). La necesidad de los adyuvantes para estimular una respuesta inmunitaria adaptativa se comprobó experimentalmente años antes del descubrimiento de las células dendríticas. Se observó que los antígenos purificados, como proteínas procedentes de virus, no suelen desencadenar una respuesta inmunitaria, es decir, no son **inmunógenos**. Para obtener respuestas inmunitarias adaptativas frente a antígenos purificados, se comprobó que era imprescindible añadir al antígeno bacterias muertas o extractos bacterianos. Este material adicional se llamó adyuvante, puesto que ayudaba a la respuesta frente al antígeno (la palabra del latín *adjuvare* significa 'ayudar'). Hoy, en las vacunas se pueden emplear diferentes tipos de adyuvantes que no derivan necesariamente de las bacterias, pero que son necesarios, al menos en parte, para activar a las células dendríticas de manera que estas puedan presentar antígenos en ausencia de una infección por microorganismos vivos.

Sin embargo, en los inicios de la vacunación, esta se realizaba con organismos vivos. De hecho, la invención de la vacuna, atribuida al médico inglés Edward Jenner en 1796, hoy llevaría a la cárcel por varios años al científico que intentara repetir el procedimiento. Como tantas y tantas invenciones, la de Jenner bebe de logros o conocimientos anteriores. Jenner se apoyó en la arriesgada práctica de la inoculación y en descubrimientos anteriores realizados por otros. Durante el siglo XVIII, la viruela era una enfermedad terriblemente infecciosa que podía causar una mortalidad de hasta el 20 % de quienes la contraían. Para intentar protegerse de ella, se inoculaba bajo la piel una pequeña cantidad de material extraído de las pústulas de los enfermos. Esta práctica se llevaba realizando en China desde por lo menos el siglo X, y desde ahí se había importado a India, Turquía y Europa.

La inoculación de las supuraciones generaba una infección de viruela más leve que la enfermedad contraída por causas naturales. Las personas que superaban esta enfermedad, si la superaban, quedaban inmunizadas. No está claro por qué la inoculación bajo la piel de virus de la viruela humana no generaba una enfermedad grave. Una posible explicación es que el contagio natural del virus de la viruela al organismo no sucede por la piel, sino mediante la inhalación. El virus de la viruela estaba adaptado a infectar las células epiteliales de las mucosas bucales y la faringe y desde esos lugares podía invadir los ganglios linfáticos locales y reproducirse con rapidez. Doce días después de haber contraído la infección, el número de virus había aumentado de manera exponencial y los virus habían invadido la sangre, el bazo, la médula ósea y los ganglios linfáticos de todo el organismo. En esas condiciones, el virus atacaba a las células de la piel desde el interior, generando las típicas pústulas propias de la viruela, que dejaban profundas marcas en el caso de que la enfermedad se superara.

Sin embargo, al parecer, si la infección inicial se producía por un lugar no natural para el virus, como era la epidermis, y no la cavidad bucofaríngea, el virus era en general incapaz desde allí de invadir todo el organismo. Obviamente, sabemos esto hoy, pero ni los chinos, ni los indios y ni siquiera Jenner sabían las razones. Entre estas podemos considerar varias, como, por ejemplo, una menor capacidad de infectar con rapidez a células de la piel, que eran infectadas con mayor lentitud en relación con las de la boca y la faringe, y cuya infección se producía solo cuando el virus ya se había reproducido en altos niveles en otras partes del organismo. Igualmente, es posible que la inflamación generada por la inoculación, que además del virus también introducía bacterias de la superficie de la piel (me temo que la piel no se esterilizaba con alcohol, ni tampoco era esterilizado el objeto punzante empleado para la inoculación) estimulara la presentación antigénica por parte de las células presentadoras de antígenos que hubieran captado el virus y detectado, además, a las bacterias. Si esta eficiente presentación de antígenos sucedía, esto impedía al virus disponer del tiempo suficiente para reproducirse hasta un nivel que le permitiera invadir todo el organismo antes de que el sistema inmunitario hubiera reaccionado y frenara su progreso. Nos encontramos aquí de nuevo con el factor tiempo como uno de los más importantes para poder vencer las infecciones.

Basándose en la práctica de la inoculación, la idea de Jenner fue la de inocular, no material procedente de las pústulas de pacientes humanos de viruela –que, en ocasiones, provocaba de todas formas el desarrollo de una enfermedad grave y mortal– sino de las pústulas de personas infectadas con la viruela bovina, la cual causaba una enfermedad menos grave que la viruela humana. En 1768, el médico también inglés John Fewster se había dado cuenta de que contraer la enfermedad de la viruela bovina protegía de contraer la viruela humana. Hoy sabemos que esto es posible gracias a que el virus de la viruela bovina comparte antígenos con el de la humana, los cuales pueden estimular una respuesta inmunitaria que será por ello también eficaz para neutralizar al virus humano. Al mismo tiempo, el virus de la viruela bovina no era tan virulento como el de la humana, es decir, no causaba una enfermedad tan grave, puesto que no estaba completamente adaptado a reproducirse con eficacia en el organismo humano. Hoy también sabemos que esto es debido a que, en general, los virus están óptimamente adaptados para infectar a una especie dada, a la que causa enfermedad más grave que a otras especies, aunque también puedan infectar a estas últimas. De nuevo, esto puede estar relacionado con la velocidad de reproducción del virus en una u otra especie, lo que afecta a la cantidad de virus que se ha generado antes de que el sistema inmunitario haya reaccionado para frenar la infección. Estas diferentes velocidades de reproducción pueden ser las responsables de la generación de enfermedad de diversos grados de gravedad en diferentes especies, y también en diferentes personas. Como veremos luego, estos factores fueron de enorme importancia para generar las primeras vacunas en el laboratorio.

La observación de John Fewster que contraer la viruela bovina protegía de la humana, combinada con la práctica de la inoculación, dio la idea a Edward Jenner de inocular las supuraciones de la viruela bovina y comprobar si esto protegía también de la viruela humana. En 1796, en un ensayo que hoy estaría prohibido por las más elementales consideraciones éticas, Jenner inoculó en ambos brazos a un niño de ocho años, llamado James Phipps, el hijo de su jardinero, supuraciones procedentes de pústulas de la mano de una granjera infectada por el virus de la viruela bovina durante el ordeñado de sus vacas. Siete días después, el muchacho sufrió fiebre y malestar que, afortunadamente para el jardín de Jenner, desaparecieron en poco tiempo. Pocos días más tarde, Jenner realizó al niño varios pinchazos superficiales del temido virus de la viruela humana, enfermedad que, de nuevo por fortuna, el muchacho no llegó a contraer. Para asegurarse de que el procedimiento proporcionaba protección duradera, semanas más tarde Jenner volvió a inocular al inocente niño con material procedente de pústulas de la viruela humana. Desconozco si esta inoculación se la realizó o no en su jardín, pero el niño tampoco contrajo la enfermedad en esta ocasión, lo que finalmente confirmó que la inoculación previa del virus bovino podía proteger contra la viruela humana.

Al margen de su contribución científica, no desprovista de suerte, por los modernos estándares de la investigación científica el experimento de Jenner sería hoy un delito, tanto legal, como científico. En primer lugar, está exento de la menor partícula de ética que seamos capaces de detectar. En segundo lugar, se realiza solo sobre un sujeto, no sobre un conjunto de sujetos, lo que se llama la población de estudio (aunque, visto lo visto, hay que congratularse por ello), a pesar de lo cual se extraen conclusiones literalmente de vida o muerte basándose exclusivamente en la observación realizada con este sujeto. Por supuesto, el experimento carece de población control de estudio, es decir, por ejemplo, al menos otro niño, tal vez el hijo del carpintero, al que se le inoculan pústulas humanas como control positivo (debería desarrollar la enfermedad) y al menos otro niño, tal vez el hijo del herrero, al que solo se inocula agua o suero salino, como control negativo (este no debería contraer enfermedad alguna). Sin embargo, en aquellos tiempos de biomedicina incierta, y peligrosa, el experimento de Jenner propició el desarrollo de vacunas seguras, primero contra la temida viruela humana, y después contra otras enfermedades.

Jenner no fue el primero en conseguir una inmunización con el virus de la viruela bovina, ya que un granjero en Dorset, en el sur del Inglaterra, ya inmunizó con éxito a su mujer y a sus dos hijas de la misma forma, en 1774, durante un brote epidémico de viruela que tuvo lugar por aquel entonces. No obstante, no fue hasta que Jenner realizó su experimento y lo publicó dándolo a conocer a la comunidad médica y científica cuando el interés por el empleo y desarrollo de vacunas se desencadenó. Por cierto, podemos ahora también comprender por qué las vacunas se denominan con este nombre, ya que la primera vacuna fue, en efecto, de origen vacuno.

## 6.5.- CLASES DE VACUNAS

Tras el éxito de la vacunación alcanzado por Jenner, la comunidad médica y científica se embarcó en el desarrollo de otras vacunas consideradas importantes para prevenir enfermedades graves. Como es lógico, la primera estrategia empleada para generar vacunas fue la de intentar conseguir microorganismos atenuados, los cuales, como hemos dicho, son microorganismos cuya virulencia ha disminuido hasta el punto de no generar enfermedad en seres humanos, aunque sí pueden generar una respuesta del sistema inmunitario capaz de proteger al organismo contra el microorganismo original que sí causa enfermedad. Las vacunas compuestas por organismos atenuados se denominan, como también es lógico, **vacunas atenuadas**.

Las vacunas atenuadas se emplean para inmunizar en general contra enfermedades víricas y se generan por evolución dirigida del microorganismo original. Esta evolución se induce haciendo crecer al microorganismo en células o animales de otra especie. Normalmente, un microorganismo patógeno concreto está adaptado a infectar a una o unas pocas especies relacionadas. Esta adaptación es el resultado de que sus genes producen ciertas proteínas que encajan bien con las proteínas del organismo hospedador y permiten su infección eficiente.

Los virus necesitan unirse a alguna proteína de la superficie de las células del hospedador o, de otro modo, no pueden penetrar en su interior, donde irremediablemente necesitan reproducirse. La proteína de la célula hospedadora funciona como una cerradura, mientras que la proteína del virus funciona como la llave que encaja en esa cerradura y permite abrirla y penetrar así al interior de las células. Al igual que la llave de nuestra puerta exterior podría encajar en la cerradura de nuestro vecino, pero no permite abrir su puerta, lo mismo sucede con las proteínas llave y cerradura de virus y células de especies vecinas. Los virus que infectan a los animales no pueden, en general, infectar a los humanos, salvo que posean una molécula que funcione como una especie de llave maestra que permita abrir varias puertas a la vez, o las cerraduras de las células de varias especies relacionadas sean idénticas o muy similares. No obstante, incluso en este caso, el virus infectará con mayor facilidad unas especies que otras, porque en el caso de los virus, no se trata solo de abrir la puerta, sino de utilizar eficientemente los recursos de la célula de la especie que sea una vez el virus ha introducido su material genético en ella. Un virus adaptado a una especie, aunque sea capaz de entrar en las células de otras especies e infectarlas, no se reproducirá exactamente con la misma eficiencia en ambos tipos de células y será por ello más virulento en una especie que en la otra.

Sin embargo, la mayoría de los virus son microorganismos con una elevada capacidad de mutación. Entre los millones de partículas víricas generadas en una infección, siempre se han generado mutantes que son menos eficaces que los iniciales para infectar a las células de la especie original, pero que, por azar, han modificado su llave de manera que esta puede encajar bien en la cerradura molecular de otra especie relacionada. Estos virus mutantes pueden hacerse crecer en el laboratorio en células de esa especie durante varias generaciones y permitir así que estos evolucionen por mutación y selección y acaben por generar virus cuya llave y otras proteínas se hayan adaptado perfectamente a la cerradura y a la maquinaria celular de la nueva especie, pero que ahora no encajarán bien en la especie humana, a la que, por esa razón, tendrá dificultades en infectar. Los virus generados de este modo son virus atenuados y pueden ser utilizados como vacuna.

Las vacunas atenuadas poseen ciertas ventajas frente a otros tipos de vacunas que luego veremos. En primer lugar, activan correctamente al sistema inmunitario de modo que este genere protección adecuada. Por ejemplo, inducen con seguridad la generación de las clases de anticuerpos más eficaces contra el virus de que se trate. Además, proporcionan una inmunidad más duradera que necesita menores dosis de recuerdo, ya que el microorganismo está vivo y, aunque lentamente, se reproduce e infecta a las células antes de ser completamente eliminado por el sistema inmunitario. En otras palabras, las vacunas atenuadas generan una infección real, aunque leve, a la que el sistema inmunitario debe vencer. El proceso de vacunación es, por consiguiente, lo más próximo a una infección natural a lo que se puede aspirar sin generar la enfermedad. Por otra parte, las vacunas atenuadas se generan a un bajo coste. Por último, como veremos en mayor detalle luego, algunas vacunas atenuadas generan beneficios que van más allá de la protección contra el microorganismo para el que se vacuna.

Las vacunas atenuadas presentan, sin embargo, también un riesgo mayor que las vacunas compuestas de organismos muertos o de componentes moleculares de estos organismos. La razón del mayor riesgo de las vacunas atenuadas reside en su potencial capacidad de adaptación de nuevo a la especie humana. Aunque los microorganismos de las vacunas atenuadas poseen varias mutaciones, no solo una, que los diferencia del microorganismo original, puesto que los virus atenuados están vivos y van a reproducirse en las células humanas –aunque lo hagan a menor velocidad y con menor eficacia que el virus original–, la actividad del sistema inmunitario estimulada por la vacuna debe ser capaz de eliminar la infección antes de que genere síntomas apreciables de enfermedad. Esto es lo que sucede normalmente. Sin embargo, es siempre posible, aunque improbable, que, por mala suerte, algún virus atenuado mute en una fase temprana de la infección inducida por la vacuna, de modo que esta mutación le permita infectar de nuevo a las células humanas con eficacia y causar la enfermedad contra la que se pretendía proteger.

Como es lógico, la probabilidad de que esta reversión se produzca depende del tiempo que el sistema inmunitario tarde en eliminar la infección, ya que mientras haya virus atenuados vivos, estos pueden reproducirse y siempre tendrán la posibilidad de mutar. Afortunadamente, las vacunas atenuadas suelen inducir una reacción rápida del sistema inmunitario, por lo que los virus atenuados inyectados con la vacuna son rápidamente eliminados en personas normales. No obstante, si una vacuna atenuada es administrada a una persona inmunodeficiente, normalmente un niño, este no podrá eliminar la infección. El virus atenuado se seguirá reproduciendo, puesto que los defectos del sistema inmunitario del niño inmunodeficiente no permitirán que este lo elimine. En esas condiciones, es solo cuestión de tiempo que el virus se readapte a las células humanas y cause una enfermedad que puede ser mortal, puesto que el sistema inmunitario no podrá combatirla con eficacia. Este problema puede surgir con la vacuna atenuada de la poliomielitis, una enfermedad causada por un virus que ataca a numerosas células del organismo y que, en los casos más graves, puede llegar a atacar a las neuronas motoras, causando parálisis. Los lactantes, de los que se desconoce si son inmunodeficientes en la producción de inmunoglobulinas, al ser vacunados con virus de la poliomielitis atenuados vivos, corren un riesgo mucho mayor de reversión de la vacuna a una cepa virulenta del virus que causa enfermedad. Esto sucede porque, en niños inmunodeficientes, la vacuna atenuada no puede generar anticuerpos que eliminarían al virus del intestino (órgano infectado en primer lugar por este virus antes de infectar desde ahí a otros). Al no ser eliminado por anticuerpos específicos, el virus sigue reproduciéndose y, por tanto, puede sufrir mutaciones. En algún caso, las mutaciones pueden volver a reconstituir el fenotipo normal del virus, lo que permitirá a este atacar a las neuronas y ocasionará una enfermedad paralítica fatal. En los niños inmunodeficientes, incapaces de eliminar al virus atenuado, la aparición de esta mutación virulenta es solo cuestión de tiempo, por lo que estos niños, si son vacunados, desarrollarán, tarde o temprano la poliomielitis.

Lo anterior ilustra también el hecho de que la mayoría de las vacunas antivirales, para ser eficaces, deben ser capaces de generar anticuerpos neutralizantes de los virus, es decir, anticuerpos que se unan a los virus e impidan que estos se unan a su vez a la cerradura molecular que deben abrir para penetrar en las células e infectarlas. Los anticuerpos deben ser de la clase adecuada, y localizarse abundantemente en los tejidos por donde los virus pueden penetrar en el organismo. En el caso del virus de la poliomielitis, que se contagia por vía oral, es fundamental que la vacuna induzca la generación de anticuerpos de la clase IgA, que son los únicos que pueden ser transportados desde la parte exterior del tubo intestinal, donde se producen en los tejidos linfoides propios del intestino, hasta la parte interior de ese tubo, donde ejercen su función protectora al unirse a los virus e impedir que estos puedan penetrar en el organismo a través de la pared intestinal. En cambio, los virus neutralizados por los anticuerpos no podrán atravesar el intestino y serán expulsados con las heces.

Vemos aquí que, en ocasiones, los mecanismos protectores eficaces que deben ser inducidos por las vacunas no son los mismos que se ponen en marcha para erradicar la infección. En el caso de la poliomielitis, la infección primaria sucede porque el organismo no dispone de anticuerpos IgA específicos contra el virus, obviamente, puesto que la infección no ha sucedido antes. En ausencia de este anticuerpo, la infección se produce y debe ser vencida no mediante la generación de IgA, sino mediante la generación de otra clase de inmunoglobulinas neutralizantes, las IgG, que actúan en los líquidos del organismo y no en la superficie del intestino, así como mediante la activación de células T CD8 citotóxicas, que son las principales células implicadas en la lucha antiviral.

La generación de anticuerpos de la clase adecuada depende de la vía de entrada inicial del virus y de las células dendríticas con que se encuentra primero y que van a presentar sus antígenos a las células T. Por ello, la vía de administración de las vacunas es importante. Para la generación de anticuerpos neutralizantes de la clase IgA, además de IgG, la vía de entrada preferente es la oral, y la vacuna atenuada de la polio se administra por esta vía. No obstante, debido a los riesgos de esta vacuna, se ha desarrollado otra compuesta por virus inactivados, es decir, muertos e incapaces de infectar. Esta vacuna se administra por inyección intramuscular. Aunque este tipo de vacuna induce solo la generación de IgG y muy poco o nada de IgA, si los niveles de IgG producidos son suficientemente elevados, la vacuna resulta muy eficaz y también muy segura.

Esto nos lleva a mencionar que, además de las vacunas atenuadas, se han desarrollado **vacunas inactivadas**, las cuales constituyen otra clase diferente de vacunas. Entre ellas se encuentra una de las primeras vacunas producidas, la de la rabia, y también uno de los dos tipos disponibles de vacunas estacionales de la gripe, que se deberían administrar cada año a las personas con mayor riesgo de contraer esta enfermedad y sufrir consecuencias graves (el otro tipo de vacuna de la gripe es una vacuna atenuada). La inactivación de los microorganismos se consigue por medios físicos, como mediante calentamiento o irradiación, o por medios químicos, como tratamiento con formaldehído, una sustancia que se une a las proteínas y las desnaturaliza, impidiendo así que funcionen. Las vacunas inactivadas son más seguras que las atenuadas desde el punto de vista de que no pueden causar enfermedad alguna mediante reversión por mutación al microorganismo original. Sin embargo, el hecho de que no produzcan una infección leve que haya que vencer genera una protección subsiguiente menos eficaz que la generada por las vacunas atenuadas. Para contrarrestar este problema, se suelen administrar inyecciones de refuerzo con mayor frecuencia, lo que no siempre es fácil en según qué partes del mundo y supone un mayor estrés para niños, padres y madres.

Otro tipo de vacunas son las que generan anticuerpos neutralizantes contra las toxinas de algunas bacterias. Entre estas se encuentran las vacunas contra la difteria y el tétanos. Ya hemos visto al principio que las toxinas son proteínas secretadas por las bacterias, capaces, como los virus, de unirse a una proteína en la superficie de las células y, gracias a ello, penetrar en las células y matarlas, liberando así nutrientes que son necesarios para el microorganismo. Sin la actividad de la toxina, el microorganismo no puede reproducirse a gran velocidad, por lo que el sistema inmunitario tiene más tiempo para poner en marcha sus mecanismos de defensa y erradicarlo, antes de que este genere una enfermedad apreciable. En estas condiciones, las vacunas que induzcan la producción de anticuerpos que se unan a las toxinas y mediante esa unión las neutralicen e impidan que penetren en las células, proporcionarán también protección eficaz contra la enfermedad de que se trate. En estos casos, no será por tanto necesario generar vacunas atenuadas o inactivadas con el microorganismo completo; bastará inducir inmunidad frente a la toxina propiamente dicha para impedir que, si la bacteria nos ataca, esta nos cause enfermedad, puesto que, con la toxina neutralizada, la bacteria se comportará, de hecho, como un organismo atenuado.

Por supuesto, no podemos vacunar sin más mediante inyección con la toxina aislada de la bacteria, puesto que es tóxica. La vacunación debe hacerse con la toxina inactivada, también por medios físicos, como el calentamiento, o químicos, como el tratamiento con formaldehído. A las toxinas inactivadas se las denomina toxoides, y a las vacunas formadas con ellas, **vacunas toxoides**. En este caso, es fundamental que la inactivación no destruya todos los epítopos propios de la toxina natural, ya que los anticuerpos que el toxoide genere deben ser capaces de unirse a esos epítopos para neutralizar a la toxina.

Afortunadamente, las toxinas bacterianas están formadas, en general, por dos subunidades de proteína. Una de las subunidades desempeña la función de llave para unirse a la proteína de la membrana celular que actúa como cerradura. La otra subunidad de la toxina suele ser un enzima y es la que desempaña la función tóxica una vez dentro de la célula, catalizando una reacción química que inutiliza uno de los componentes vitales de la misma, o incluso impide la transmisión nerviosa afectando a la vida de todo el organismo, como es el caso de la toxina del tétanos. Esto implica que, si la subunidad capaz de unirse a la cerradura proteica de las células es neutralizada, las toxinas no pueden entrar en su interior y no pueden ejercer su función tóxica. Lo anterior también implica que los anticuerpos neutralizantes generados contra la subunidad que actúa como llave deberían ser suficientes para neutralizar la actividad de la toxina, al impedir la entrada de estas a las células, y normalmente lo son.

Por consiguiente, muchas vacunas toxoides están formadas exclusivamente por la subunidad de la toxina que se une a la cerradura celular, en su estado natural, es decir, manteniendo intactos los epítopos a los que los anticuerpos neutralizantes podrán unirse para neutralizar a la toxina natural en caso de infección. La subunidad que funciona como llave no es tóxica por sí misma, por lo que la administración de estas vacunas es absolutamente segura.

Las vacunas toxoides, formadas con solo una de las subunidades de una toxina bacteriana, nos llevan de manera natural a hablar de las **vacunas de subunidades o de componentes.** En este tipo de vacunas, las subunidades provienen no de las toxinas sino de los propios microorganismos contra los que se pretende vacunar. Para generar este tipo de vacunas, se debe aislar y purificar uno o varios componentes del microorganismo que sean el blanco principal de la acción del sistema inmunitario. Por ejemplo, si es necesario que la vacuna, para ser eficaz, genere anticuerpos neutralizantes, los componentes de la vacuna deberán estar presentes en la superficie del microorganismo de modo que los anticuerpos generados puedan unirse a ellos y bloquear así su capacidad de infectar, reproducirse y generar enfermedad. La vacuna de la tosferina es un ejemplo de vacuna formada por componentes del microorganismo causante de esa enfermedad.

Otro tipo de vacuna es el de las **vacunas conjugadas**. Este es el tipo de vacuna más interesante, porque logra manipular la respuesta inmunitaria para hacerla más eficaz que la respuesta original al microorganismo. Esta vacunación solo es posible en el caso de enfermedades concretas que pueden sufrir, en general, niños de corta edad. Para entender por qué y cómo esta vacuna funciona debemos adentrarnos con algo más de profundidad en los fascinantes mecanismos del sistema inmunitario.

Lo primero que debemos conocer es que existen dos tipos de antígenos capaces de generar una respuesta inmunitaria humoral, es decir, la constituida por la generación de anticuerpos. Estos dos tipos de antígenos son los llamados **antígenos T-dependientes** y **antígenos T-independientes.**

Los antígenos T-dependientes, como su nombre sugiere, dependen de la acción de las células T para que se puedan generar anticuerpos contra ellos. Estos son el tipo de antígenos que hemos estudiado en este libro hasta este momento. Recordemos que los linfocitos B, para llevar a cabo la hipermutación somática y el cambio de clase de las inmunoglobulinas, sin lo cual no pueden generar anticuerpos eficaces, necesitan recibir citocinas producidas por células T CD4 colaboradoras. Estas no van a producir y secretar esas citocinas a menos que: en primer lugar, hayan sido activadas por células presentadoras de antígenos que les presentan péptidos de ellos en su MHC-2; y, en segundo lugar, sean a su vez estimuladas por las células B mediante la presentación por parte de estas últimas, en su MHC-2, de los mismos péptidos derivados del microorganismo extraño, al que han debido capturar uniéndose a un antígeno mediante sus receptores, internalizar, digerir y procesar. Así pues, las proteínas de los microorganismos, en general, son antígenos T-dependientes, puesto que deben ser degradadas a péptidos que deben ser presentados por las moléculas de MHC-2 para permitir de este modo reclutar la ayuda de las células T CD4 colaboradoras.

Sin embargo, no todos los componentes de un microorganismo son proteínas. En particular, muchas bacterias están rodeadas de componentes que son hidratos de carbono o hidratos de carbono unidos a lípidos. Estos componentes forman como una cápsula que rodea a la bacteria y la hace resistente a la fagocitosis por neutrófilos, macrófagos y células dendríticas. Esta clase de bacterias con cápsulas protectoras se denominan **bacterias encapsuladas** y no pueden ser directamente fagocitadas. En ausencia de fagocitosis, las bacterias no pueden ser capturadas, digeridas y sus péptidos presentados en el MHC-2 de las células presentadoras de antígenos, por lo que estas células no pueden activar a células T CD4 específicas que serían necesarias para ayudar a los linfocitos B que hubieran podido detectarlas mediante sus receptores y, esta vez sí, incorporarlas gracias a ellos, digerirlas y presentar péptidos suyos en el MHC-2, a generar anticuerpos. Para que las células presentadoras de antígenos las pudieran capturar harían falta anticuerpos que se uniesen a la superficie de la cápsula bacteriana y opsonizaran así a las bacterias, pero estos anticuerpos no pueden producirse a menos que la bacteria sea capturada. Como vemos, nos encontramos en una especie de círculo vicioso y durante su evolución algunas bacterias han conseguido aprovecharse de esta aparente debilidad del sistema inmunitario.

Afortunadamente, algunas células B no siempre necesitan la ayuda de los linfocitos T para generar anticuerpos protectores. Los antígenos T-independientes, como su sombre también sugiere, son capaces de inducir la producción de anticuerpos por algunas células B maduras sin la ayuda de las células T CD4 colaboradoras.

Existen dos tipos de antígenos independientes del timo (TI), también llamados timo independientes (puesto que las células T se producen en el timo) denominados **TI-1** y **TI-2**. La diferencia entre los dos se refiere, sobre todo, a la manera en que son capaces de activar a las células B sin la ayuda de las células T. Los antígenos TI-1 poseen una naturaleza química que les permite interaccionar con los receptores Toll de las células B y enviar a través de ellos una señal estimuladora de la activación y de la reproducción celular, es decir, de la mitosis. Son, por esa razón, **mitógenos de las células B**.

Una vez estimuladas, las células B van a diferenciarse y proliferar y a convertirse en células productoras de anticuerpos, pero puesto que el antígeno no se ha unido y no ha estimulado a su receptor de antígenos, sino solo a los receptores Toll, el anticuerpo que secretarán no se unirá a este. Esto es un inconveniente de los antígenos TI-1, que pueden estimular a un número ingente de células B a madurar y a generar anticuerpos que, en principio, no van a ser de utilidad alguna.

Sin embargo, el efecto anterior solo se observa cuando la cantidad de antígeno TI-1 es muy elevada, es decir, en condiciones de laboratorio que no representan lo que sucede. En la realidad, cuando las bacterias inician una infección no lo hacen en gran cantidad, por lo que aquellas que poseen moléculas en su estructura que actúan como antígenos TI-1 no son suficientes como para estimular a las células B, a menos que estas, al mismo tiempo, reaccionen a través de sus receptores de antígenos con otro epítopo de la misma bacteria. En este caso, la célula B recibe dos señales estimuladoras simultáneamente: una, débil, a través de los receptores Toll, y otra a través de los receptores de antígenos. Estas dos señales combinadas sí son suficientes para estimular a las células B que las puedan recibir. Puesto que solo las células B que posean un receptor de antígenos capaz de interaccionar con una afinidad suficiente con algún componente de la bacteria serán estimuladas por los antígenos TI-1, estas células producirán anticuerpos de la clase IgM que serán capaces de unirse a la bacteria y de estimular el sistema del complemento para favorecer su opsonización y fagocitosis.

La naturaleza de los antígenos TI-2 es diferente. Estos no actúan como mitógenos indiscriminados, sino que activan a las células B gracias a su naturaleza repetitiva, capaz de reunir a numerosos receptores de las células B en la membrana. Esta reunión y entrecruzamiento de receptores en la membrana permite la estimulación de mecanismos intracelulares que generan una señal activadora muy fuerte, capaz de hacer diferenciarse y reproducirse solo a las células B que los han detectado a través de sus receptores. Esto induce a estas células B a producir anticuerpos de la clase IgM, aunque también pueden ser IgG, específicos del antígeno bacteriano que ha estimulado a las células B.

Que el sistema inmunitario posea la capacidad de generar anticuerpos de forma independiente de las células T permite una producción de estos muy rápida, porque no necesita esperar a que los linfocitos T hayan sido activados, un proceso que lleva varios días. Esta rápida producción inicial de anticuerpos, aunque sean de la clase IgM y de baja afinidad, en general, puede ser importante para comenzar a contener el progreso de la infección y dar así tiempo a que otras células

B reciban más tarde la ayuda de las células T y sufran la hipermutación somática y el cambio de clase que permitirá la erradicación total de la infección.

El breve análisis anterior nos permite ahora comprender mejor la importancia de las vacunas conjugadas. Estas vacunas, combinan, conjugan, dos antígenos diferentes. En este sentido, son también vacunas combinadas múltiples y pueden emplearse en algunos casos para vacunar al mismo tiempo contra varias enfermedades en una sola inyección, como sucede con otras vacunas combinadas como, por ejemplo, la vacuna antiviral triple contra el sarampión, las paperas y la rubeola, compuesta en este caso por virus atenuados. Sin embargo, las vacunas combinadas no son necesariamente vacunas conjugadas. La singularidad de las vacunas conjugadas consiste en que no solo combinan dos componentes antigénicos diferentes de dos microorganismos patógenos distintos, sino que lo hacen de manera que ambos componentes están unidos físicamente, por enlaces covalentes irreversibles, uno al otro, es decir están enlazados de manera que no pueden separarse si no es mediante la degradación enzimática de estos componentes en el interior de las células presentadoras de antígenos o de los linfocitos B. Además, uno de los componentes enlazados es una proteína antigénica aislada de un patógeno, mientras que el otro es un componente de naturaleza no proteica, normalmente un hidrato de carbono aislado de las cápsulas externas de polisacáridos de las bacterias encapsuladas patógenas. Este último componente, por sí solo, no podría generar anticuerpos de forma T-dependiente, es decir, es un antígeno timo-independiente.

La unión física de estos componentes proporciona a las vacunas conjugadas una importante propiedad. Esta es la de poder **transformar al antígeno timo-independiente en otro timo-dependiente**. Esto es debido a que el antígeno timo-independiente está físicamente unido a otro tipo-dependiente. Veamos cómo esto cambia su naturaleza.

Tras inyectar la vacuna, las células dendríticas captarán el antígeno, se activarán y lo comenzaran a degradar, lo que conllevará la generación de péptidos que podrán ser presentados en el MHC-2 para la activación de células T CD4 vírgenes, que se activarán a células T colaboradoras efectoras. Al mismo tiempo, tras la inyección de la vacuna, igualmente varias células B diferentes van a poder detectar y capturar al antígeno por sus diferentes epítopos. Todas ellas van a recibir una señal estimuladora y van a comenzar a activarse. Además, todas ellas van a internalizar el antígeno unido a sus receptores y van a poder degradarlo en su interior, generando péptidos a partir del componente proteico, péptidos que van a ser presentados por las células B en el MHC-2. Esta presentación de péptidos va a capacitar a estas células para recibir la colaboración de las células T CD4 que hayan sido activadas a su vez por los mismos péptidos unidos a moléculas MHC-2 presentados por las células dendríticas. Esta colaboración va a permitir a las células B activadas sufrir la hipermutación somática y el cambio de clase, y generar anticuerpos más eficaces tanto contra el componente proteico (para el que este proceso hubiera ocurrido incluso de haber sido inyectado solo) como, y esto es lo importante, para el componente no proteico, el cual es un antígeno timo-independiente que solo hubiera generado IgM de baja afinidad de haber sido inyectado sin estar conjugado con una proteína, pero que ahora puede generar anticuerpos IgG o IgA de alta afinidad.

La importancia de la transformación de un antígeno timo-independiente en otro timo-dependiente reside en que los niños de corta edad no tienen aún un sistema inmunitario completamente maduro y no pueden producir con eficacia anticuerpos contra antígenos T independientes, pero sí pueden hacerlo frente a antígenos T dependientes. La defensa frente a bacterias encapsuladas, como el estreptococo de la neumonía, también llamado neumococo, requiere la producción de anticuerpos neutralizantes y opsonizantes contra el polisacárido de la cubierta de esas bacterias, los cuales los niños pequeños no pueden producir, ya que este es un antígeno timo-independiente. Sin embargo, la vacuna conjugada va a permitir a los niños pequeños producir anticuerpos contra el polisacárido de forma timo-dependiente, lo cual sí pueden hacer con normalidad a pesar de su corta edad. Esto confiere a los niños vacunados una protección contra el estreptococo de la neumonía que no hubiera podido conseguirse mediante la inyección de ninguna combinación de antígenos de la bacteria no conjugados físicamente por medios químicos, e incluso mediante la inyección de bacterias atenuadas.

La vacuna conjugada contra el neumococo consiste en la unión química del polisacárido de la cápsula de esta bacteria con el toxoide derivado de la toxina de la difteria. Esta combinación genera inmunización contra ambas enfermedades, mediante la producción de células B memoria que van a ser activadas en encuentros subsiguientes y generarán anticuerpos IgG o IgA de alta afinidad. En estas condiciones el eventual encuentro con la bacteria no causará enfermedad y, al contrario, reforzará la presencia de las células memoria.

Sin embargo, el estreptococo causante de la neumonía es una especie bacteriana que se protege de 91 maneras diferentes. En otras palabras, su cápsula exterior puede ser de una de 91 formas diferentes. Los anticuerpos contra una de estas formas no protegen contra las otras, por lo que las vacunas contra esta bacteria deben estar compuestas por la conjugación de, al menos, las formas más predominantes de los polisacáridos de la cápsula exterior con el toxoide de la difteria para poder inducir protección contra las variantes de estreptococos más frecuentes. La vacuna fue así generada con siete polisacáridos diferentes aislados de las siete variantes de bacteria predominantes. Esto impide la infección de los niños con estas variantes, que están siendo erradicadas de la población bacteriana, pero ha favorecido que otras variantes menos predominantes estén aumentando su frecuencia de infección. Esto puede obligar en el futuro a variar la composición de la vacuna para que esta contenga las variantes de polisacárido que en un momento dado conlleven un mayor riesgo de infección.

El último tipo de vacunas que vamos a explorar brevemente son las **vacunas formadas por ácidos nucleicos**. Entre estas se encuentran las **vacunas de ADN** y también las **vacunas de ARN**. Evidentemente, no se trata de que la vacuna genere anticuerpos o células T memoria contra los ácidos nucleicos que, por cierto, si son puros y carecen de proteínas asociadas, serían también antígenos independientes del timo. En este caso, lo que se pretende es que la información genética contenida en el ácido nucleico se traduzca a proteínas y que sean estas las que induzcan una respuesta inmunitaria contra ellas. De lo que se trata, por tanto, es que el ADN o ARN contenga la información genética para producir proteínas propias del microorganismo contra el que se pretende vacunar. Esas proteínas extrañas serían las que inducirían la respuesta inmunitaria, ayudada por adyuvantes adecuados inyectados al mismo tiempo que el ácido nucleico. Las vacunas de ADN están aún en proceso de investigación y desarrollo, y no hay ninguna vacuna de ADN aprobada para uso humano, aunque sí las hay para uso veterinario.

Las vacunas de ADN presentan algunas interesantes ventajas desde el punto de vista inmunológico, ya que se pueden fabricar de modo que las proteínas induzcan respuestas preferentemente celulares o humorales. Son también relativamente fáciles de producir y son muy estables y aguantan bien sin degradarse a temperatura ambiente por tiempo prolongado, lo que las convierte en vacunas adecuadas para su conservación y transporte a las diversas regiones del mundo donde puedan necesitarse.

Por supuesto, las vacunas de ADN tienen también desventajas. La principal de ellas es que el ADN inyectado con la vacuna podría integrarse en algún sitio aleatorio de algún cromosoma y modificar el genoma de las células que incorporan el ADN. Esta incorporación debe necesariamente producirse para que las células produzcan el ARN, primero y las proteínas, después, codificadas en el ADN. Si la integración del ADN se produce en un sitio inocuo, es decir, cuya modificación no causa particulares problemas a las células, no habría problema, pero, de vez en cuando, en una u otra célula de una u otra persona, el ADN puede integrarse en un sitio de algún cromosoma que, al ser modificado por la integración de ADN extraño, puede generar un problema celular grave. Este podría ser, por ejemplo, un cambio en el genoma celular que transforme o ayude a transformar a las células en tumorales. De suceder, esto podría, a la larga, varios años después de la vacunación, causar la generación de un tumor. Por esta razón, es improbable que las vacunas de ADN se utilicen en el caso humano, salvo que los beneficios de vacunar con ADN sean muy superiores a los riesgos y no exista una vacuna alternativa de otro tipo.

Las vacunas de ARN soslayan este problema. En este caso, la información genética está contenida directamente en el ARN, y no es necesario que este se genere a partir de la información genética contenida en el ADN. El ARN de la vacuna penetra en las células y, en ellas, directamente se traduce a las proteínas inmunogénicas que inducirán la respuesta inmunitaria protectora, es decir, el ARN de la vacuna funciona como un ARN mensajero celular. El ARN no se integra en ningún caso en el genoma, ni lo modifica de ninguna manera, por lo que no genera mutaciones potencialmente peligrosas. El ARN puede, además, ser diseñado para aumentar su estabilidad en el interior de las células y su velocidad de traducción y generar así un elevado nivel de expresión de las proteínas inmunogénicas. Sin embargo, la estabilidad de las vacunas de ARN es mucho menor que la de las vacunas de ADN, y podrían degradarse e inactivarse con facilidad antes de ser administradas de no tomar precauciones para evitarlo. El ARN es fácilmente atacado por enzimas llamados ARNasas, que se encuentran con frecuencia en el medio ambiente, y presentes en fluidos como la saliva. Cualquier gotita microscópica de saliva que pueda entrar en contacto con la preparación de la vacuna podría inactivarla por completo. Por si esto fuera poco, la resistencia del ARN a la exposición de temperaturas relativamente elevadas, como las temperaturas estivales, es mucho menor que la del ADN. Por otra parte, las vacunas de ARN pueden estimular la producción de interferones de tipo I frente al propio ARN extraño componente de la vacuna, una respuesta inmunitaria que no es deseada y que puede comprometer o afectar a la eficacia y seguridad global de las vacunas de ARN. Sin embargo, esta propiedad, si se aprovecha adecuadamente, puede ser de ayuda para generar la respuesta inmunitaria innata necesaria que permita inducir la respuesta adaptativa conducente a la generación de células B y T memoria.

Hasta diciembre de 2020 no existían vacunas de ARN aprobadas para su uso en seres humanos, ni tampoco en animales. La pandemia de COVID-19, aparecida un año antes, aceleró el desarrollo de este tipo de vacunas. Dos vacunas de ARN contra el coronavirus SARS-CoV-2, desarrolladas por las empresas farmacéuticas Moderna y Pzifer/BioNtech, fueron aprobadas para su uso en humanos entre diciembre de 2020 y enero de 2021 en el Reino Unido, los Estados Unidos, Canadá y la Unión Europea.

Para conseguir su urgente puesta en el mercado, las nuevas vacunas de ARN tuvieron que superar una serie de obstáculos que la investigación previa sobre este tipo de vacunas había identificado. Probablemente hasta la aparición de la pandemia de COVID-19, no se dedicaron ni los esfuerzos ni los medios necesarios para superarlos con éxito.

Uno de esos obstáculos es la facilidad con que el ARN mensajero se degrada al entrar en el organismo. Los animales, a lo largo de la evolución, han desarrollado mecanismos para evitar que ARN mensajeros extraños puedan penetrar en las células: existen una serie de enzimas degradantes de ARN, las ARNasas, que son difíciles de inhibir y que destruyen activamente el ARN ajeno. Otro de los obstáculos es que las células dendríticas deben igualmente resultar activadas y viajar a los ganglios linfáticos para presentar las proteínas antigénicas a las células T y también a las B **(sección 2.5.2)**. En este caso, los antígenos proteicos no se transportan a los ganglios linfáticos por la linfa, como sucedería en el caso de una infección normal por virus, bacterias u otros microorganismos: las proteínas antigénicas deben ser sintetizadas en el interior de las células dendríticas, que, además, deben procesarlas en péptidos, para su presentación por el complejo mayor de histocompatibilidad, y secretarlas al medio exterior para su reconocimiento por las células B, o de otro modo no se podrán producir anticuerpos. Esto implica que las células dendríticas activadas por la vacuna deben producir suficiente proteína a partir del ARN mensajero incorporado, tanto para procesar parte de esta proteína a péptidos como para secretar otra parte de manera no procesada, una vez alcancen el ganglio linfático.

Lo anterior se encuentra con el inconveniente de que las células pueden detectar ARN mensajeros extraños a través de algunos de sus receptores Toll **(sección 2.5.1)**, en particular los receptores TLR-7 y TLR-8, localizados en vesículas intracelulares. Esta detección pondría en marcha mecanismos conducentes a una drástica reducción de la velocidad de síntesis de proteínas, para intentar así frenar la reproducción del supuesto virus que las estaría infectando (las células confundirían el ARN mensajero de la vacuna con el de un virus infeccioso e intentarían evitar que ese ARN se tradujera a proteínas). Los interferones α y β **(sección 7.5)**, también podrían producirse y secretarse, lo que disminuiría aun más la síntesis de proteínas tanto en las células dendríticas que hayan captado el ARN de la vacuna como en las células vecinas que aún no lo hayan hecho. Además, una producción intensa de interferones y de otras citocinas como resultado de la detección del ARN extraño podría provocar la muerte de las células por apoptosis, lo que haría completamente inútil la vacunación.

Estos obstáculos pueden solventarse en parte utilizando para la vacuna ARN mensajeros que contengan nucleótidos, es decir, "letras", químicamente modificadas, de modo que los ARN mensajeros que los contengan sean tanto algo más resistentes a las ARNasas del exterior de las células como a su detección una vez alcancen el interior de estas. Tanto la vacuna de Moderna como la de Pfizer/BioNtech están compuestas por ARN que contienen nucleósidos químicamente modificados.

Otra forma en que los ARN se pueden modificar para optimizar su uso en vacunas es modificando las secuencias de "letras" que flanquean a las "letras" que deben ser traducidas a los aminoácidos que se incorporarán a las proteínas. Todos los ARN mensajeros producidos en las células contienen una región que va a ser "leída" por los ribosomas para convertir esa información en la secuencia de aminoácidos de las proteínas. A la izquierda y a la derecha de esa secuencia de "letras" se encuentran otras secuencias que no van a ser leídas por los ribosomas, es decir, no contienen información sobre los aminoácidos de las proteínas. Sin embargo, esas regiones son muy importantes para conferir estabilidad al ARN y alargar su vida dentro de la célula o, al contrario, para acortarla, dependiendo del uso que la célula dé a un ARN u otro. Al diseñar vacunas de ARN, se pueden seleccionar estas regiones a partir de ARN mensajeros naturales que poseen una larga vida media. Esto va a conseguir que el ARN de la vacuna tenga también una vida más larga en el interior de las células y permita la producción de proteínas por más tiempo.

Por último, otro importante obstáculo para conseguir una buena eficacia de las vacunas de ARN es la membrana exterior de las células, que impide la entrada del ARN desde el exterior. Por esta razón, una buena vacuna debería ser capaz de estimular los mecanismos de incorporación de antígenos extraños por las células dendríticas, que son las que finalmente deben producir la proteína o proteínas codificadas en el ARN de la vacuna. Para ello, el ARN utilizado en las vacunas debe estar acompañado de otras moléculas que faciliten en el mayor grado posible la penetración de la membrana y su entrada en las células, donde debe ser utilizado para producir la proteína codificada en su secuencia de "letras". Las vacunas de ARN producidas por Pfizer/BioNtech y Moderna utilizan nanopartículas lipídicas que engloban en su interior al ARN de la vacuna. Estas nanopartículas, que son como unas gotitas minúsculas formadas por lípidos, facilitan la interacción con la membrana lipídica y pueden ser incorporadas por las células dendríticas con mucha mayor facilidad, arrastrando con ellas al ARN al interior celular.

## 6.6.- ADYUVANTES

Las modernas técnicas de la Biología Molecular permiten la clonación de genes víricos o de bacterias, su uso en el laboratorio y la producción de las proteínas antigénicas más convenientes para la generación de vacunas. Estas vacunas, procedentes de la recombinación artificial de genes y fragmentos de ADN, se denominan **vacunas recombinantes** y están siendo utilizadas en la actualidad. Son vacunas de tipo componente que son absolutamente seguras.

Un problema con estas vacunas de componentes producidos y purificados en el laboratorio, sin embargo, es que carecen de aquellos patrones moleculares asociados a los microorganismos (**sección 2.5.1**) necesarios para estimular a las células dendríticas a presentar antígenos en los ganglios linfáticos. En ausencia de estos patrones, los antígenos inyectados, en lugar de inducir una respuesta inmunitaria contra ellos, inducen su tolerancia, es decir, no solo no protegerán contra los microorganismos, sino que incluso podrían favorecer su infección al inhibir, en lugar de activar, una respuesta inmunitaria contra ellos. Esto es así porque en ausencia de las citocinas generadas por las células presentadoras de antígenos en el proceso de la inflamación, las células vírgenes B maduras y las T interpretan que ese antígeno que ahora encuentran, puesto que no ha activado a las células del sistema inmunitario innato, debe ser un antígeno propio que no han detectado en el momento de su desarrollo. Recordemos que, en estas condiciones, estas células entran en un estado llamado anergia (**sección 2.5.4.1**), en el que no pueden ya ser activadas en respuesta a ese antígeno.

Por esta razón, las vacunas, además de los antígenos, deben contener **sustancias adyuvantes** que, como ya hemos mencionado, son sustancias que ayudan a estimular al sistema inmunitario, en particular al sistema inmunitario innato. Estas sustancias no son inmunogénicas por sí mismas y, en ausencia del antígeno propio del microorganismo contra el que se desea vacunar, no generan inmunidad protectora o células memoria.

Se han utilizado numerosas sustancias o combinaciones de ellas como adyuvantes. Uno de los más conocidos en investigación es el adyuvante de Freund, utilizado para estimular la respuesta inmunitaria de los animales de laboratorio. Su empleo en humanos está prohibido, debido a su toxicidad. No es para menos, porque está formado por una mezcla de micobacterias de la tuberculosis, muertas y secas, y aceite mineral. En la actualidad, se siguen recomendaciones para limitar incluso su empleo en los animales de laboratorio, ya que puede causar necrosis en el sitio de inyección. El adyuvante de Freund estimula una fuerte reacción inflamatoria y una elevada producción de TNF-$\alpha$, una citocina que, al actuar sobre el endotelio, relajarlo y favorecer la coagulación para evitar la diseminación de los microorganismos infecciosos, dificulta la circulación sanguínea y el aporte de oxígeno. Una producción normal de TNF-$\alpha$ resulta beneficiosa para defendernos de una infección, pero una producción demasiado elevada puede causar una deficiencia seria de aporte de oxígeno a la zona y, por consiguiente, causar la necrosis de las células, por lo que en esas condiciones resulta demasiado tóxica y perjudicial. La razón por la que el adyuvante de Freund estimula tan elevada producción de TNF-$\alpha$ es probablemente porque contiene muchas más micobacterias de las que normalmente penetran en el organismo con una infección, lo que causa la estimulación de más células del sistema inmunitario innato de las que normalmente resultan estimuladas en condiciones normales.

Los patógenos que intentan infectar al organismo poseen una diversidad de patrones moleculares asociados que comunican la información adecuada a las células del sistema inmunitario innato, de modo que estas se activen correctamente y permitan la toma de decisiones y la puesta en marcha de los mecanismos de defensa más adecuados. Los distintos patrones moleculares asociados con un mismo microorganismo generan una sinergia entre ellos, al activar al mismo tiempo a diferentes receptores Toll y también a receptores de otros tipos, propios de las células del sistema inmunitario innato. Esta es la razón por la que las vacunas atenuadas no necesitan adyuvantes fuertes, puesto que el propio microorganismo atenuado ya es capaz de activar adecuadamente al sistema inmunitario innato. Esto permitirá la presentación de antígenos a las células T CD4 y que estas puedan activar a las células T CD8 correctamente, si es necesario, así como también activar a las células B y que estas produzcan la clase de anticuerpos correcta contra el microorganismo que deseemos combatir. Sin embargo, otros tipos de vacunas que no se basan en microorganismos atenuados sí necesitan adyuvantes que estimulen adecuadamente al sistema inmunitario innato.

Tradicionalmente, los adyuvantes empleados han sido sustancias concretas, como hidróxido de aluminio, acetites minerales o incluso saponinas extraídas de plantas. Salvo en el caso del adyuvante completo de Freund, que contiene micobacterias muertas (el incompleto es solo aceite mineral), y no se puede emplear en humanos, los adyuvantes no contienen patrones moleculares asociados a los microorganismos. Afortunadamente, la investigación reciente está avanzando en la formulación de adyuvantes que generen una sinergia similar a la generada de manera natural por los patrones moleculares de los microorganismos vivos o atenuados, de manera que esta sinergia consiga la activación óptima del sistema inmunitario innato. Es de esperar que esta sinergia conduzca a la activación óptima del sistema inmunitario adaptativo y a la mayor generación de células memoria para proporcionar protección frente al microorganismo contra el que se vacuna. Así pues, para generar una buena vacuna no solo es necesario que el antígeno seleccionado para producirla sea adecuado, sino que también lo sean las moléculas adyuvantes empleadas. A pesar de que las vacunas se conocen hace más de doscientos años, todavía queda mucho por investigar y conocer para generar vacunas más seguras y baratas, así como para generar vacunas contra enfermedades para las que se sigue careciendo de vacuna eficaz. En la actualidad (año 2020, cuando escribo esto) disponemos solo de veintiséis vacunas eficaces, listadas en la página Web de la Organización Mundial de la Salud. Veinticuatro vacunas para enfermedades importantes están siendo investigadas. Entre ellas se encuentran enfermedades de la incidencia e importancia de la malaria y del sida y, por supuesto, COVID-19. Esperemos que la investigación tenga pronto éxito y vacunas eficaces para al menos las enfermedades que más mortalidad causan sean pronto una realidad.

## 6.7.- BENEFICIOS SECUNDARIOS DE LAS VACUNAS

Desgraciadamente, los movimientos antivacunas se han centrado en los efectos perniciosos que, en ocasiones, las vacunas pueden producir. Debido a que estos efectos se producen, en algunas ocasiones, los antivacunas los han esgrimido como evidencia que apoya que las vacunas pueden ser perniciosas. Ya hemos visto, por ejemplo, que las vacunas atenuadas, que son las primeras vacunas que se generaron, podían causar enfermedad grave en personas inmunodeprimidas. Sin embargo, la mayoría de los efectos perniciosos atribuidos a las vacunas son falsos, como que las vacunas causen autismo. El origen de este mito proviene de la publicación, en 1998, de un estudio realizado con solo doce niños. El estudio nunca pudo ser confirmado con mayor número de niños y fue posteriormente retirado, es decir, considerado como falso, como si nunca se hubiera publicado, pero la publicidad que se le dio ha perdurado hasta hoy. Consideremos que alrededor de 120 millones de niños son vacunados cada año. Si las vacunas causaran autismo u otros problemas, a estas alturas lo sabríamos sin necesidad de estudios adicionales. Para añadir evidencia al agravio, se sabe que el estudio estuvo financiado por un abogado que tenía interés en demostrar que el autismo era un efecto pernicioso de las vacunas. Su intención era demandar, solicitando indemnizaciones millonarias, a las farmacéuticas en beneficio de los afectados por autismo que habían sido vacunados. Este mito, gracias a los movimientos antivacunas, ha causado mucha enfermedad, dolor, e incluso muertes, a las personas que han dejado de vacunarse y de vacunar a sus hijos.

La atención que los medios de comunicación dedican a catástrofes, escándalos, y problemas varios es mucho mayor, en general, que la dedicada a aspectos beneficiosos de la realidad. Los aspectos positivos, en mi opinión, son menos creíbles que los negativos y tal vez por ello los medios pierdan audiencia si dedican demasiado tiempo a las buenas noticias. Por esta razón, un único estudio que indicaba, de manera errónea, la existencia de un problema causado por las vacunas fue amplificado de manera absolutamente irracional y desproporcionada. Curiosamente, lo mismo no sucede con estudios que indican que, lejos de causar problemas, las vacunas generan beneficios para la salud no relacionados solo con la protección frente al microorganismo contra el que nos vacunamos.

Observaciones que indican que las vacunas pueden generar beneficios no relacionados solo con la enfermedad de la que protegen se comenzaron a realizar poco tiempo después de que las vacunas empezaran a emplearse. En efecto, al poco de emplearse la vacuna contra la viruela desarrollada por Jenner se comenzó a observar que esta no solo protegía contra dicha enfermedad, sino también contra otras enfermedades, como el sarampión, la escarlatina o la sífilis y contra otros problemas relacionados con el funcionamiento del sistema inmunitario, incluido el desarrollo de alergias. Por otra parte, tras la introducción en Suecia, a principios de siglo XX, de la vacuna contra la tuberculosis, con el bacilo de Calmette-Guerin (BCG), se observó que la mortalidad general pasó a ser casi tres veces menor entre los niños de corta edad vacunados con ella. Esta importante disminución de la mortalidad en la infancia temprana no podía ser explicada solo por las vidas salvadas gracias a la vacuna, ya que la tuberculosis causaba mortalidad en niños de mayor edad. Por consiguiente, la conclusión de esta constatación fue que la vacuna BCG provoca una inmunidad no específica, conclusión ineludible si se tiene en cuenta que, en aquellos años, los niños no morían prácticamente por razones diferentes de las enfermedades infecciosas.

Estas observaciones se fueron confirmando a lo largo de las décadas de uso de la vacuna BCG, por lo que más recientemente se ha investigado cuáles son estos beneficios y las potenciales razones de estos. Recordemos que la vacuna contra la tuberculosis la inventaron el médico francés Albert Calmette y su asistente Camille Guérin a principios del siglo XX. Esta vacuna es atenuada, constituida por bacilos vivos causantes de la tuberculosis bovina. Estos bacilos son tan virulentos como los causantes de la tuberculosis humana y causan tuberculosis grave tanto en humanos como en los animales bovinos. Sin embargo, Calmette y Guérin se propusieron cultivar el bacilo en el laboratorio en diversas condiciones para intentar conseguir variedades atenuadas que pudieran ser utilizadas como vacunas. Encontraron que el bacilo podía ser cultivado en una especie de sopa a base de patata y de glicerina, en la cual perdía parte de su virulencia. Tras cultivar repetidamente el bacilo 239 veces y analizar sus propiedades virulentas durante 13 años, seleccionando progresivamente los bacilos menos virulentos, Calmette y Guérin consiguieron la variedad de bacilo que lleva su nombre (conocido con las letras iniciales: BCG), el cual es mucho menos virulento que el original, y ha sido empleado como vacuna contra la tuberculosis en cientos de millones de personas en el mundo.

La eficacia de esta vacuna contra la tuberculosis meningítica es muy alta, pero no lo es tanto contra la tuberculosis pulmonar. No obstante, y a pesar de ser una vacuna atenuada que conlleva mayores riesgos que las vacunas modernas, generadas con componentes moleculares inertes de los microorganismos, la vacuna BCG ha sido continuamente utilizada desde 1921 y es la vacuna más antigua que aún se sigue empleando, a falta de otra más eficaz.

Tal vez por el mayor riesgo en principio asociado a esta vacuna, así como por su sorprendente efecto beneficioso sobre la mortalidad de los niños, la comunidad científica ha estado interesada en estudiar más de cerca la salud de las personas vacunadas con el bacilo BCG. Lo descubierto revela nuevos e insospechados beneficios de esta vacuna para la salud.

En primer lugar, se constató el impresionante hecho de que las personas que habían sufrido de tuberculosis tenían menor incidencia de cáncer. Esto conduce al descubrimiento de que la vacuna BCG resulta bastante eficaz para luchar contra el cáncer de vejiga y hoy más de tres millones de pacientes de este tipo de cáncer han sido tratados con éxito con inyecciones directas de esta vacuna en la vejiga, que se han empleado desde 1977. Esta vacuna supone, por tanto, una de las primeras estrategias de inmunoterapia contra el cáncer que se han empleado. Aún no se conocen con certeza los mecanismos por los que funciona. Se cree, no obstante, que el hecho de que la vacuna contenga un organismo vivo estimula al sistema inmunitario de forma que las vacunas que solo están compuestas por moléculas inertes no pueden lograr.

La vacuna BCG produce también beneficios frente a enfermedades alérgicas y autoinmunes. Quienes reciben la vacuna BCG se ven protegidos del desarrollo de asma y también de otras enfermedades alérgicas. La razón de este efecto es mejor comprendida y está relacionada con el desarrollo del sistema inmunitario desde la infancia, que puede verse afectado negativamente en ambientes demasiado desprovistos de microorganismos. Este efecto es lo que se denomina la "hipótesis de la higiene", que mantiene que demasiada higiene desorienta al sistema inmunitario, al eliminar demasiados enemigos del entorno contra los que luchar, lo cual favorece que este reaccione frente a sustancias a las que debería tolerar. La vacuna BCG, por estar formada por un microorganismo vivo, "educaría" correctamente al sistema inmunitario en desarrollo e impediría que este invirtiera energía innecesaria en luchar contra enemigos inexistentes.

Un efecto protector de la vacuna BCG similar se ha observado frente a las enfermedades autoinmunitarias, en las que el sistema inmunitario comete el grave error de atacar al propio organismo, al que, sin embargo, debería proteger. Entre esas enfermedades se encuentran algunas de la gravedad de la esclerosis múltiple y también la diabetes mellitus de tipo 1, enfermedad causada por el ataque del sistema inmunitario a las células β del páncreas productoras de insulina. La eliminación por el sistema inmunitario de estas células supone la imposibilidad de fabricar insulina y, por consiguiente, origina la diabetes. La vacuna BCG disminuye el riesgo de desarrollar estas y otras enfermedades autoinmunitarias.

Otra vacuna que comporta importantes beneficios es la vacuna contra el virus del sarampión, que forma parte de la vacuna triple contra el sarampión, la rubeola y las paperas. Desde el año 2000 al 2017, la vacunación contra el sarampión ha conseguido reducir un 80 % las muertes causadas por este virus. Sin embargo, en ausencia de vacunación, el contagio con el virus del sarampión es altamente probable. El 90 % de las personas no vacunadas serán contagiadas por el virus si entran en contacto con otra persona contagiada. El contagio es fácil, ya que el virus del sarampión se dispersa por el aire, a partir de los aerosoles producidos al toser o estornudar. Estas son las razones por las que el movimiento antivacunas ha logrado que esta enfermedad haya sufrido un repunte mundial del 300 %, y afecte así en estos tiempos a más de siete millones de niños y mate directamente a más de cien mil, cada año.

El sarampión es una enfermedad que carece de tratamiento específico y, muy importante, causa inmunosupresión, es decir, deja a las defensas del organismo muy debilitadas. Esto permite el ataque de otros microorganismos infecciosos que pueden causar graves enfermedades e incluso la muerte, entre las que se incluyen infecciones intestinales que originan diarreas muy difíciles de controlar, y neumonía.

Históricamente, la primera evidencia encontrada sobre el efecto inmunosupresor del virus del sarampión fue que los niños que habían superado la enfermedad dejaban de responder a la prueba de la tuberculina. Los que tengan una cierta edad quizá aún recuerden esta prueba, administrada para determinar si las personas habían sido infectadas por esta micobacteria o para evaluar si la vacuna BCG contra la tuberculosis había resultado o no eficaz. Una prueba positiva indicaba una cosa o la otra. Pues bien, un resultado positivo en esta prueba podía evolucionar hacia un resultado negativo tras sufrir sarampión, lo que indicaba que la enfermedad parecía hacer olvidar al sistema inmunitario que había sido vacunado contra la tuberculosis, y lo que también sugería que probablemente el sarampión podía causar el "olvido" de otras vacunas, así como disminuir la inmunidad natural desarrollada contra microorganismos con los que el sistema inmunitario de los niños se ha ido encontrando a lo largo de su desarrollo. Estudios subsiguientes mostraron que sufrir la enfermedad del sarampión incrementa la probabilidad de contraer otras enfermedades infecciosas, y la mortalidad asociada a ellas, hasta cinco años después de superada la enfermedad. Los datos indicaron igualmente que el sarampión podía estar asociado al 50 % de la mortalidad infantil causada por otras enfermedades infecciosas.

No obstante, debido a que la vacunación, generalizada hasta ahora, había reducido enormemente el número de casos de la enfermedad, no se había creído necesario investigar el grado de inmunosupresión causada por el virus del sarampión, ni tampoco los procesos celulares o moleculares por los que la causa. En 2019, un grupo internacional de investigadores europeos y estadounidenses quiso comenzar a remediar esta triste situación. Los investigadores estudiaron los efectos del sarampión sobre el sistema inmunitario con las herramientas más modernas de las disponían. Así, mediante el ensayo VirScan, una técnica que permite identificar a todos los anticuerpos existentes en la sangre contra microorganismos patógenos, los científicos estudian a 77 niños no vacunados, en Holanda, antes y después de una infección natural por sarampión. Los resultados de este estudio indicaron que el sarampión causó una disminución del repertorio de anticuerpos protectores contra otros microorganismos en un rango que variaba desde el 11 % de este repertorio en los niños más afortunados hasta el 73 % del repertorio en los más afectados. El sistema inmunitario de los niños parecía haber olvidado que en el pasado había luchado contra muchos microorganismos. Este fenómeno se ha denominado **amnesia inmunológica**.

Los investigadores estudiaron también si la disminución del repertorio de anticuerpos protectores sucedía de igual manera en los niños vacunados contra el sarampión. Era razonable pensar que tal vez la vacuna, que simula una infección por el virus del sarampión, causara efectos similares. No fue esto lo que sucedió. Si bien la vacuna era eficaz para proteger de la infección por el virus del sarampión en una extensión similar a la conseguida por la infección natural con este virus, la vacuna no causaba por ello inmunosupresión alguna y dejaba a las defensas de los niños perfectamente preparadas para luchar contra otras infecciones. Estos datos indican que la vacunación contra el virus del sarampión no solo protege contra esta enfermedad, sino que también contribuye a mantener la eficacia de otras vacunas y genera un mejor estado de las defensas para hacer frente a las numerosas amenazas de enfermedades infecciosas que acechan a la vida de los niños.

Los anteriormente mencionados no son los únicos efectos beneficiosos de las vacunas, adicionales a la protección frente a la enfermedad contra la que van dirigidas. Otro de los efectos indirectos más importantes de la vacunación es que esta contribuye a frenar el avance de las bacterias resistentes a los antibióticos. La razón es obvia, puesto que las vacunas, al disminuir la incidencia de infecciones, disminuyen la necesidad de tratarlas mediante el empleo de antibióticos, lo que disminuye la probabilidad de que se generen bacterias resistentes. Sea como sea, es seguro que las investigaciones sobre los beneficios de las vacunas, además de que probablemente las colocarán en el sitio que les corresponde frente a la opinión pública, prometen revelarnos interesantes secretos sobre el funcionamiento del sistema inmunitario y su relación con el cáncer y otras enfermedades.

## 7.- EVASIÓN O MUERTE

Como hemos dicho, solo disponemos en la actualidad de veintiséis vacunas eficaces. Cabe preguntarse por qué no hemos sido capaces de generar más, dada la importancia de las vacunas para disminuir la mortalidad infantil en países en vías de desarrollo, así como para avanzar en la erradicación de enfermedades graves en todo el mundo. ¿Podría ser que no se ha dedicado suficiente esfuerzo en investigación?

En mi opinión, y en la de otros científicos y gentes razonables, la inversión en investigación siempre podría ser incrementada y, seguramente, los beneficios conseguidos con ese aumento de la inversión compensarían de sobra a la larga el esfuerzo dedicado. Por ejemplo, hubiera sido necesario mucho menos dinero para prevenir la crisis causada por el coronavirus SARS-CoV-2, invirtiendo en el desarrollo de vacunas contra este tipo de virus desde que surgió la epidemia del virus SARS en 2002, también causada por un coronavirus, que el dinero que va a hacer falta para hacerle frente una vez desencadenada. Sin hablar de las pérdidas causadas por esta pandemia. Sin duda, si hay un tema de investigación que puede aportar grandes beneficios para toda la Humanidad es el de la investigación sobre vacunas.

No obstante, la falta de investigación no es la única responsable de que carezcamos de vacunas para muchas enfermedades. Los principales responsables son, de hecho, los propios microorganismos, muchos de los cuales han desarrollado estrategias de evasión del sistema inmunitario realmente fascinantes y que vamos a explorar brevemente en esta sección. Esto nos permitirá comprender mejor por qué conseguir una vacuna eficaz para la mayoría de la población no es tan fácil, por qué no va a ser probablemente tampoco fácil conseguirla para la COVID-19, la enfermedad causada por el virus SARS-CoV-2, y por qué una vacuna eficaz contra el virus de la inmunodeficiencia humana, VIH, que produce la enfermedad del sida, no se ha conseguido todavía y tal vez no se conseguirá jamás.

## 7.1.- Mutación y evolución del virus VIH

De hecho, vamos a comenzar con este último asunto, porque nos introduce de manera excelente en uno de los temas fundamentales que explican la resistencia de los microorganismos al sistema inmunitario: su evolución. Abordar lo que se conoce de este tema nos permitirá también comprender con mayor profundidad lo que supone la epidemia de COVID-19.

Para comenzar, aclaremos a quien pueda necesitarlo que la evolución no solo se produce con las especies de animales o plantas en una escala temporal de decenas de miles de años, sino que también sucede con muchos microorganismos que nos infectan, y en el caso del virus VIH sucede en una escala de solo días o semanas. El virus VIH es uno de los que más rápidamente evolucionan y se adaptan a los cambios de su entorno, causados por la respuesta inmunitaria o por el tratamiento con fármacos antivirales, en el interior de una persona infectada. El SARS-CoV-2 también puede evolucionar de manera rápida, como son capaces de hacer todos los virus cuyo genoma está formado por ARN.

La evolución de los microorganismos, cuyo mecanismo explicaremos luego, puede ayudar a esclarecer dos hechos bastante sorprendentes. El primero, ya lo hemos mencionado, es por qué resulta difícil generar una vacuna eficaz contra el virus VIH y otros virus de ARN, entre los que también se encuentra el virus de la gripe. El segundo es por qué el virus VIH genera resistencia a los fármacos antivirales, pero esta resistencia no es transmitida de persona en persona. En otras palabras, una persona infectada con el virus VIH que recibe fármacos antivirales desarrolla virus resistentes a ellos, que continúan infectándola, si bien de una manera menos virulenta que la inicial. Si esta persona, por desgracia, infectara a otra, esta no poseería virus resistentes a los fármacos en el momento de su diagnóstico y podría ser tratada con los mismos fármacos con los que es tratada la persona que la infectó. Esta situación no sucede con las bacterias resistentes a los antibióticos, las cuales, cuando adquieren resistencia a uno de ellos, son capaces de transmitirla de generación en generación. Pues bien, la evolución del VIH es la que puede explicar ambos fenómenos.

Los anteriores hechos nos adentrarán por lo que considero son aspectos bastante profundos de los mecanismos de evolución natural, aspectos que van a permitirnos también comprender cómo los microorganismos generan y transmiten la resistencia a la acción del sistema inmunitario. Para entender estos aspectos profundos conviene comenzar desde la superficie y examinar brevemente la biología del virus VIH y cómo este genera la enfermedad del sida, el síndrome de inmunodeficiencia adquirida.

Los virus causantes del sida, de los que existen dos clases principales relacionadas entre sí, el VIH-1 y el VIH 2, infectan a células del sistema inmunitario que expresan en su membrana el correceptor CD4 y el receptor de quimiocinas CCR5, a los cuales necesitan unirse para poder introducirse en el interior de la célula y liberar en ella su material genético para reproducirse. El VIH-2 se encuentra principalmente en África occidental, y en la actualidad, se está diseminando por la India. En el resto del mundo casi todo el sida lo causa el VIH-1, que es más virulento. Ambos virus parecen haber pasado a infectar seres humanos desde otras especies de primates. De acuerdo con los resultados de los estudios de secuenciación de su ARN, se ha determinado que el VIH-1 ha pasado a seres humanos en, al menos, tres ocasiones independientes desde el chimpancé, mientras que el VIH-2 pasó a los humanos desde el mangabey, otro primate.

Entre las células del sistema inmunitario que expresan CD4, además de las células T CD4, por supuesto, también se encuentran los macrófagos y células de la microglia cerebral, las cuales, de hecho, son células del sistema inmunitario innato derivadas de precursores de la médula ósea. La infección del virus causa finalmente la muerte de la célula infectada. En particular, los linfocitos T CD4 mueren principalmente por un tipo de suicidio celular llamado **piroptosis**. Este es un proceso de apoptosis inducido cuando una célula detecta que ha sido infectada por un microorganismo intracelular. Para evitar diseminar la infección, la célula secreta citocinas inflamatorias como señal de alarma, tras lo cual se suicida. Las citocinas ayudan a reclutar a células del sistema inmunitario al sitio de infección para intentar combatirla. En el caso del VIH, sin embargo, la muerte de los linfocitos T CD4 infectados acaba por minar el funcionamiento del sistema inmunitario.

La infección del VIH de una persona a otra debe realizarse por contacto íntimo de fluidos, el cual solo se produce mediante relaciones sexuales, transfusión sanguínea o empleo de jeringuillas hipodérmicas no esterilizadas y utilizadas por varias personas para el abuso de drogas. La saliva, el sudor y las lágrimas no pueden transmitir el VIH.

La infección inicial causa, de dos a cuatro semanas más tarde, una serie de síntomas que pueden ser confundidos con los de la gripe. El sistema inmunitario reacciona en unos pocos días contra el virus e inicialmente lo controla, pero no es capaz de erradicarlo, como sí sucede con el virus de la gripe. No obstante, los síntomas desaparecen y parece que la persona se ha recuperado de la enfermedad, pero no es así. El virus permanece reproduciéndose e infectando nuevas células, en particular nuevos linfocitos T CD4, pero, por razones aún no bien comprendidas, esto no causa síntomas apreciables durante varios años. Este periodo se denomina **latencia clínica** del virus VIH, y puede durar de tres a veinte años.

El periodo de latencia clínica está caracterizado por que, a pesar de que el virus sigue reproduciéndose y puede detectarse su presencia en la sangre, el nivel de los linfocitos T CD4 sigue siendo adecuado para mantener en funcionamiento al sistema inmunitario e impedir que otras infecciones se desarrollen. Sin embargo, cuando el número de linfocitos T CD4 disminuye por debajo de 200 células por microlitro de sangre, comienzan a producirse las llamadas **infecciones oportunistas**.

Las infecciones oportunistas se denominan así porque están causadas por microorganismos o parásitos que, en una persona con un sistema inmunitario que funciona con normalidad, no pueden causar infección. Sin embargo, al disminuir el número de células T CD4, estas ya no son capaces de proporcionar a las otras células efectoras las señales moleculares estimuladoras y coordinadoras que son necesarias para controlar adecuadamente a las infecciones. Entre otros efectos, la disminución de las células $T_{FH}$ afectará a la producción de anticuerpos, la de las células $T_H1$ afectará a la actividad de los macrófagos, y la disminución de las células $T_H17$ afectará a la actividad de los neutrófilos. El sistema inmunitario adaptativo en su conjunto, que depende de la activación y diferenciación de las células T CD4, se verá seriamente afectado, lo que hará susceptible a la persona infectada a múltiples enfermedades infecciosas que podrán acabar con su vida.

Si las infecciones oportunistas no son las causantes de la muerte, también podrían causarla ciertos tumores que pueden desarrollarse como consecuencia de la pérdida de un sistema inmunitario adaptativo funcional. Estos tumores incluyen linfomas y el sarcoma de Kaposi, un tumor de las células endoteliales venosas. En el caso de los pacientes de sida, la mayoría de estos tumores son generalmente causados por mutaciones originadas tras la infección por otros virus, los cuales pueden transformar en tumorales a las células infectadas. Si esto sucede, un sistema inmunitario normal suele detectar sin mayores problemas a las células transformadas en tumorales y las elimina antes de que puedan generar un tumor apreciable. Esta eliminación suele correr a cargo de células T CD8 citotóxicas que, como sabemos, también requieren de la colaboración de las células T CD4 para su completa activación. Por esta razón, en caso de no disponer de suficientes células T CD4, las células transformadas no son eliminadas con eficiencia y tienen mayores probabilidades de reproducirse y de generar un tumor que puede resultar mortal.

Como vemos, el virus VIH no es el causante directo de la muerte de la persona infectada, sino que facilita la entrada e invasión de otros organismos infecciosos, y facilita también el desarrollo de tumores. Este efecto, sin embargo, no es necesariamente el que más conviene al virus para seguir reproduciéndose. Lo ideal, para cualquier microorganismo que infecta a un animal o planta, es mantener con vida a su hospedador el mayor tiempo posible sin que este pueda llegar a erradicarlo. Esto permitiría al microorganismo vivir largo tiempo dentro del hospedador y tener, de este modo, múltiples ocasiones de contagiar a otros y expandirse por la población de hospedadores, a los que idealmente no mataría, sino que solamente utilizaría para a sus fines reproductores. El virus VIH se encuentra muy cerca de lograr el estado ideal para un microorganismo infeccioso, ya que la enfermedad del sida tarda varios años en manifestarse y, mientras tanto, el virus sigue reproduciéndose en la persona infectada que es así capaz de infectar a otras personas durante muchos años, hasta que el sistema inmunitario es finalmente irreversiblemente dañado por el virus. En el caso de algunas personas, el virus puede acercarse aún más al estado ideal, o incluso alcanzarlo completamente. Se ha comprobado que alrededor del 5 % de las personas infectadas con el virus VIH mantiene elevados niveles de células T CD4 sin necesidad de recibir fármacos antivirales y tardan mucho más tiempo de lo normal en desarrollar sida, aunque finalmente lo desarrollan. Sin embargo, 1 de entre 300 personas infectadas mantiene bajos niveles de VIH en la sangre y no desarrolla nunca sida. A estas personas se las ha denominado "controladoras de élite", puesto que mantienen bajo control muy bien al virus VIH. Se ha comprobado que estas personas poseen variantes de los genes MHC particularmente eficaces para presentar péptidos derivados del VIH a las células T, lo que genera una respuesta citotóxica más eficaz de lo normal, capaz de mantener a raya la infección.

Sea como sea, una vez infectadas, las personas no pueden erradicar el virus a pesar de contar al principio de la infección con un sistema inmunitario normal. ¿Por qué sucede esto? Por lo que se sabe, los mecanismos más importantes para evitar la diseminación de una infección por virus son la neutralización de estos mediante la generación de anticuerpos y la muerte de las células infectadas por piroptosis o por la acción de las células T CD8 y las células *Natural Killer*. Ambos mecanismos son necesarios, y si uno de ellos no funciona con eficacia el otro es incapaz de erradicar la infección por sí solo.

Y, en efecto, ya el más eficaz de estos dos mecanismos, la generación de anticuerpos neutralizantes, no puede frenar la infección por el VIH. Pocas semanas tras la infección inicial, los pacientes sufren la llamada **seroconversión**, es decir, su suero se convierte desde el estado de no poseer anticuerpos contra el virus al estado de poseer anticuerpos que se unen a las partículas del VIH. Esta seroconversión se ha utilizado tradicionalmente como criterio diagnóstico para determinar si alguien está infectado o no por VIH, ya que la presencia de anticuerpos no conlleva, como en el caso de otros virus, la eliminación de la infección. El VIH puede continuar infectando nuevas células uniéndose a los receptores CD4 y CCR5 a pesar de que existan anticuerpos contra él en el suero y en los líquidos intercelulares. Estos anticuerpos, obviamente, no son capaces de neutralizarlo con eficacia y no impiden que el VIH se siga uniendo a las células que expresan los mencionados receptores.

La pregunta es ¿por qué? ¿Cómo consigue el VIH escapar de la acción neutralizadora de los anticuerpos?

El VIH utiliza varias estrategias evolutivas moleculares que ayudan a explicar esta penosa situación. La primera es que el VIH, cada vez que se reproduce, muta con alta frecuencia y genera así una población de partículas virales con diferentes epítopos. Un anticuerpo generado contra uno de esos epítopos no podrá neutralizar a todos los virus, puesto que parte de la población tendrá epítopos algo diferentes. Más aún, los anticuerpos que se generen contra esos mutantes pueden no poseer una afinidad adecuada como para neutralizarlos.

Otra estrategia que el VIH utiliza para escapar del sistema inmunitario es la ocultación de los epítopos. El VIH utiliza varias estrategias para lograrla. Una de ellas es la de colocar esos epítopos en lugares que resultan inaccesibles para las moléculas de anticuerpos, que serían demasiado grandes para acceder a esos lugares. Es lo que se llama la **oclusión de epítopos**. Otra estrategia es recubrir los epítopos que podrían ser más vulnerables con moléculas de hidratos de carbono, cuya naturaleza química, en general, no permite la generación de anticuerpos de muy elevada afinidad contra ellos. Recordemos que esta estrategia es también utilizada por muchas bacterias, para las que es necesario utilizar vacunas conjugadas si deseamos generar anticuerpos eficaces contra ellas. Se ha intentado generar igualmente vacunas conjugadas contra el VIH, pero no han dado buen resultado porque el VIH aún guarda más estrategias para evadirse de la acción de los anticuerpos.

Probablemente, la estrategia más eficaz para evadir la acción de los anticuerpos sea la forma en que el VIH ha evolucionado para disminuir la avidez con la que los anticuerpos pueden unirse a él. Esta estrategia logra disminuir cientos o miles de veces la fuerza de unión de un anticuerpo de tipo IgG, que son la principal clase de anticuerpos neutralizantes. Recordemos de nuevo que la avidez es elevada cuando se produce una cooperación de varios sitios de unión al antígeno, lo que permite mantener al anticuerpo firmemente unido a este. La avidez depende de la cantidad de puntos de unión que el anticuerpo puede establecer con el antígeno y es mayor cuanto más numerosos son estos puntos. Recordemos también que los anticuerpos de la clase IgG poseen solo dos puntos de unión, separados por una distancia variable que depende de la movilidad de los dos brazos de la molécula en forma de Y, posibilitada por las regiones bisagra **(sección 2.9.1)**.

Para que ambos puntos de unión de las moléculas de IgG puedan unirse a sus epítopos, el antígeno tiene que poseer al menos dos epítopos repetidos y estos deben, además, estar situados entre sí a una distancia menor de la máxima distancia a la que pueden separarse los brazos de las moléculas de anticuerpo, que es de unos 15 nanómetros (nm). Si los epítopos están situados a una distancia superior a esta última, los anticuerpos, a pesar de disponer de dos puntos de unión, solo podrán utilizar uno. Si esto sucede, la unión continuada de un anticuerpo al antígeno dependerá sólo de la afinidad del anticuerpo, pero este no podrá disponer de la avidez que proporciona la unión de los dos brazos al mismo tiempo.

La afinidad de los anticuerpos generados por el hospedador no puede ser controlada por ningún virus. Esta depende de los mecanismos de recombinación génica e hipermutación somática que el hospedador pone en marcha y que, por el momento, ningún virus es capaz de afectar. Sin embargo, el virus sí puede controlar la avidez con la que el anticuerpo se une a él si es capaz de separar sus epítopos una distancia superior a la que separa los dos puntos de unión que el anticuerpo tiene en cada uno de sus brazos. Esto es lo que ha conseguido el VIH a lo largo de su evolución. Al disminuir la avidez de la unión, los anticuerpos no pueden permanecer unidos por tiempo suficiente a las partículas de VIH y estas no son así neutralizadas de manera permanente. Los fagocitos tampoco pueden capturar y eliminar las partículas de virus con una eficacia suficiente y estas tienen mayor probabilidad de infectar a otras células.

Conviene ahora que analicemos brevemente la estructura del virus VIH para comprender mejor cómo este consigue separar sus epítopos de modo que se sitúen a una distancia superior a la de los dos brazos de los anticuerpos. Podemos considerar a la partícula del VIH como una minúscula esfera de un diámetro de alrededor de 120 nm. Esto significa que en solo 1 mm caben unas 8.300 partículas víricas en fila india. La estructura de la esfera está mantenida por una serie de proteínas generadas a partir del genoma del virus, unidas entre sí como piezas de un armazón que forma el entramado esférico sobre el cual se superpone una bicapa lipídica con proteínas víricas y también humanas embebidas en ella. Estas últimas son proteínas que las partículas del virus roban a la célula hospedadora cuando, tras haberse reproducido en su interior, la matan y la abandonan en busca de otras células a las que infectar.

En el interior de esta minúscula esfera se encuentran una serie de proteínas víricas que son esenciales para la reproducción del virus. Dentro de la esfera también se encuentra la llamada cápside del virus propiamente dicha, la cual está compuesta por la unión de muchas proteínas idénticas que forman como un recipiente troncocónico. En su interior se encuentran dos copias del genoma viral y también la enzima transcriptasa inversa. Como hemos dicho, el genoma del VIH no está formado por ADN, sino por ARN de una sola hebra. Este ARN necesita, primero, ser copiado a un ADN de doble hebra, que debe ser integrado en el genoma de la célula hospedadora antes de que el virus pueda comenzar a reproducirse. Por esta razón, el virus VIH pertenece a la familia de los **retrovirus**, la cual está formada por virus cuyo genoma es ARN, y que para su reproducción necesitan generar antes ADN a partir de este, transmitiendo la información genética "hacia atrás" (retro). Una vez integrado en algún lugar del genoma de la célula infectada, este ADN se comportará como si fuera un conjunto de genes de esta. Generará así ARN que funcionarán como ARN mensajeros, los cuales serán traducidos a las proteínas que formarán las nuevas partículas víricas. Dos copias del ARN producido a partir del ADN integrado en el genoma de la célula hospedadora funcionarán como genoma y serán encapsuladas también en la cápside de las nuevas generaciones de virus producidos.

Volvamos ahora al problema que nos ocupa, es decir, cómo el virus ha sido capaz de reducir la avidez que los anticuerpos neutralizantes del hospedador poseen contra él. Estos anticuerpos, para neutralizar el virus, deben adherirse a la proteína que el virus necesita para unirse a las moléculas CD4 y CCR5 e infectar así a las células hospedadoras. Esta proteína fue identificada poco tiempo después de que se determinara que el VIH era el causante del sida y se ha denominado **gp120.** Este extraño nombre no significa más que esta proteína es una **g**luco**p**roteína de 120 kilodaltons (kDa) de masa molecular.

La manera en que la pg120 está anclada a la superficie del virus es muy importante. Esta proteína está unida de manera no covalente a la proteína llamada **gp41**, la cual atraviesa la doble capa lipídica que el virus ha robado a la célula hospedadora e interacciona con las proteínas que forman el entramado esférico, quedando así fijada a él. Esto implica que la proteína gp120 no está flotando en la membrana exterior y, por consiguiente, no puede moverse libremente de donde está.

Esta inmovilidad de la proteína gp120 es fundamental para disminuir la avidez de los anticuerpos. Si la gp120 pudiera moverse libremente en la membrana, la distancia entre dos moléculas cualesquiera de gp120 sería variable y esto permitiría que los anticuerpos se unieran a dos de ellas, una con cada uno de sus brazos, cuando estas moléculas, en su libre movimiento en la membrana, estuvieran a una distancia inferior a esos 15 nanómetros. Esto permitiría aumentar la fuerza de unión de los anticuerpos a la partícula viral. Como las proteínas gp120 están inmovilizadas, esta posibilidad no existe.

No obstante, además de no permitir la movilidad, es aún necesaria otra condición para impedir que los anticuerpos usen su avidez para unirse a dos epítopos al mismo tiempo. Esta condición es que la distancia entre dos moléculas gp120 situadas en la superficie del virus sea mayor de 15 nanómetros. Esto eso es lo que el virus consigue limitando al mínimo la cantidad de proteínas gp120 que coloca sobre la superficie de su pequeña esfera. Esta solo contiene unas 15 copias de esta proteína, que se sitúan así unas de otras a una distancia media superior a los 15 nanómetros. Este número mínimo de moléculas gp120 podría ser aún menor, pero en ese caso, el virus disminuiría mucho la probabilidad de unirse a una célula hospedadora para infectarla. Por consiguiente, las partículas víricas usan el máximo número de copias de la proteína gp120 que les permite disponer de una capacidad de unión a las células suficiente como para infectarlas y, al mismo tiempo, poder distribuirlas a una distancia media superior a los 15 nanómetros, necesaria para impedir el efecto de la avidez de los anticuerpos neutralizantes.

Recordemos (**sección 2.9.1**) que las moléculas de anticuerpos están sometidas a los continuos golpes de las moléculas de agua y de otras proteínas que se encuentran en el plasma sanguíneo o en los líquidos corporales intercelulares. Esta agitación molecular les confiere energía, la cual puede ser capaz de separarlas del epítopo una vez que se han unido a él. Por esta razón, que los anticuerpos tengan suficiente afinidad, es decir, suficiente fuerza de unión al epítopo en cada uno de sus brazos, y que tengan suficiente avidez, es decir, dos o más puntos de unión a epítopos repetidos, son condiciones muy importantes para que los anticuerpos se mantengan unidos a sus antígenos. Cuando el anticuerpo no dispone de suficiente afinidad, es necesario que disponga de suficiente avidez, y esta es la razón por la que las IgM son los primeros anticuerpos producidos. Solo cuando la afinidad ha podido ser aumentada, en el proceso de hipermutación somática, es adecuado producir IgG o IgA, que poseen menos puntos de unión, es decir, menos avidez, pero más fuerza de unión en cada uno de esos puntos, es decir, mayor afinidad.

Descubrimos también ahora que la Naturaleza ha desarrollado anticuerpos con dos brazos porque un solo sitio de unión no es suficiente, en general, para neutralizar a los microorganismos y permanecer unidos a él. Afortunadamente, la mayoría de los microorganismos necesitan también varias proteínas repetidas localizadas cerca unas de otras para disponer también de la avidez suficiente que les permita poderse unir a los receptores que necesitan para infectar a las células. Por esta razón, no pueden escaparse de la acción neutralizante de los anticuerpos. Sin embargo, el virus VIH ha sido capaz de generar proteínas de unión a los receptores CD4 y CCR5 que, con escasos sitios de interacción, es decir, sin mucha necesidad de disponer del fenómeno de la avidez, permiten la unión a la célula y la entrada del virus. Por esta razón puede permitirse separar esas proteínas en su superficie una distancia mayor de la necesaria para que los anticuerpos puedan unirse mediante sus dos brazos y de este modo estos no pueden neutralizarlo.

Sin embargo, el virus VIH ha sido capaz de generar proteínas de unión a los receptores CD4 y CCR5 que, con escasos sitios de interacción, es decir, sin mucha necesidad del fenómeno de la avidez, permiten la unión a la célula y la entrada del virus en ella. Por esta razón, el virus puede permitirse separar las proteínas de unión gp120 en su superficie a una distancia mayor que la necesaria para que los anticuerpos IgG se unan con sus dos brazos y evitar así ser neutralizado.

También descubrimos que la estructura de los anticuerpos es adecuada para neutralizar a los microorganismos porque, para seguir siendo infecciosos, la enorme mayoría de estos no pueden colocar sus epítopos repetidos a una distancia superior a los 15 nanómetros. Los epítopos se repiten porque la mayoría, por no decir la totalidad, de las moléculas estructurales, es decir, las que confieren la base sobre las que las células se construyen, son polímeros de moléculas más simples que, evidentemente, se repiten. En otras palabras, los organismos vivos no pueden escapar a las condiciones que hacen posible la vida y estas condiciones conllevan el empleo de moléculas formadas por polímeros que forzosamente mostrarán epítopos repetidos a cortas distancias.

Sin embargo, otra razón por la que los microorganismos, en particular los virus, necesitan también disponer de epítopos repetitivos es porque estos cumplen la misión de permitir la interacción con moléculas de la membrana celular que permiten la infección. Por esta razón, los anticuerpos neutralizantes más eficaces son los que se unen a estos epítopos repetidos. Además, al igual que la avidez es importante para mantener a los anticuerpos unidos al antígeno, también es importante para permitir que los virus se unan al mismo tiempo a varios receptores en la membrana de la célula, o de otra manera no se podrían mantener unidos a ella por tiempo suficiente para infectarla. Puesto que las moléculas de proteína que participan en estas interacciones deben situarse en un rango de tamaños determinado, estos epítopos repetitivos se sitúan en distancias que suelen ser inferiores a los 15 nanómetros. Por esta razón, las moléculas de anticuerpos, durante la evolución, se han seleccionado de forma que los dos brazos que les confieren la capacidad de unirse con avidez a estos epítopos se separan un máximo de esa distancia. En otras palabras, a lo largo de la evolución, una distancia máxima de 15 nanómetros entre los dos brazos de los anticuerpos es la que ha conferido mayor capacidad de protección frente a prácticamente la totalidad de microorganismos y parásitos que nos amenazan, debido a sus propias necesidades vitales para unirse a las células e infectarlas. Esto es lo que ha hecho que sea sensato para el sistema inmunitario no generar anticuerpos de mayor talla, que sería más costoso. Vemos así que las limitaciones de los microorganismos para infectar a las células son utilizadas por el sistema inmunitario para neutralizarlos. Sin embargo, el virus VIH ha sido capaz de encontrar un hueco evolutivo por el cual se ha colado y ha evitado la acción neutralizante de los anticuerpos.

Las consideraciones anteriores pueden ayudar de manera importante a explicar por qué generar una vacuna eficaz contra el VIH no se ha logrado aún, y puede que no se logre nunca, a menos que se modifique el genoma humano para permitirle generar anticuerpos con brazos más largos y flexibles que puedan unirse a epítopos alejados más de 15 nanómetros. Por mucho que las vacunas que se han intentado generar sean capaces de estimular adecuadamente al sistema inmunitario y producir anticuerpos contra los epítopos del VIH, el problema es que el sistema inmunitario no puede generar anticuerpos lo suficientemente eficaces para neutralizar al virus, porque estos no pueden disponer de la afinidad suficiente como para mantenerse unidos con un solo punto de unión, ni son lo suficientemente grandes como para poder unirse a dos puntos de unión al mismo tiempo.

Esto nos enseña otra lección importante sobre las vacunas: estas solo serán capaces de generar protección si el sistema inmunitario es lo suficientemente evolucionado como para vencer a la infección. Si esta condición no se cumple, no se podrá fácilmente generar una vacuna eficaz, puesto que los propios mecanismos del sistema inmunitario resultarán ineficaces para defendernos.

### 7.1.1.- RESISTENCIA PERDIDA

Nos queda ahora por explicar otro fenómeno muy interesante sobre el virus VIH, aunque este no tiene una relación directa con el sistema inmunitario. Este fenómeno es que los virus VIH se hacen resistentes a la acción de los fármacos antivirales y por qué esta resistencia no es transmitida a otra persona, aunque esta sea contagiada con un virus que sí es resistente a los fármacos.

Esta situación contrasta con la de la resistencia bacteriana a los antibióticos, un problema creciente para la salud mundial. En este caso, la resistencia adquirida por una bacteria puede ser trasmitida a las siguientes generaciones de bacterias descendientes de la primera que adquirió la resistencia. Esto es así debido a que la resistencia a un antibiótico particular depende de la mutación en algún gen bacteriano, o de la adquisición de nuevos genes de resistencia capturados de otras bacterias. Estas mutaciones y estos genes pueden ser transmitidos a las siguientes generaciones de bacterias, lo que las convierte en resistentes.

Sin embargo, en el caso del virus VIH, la resistencia a fármacos antivirales reside exclusivamente en la generación de mutaciones en los genes del virus. En este caso, la generación de mutantes es tan dinámica y estos cambian a tal velocidad, que las mutaciones que permiten la resistencia pueden ser perdidas con la misma facilidad con la que se adquirieron, si el entorno en el que el virus se reproduce no hace necesario que las mutaciones se mantengan.

En otras palabras, debido al mecanismo de reproducción del VIH, en particular a la necesidad de generar ADN a partir de las dos copias de ARN contenidas en la cápside, se generan virus mutantes en cada una de las células infectadas. Así, cada paciente no tiene un virus, sino una población de virus mutantes en su sangre. Estos virus mutantes van a competir por infectar a nuevas células. Se establece así una carrera reproductiva y aquellos virus que sean más eficaces en su reproducción serán los que van a dominar en la población de virus VIH en una persona infectada.

Para su reproducción e infectividad los virus VIH necesitan de dos enzimas codificadas en sus genes: **la transcriptasa inversa y la proteasa**. La transcriptasa inversa es el enzima encargado de generar la copia de ADN a partir del ARN del genoma vírico. La proteasa es la encargada de generar proteínas gp120 y gp41 a partir de la proteína precursora de ambas, llamada **gp160**, que es la proteína producida a partir del ARN mensajero generado tras la integración del ADN vírico en el genoma del hospedador.

Fármacos que impiden la acción de la transcriptasa inversa impiden la generación del ADN necesario para la reproducción del virus. Fármacos que impiden la actividad de la proteasa impiden la generación de proteínas gp120 y gp41, necesarias para permitir la infección a las células mediante su unión a CD4 y CCR5. Ambos fármacos, por tanto, impiden la reproducción vírica.

En efecto esto es lo que sucede inicialmente en los pacientes de sida tratados con ellos. Los virus más competitivos en ausencia de fármacos son sensibles a estos, es decir, poseen variantes de transcriptasa inversa y de proteasa muy eficaces, pero que son blanco de la acción de dichos fármacos, los cuales bloquean su actividad. Sin embargo, el efecto de los fármacos nunca es total, ya que no se suministran suficientes moléculas de estos como para que encuentren a cada transcriptasa inversa y a cada proteasa de todos los virus y las bloqueen. Por esta razón, algunos virus siguen infectando a las células y siguen generando mutantes. Algunos de estos mutantes serán menos sensibles a los fármacos y serán los que consigan infectar a las células con mayor eficacia en presencia de esas moléculas. Estas infecciones podrán aún generar nuevos mutantes hasta conseguir mutantes óptimos, es decir, aquellos más resistentes a la acción de los fármacos, que van a prevalecer en la población de virus propia de un paciente infectado con VIH que recibe tratamiento antirretroviral. Estos mutantes, sin embargo, no se reproducen tan rápidamente como los virus originales, pero son los únicos capaces de reproducirse en presencia de los fármacos.

Supongamos que, por desgracia, un paciente de sida tratado con fármacos antirretrovirales contagia a otra persona. Esta va a sufrir los síntomas iniciales de la infección, similares a los de la gripe, como hemos dicho. Ya en esta infección inicial, la generación de partículas víricas va a ser muy importante, y se generarán cientos de mutantes diferentes. Algunos de esos nuevos mutantes de hecho habrán perdido las mutaciones que los hacían resistentes a los fármacos, es decir, habrán revertido a los virus originales. Resulta, además, que, en ausencia de tratamiento con fármacos son estos virus originales los que poseen la transcriptasa inversa y proteasas más eficaces para la reproducción, y son ellos los que más eficazmente se van a reproducir en la nueva persona infectada. Por esta razón, eran los predominantes en la persona inicialmente infectada antes de que esta fuera tratada con fármacos, y por esta razón volverán a ser los virus predominantes en la persona contagiada, a menos que esta sea tratada con esos fármacos.

Vemos aquí el resultado de la evolución por selección natural en tiempo real. Es este mecanismo evolutivo, posibilitado por la rápida generación y selección de mutantes, el que explica tanto la aparición de resistencia a los fármacos antirretrovirales, como su desaparición tan pronto como los fármacos dejan de ser administrados, o la ausencia de resistencia en personas que no han recibido aún tratamiento antirretroviral.

## 7.2.- MÚLTIPLES DISFRACES

Como es de esperar, el virus VIH no es el único microorganismo que, de manera involuntaria, pero muy eficaz, ha desarrollado en su evolución mecanismos para intentar soslayar la acción del sistema inmunitario. Una diversidad de especies de bacterias, de parásitos protozoos y de otros virus cuentan hoy con interesantes y astutos mecanismos para evadir la acción del sistema inmunitario. Vamos a explorar algunos de ellos.

Como sabemos, los microorganismos que se reproducen en los espacios extracelulares de los animales, como muchas bacterias, o que necesitan acceder a ellos para, desde allí, infectar a las células, como los virus, son susceptibles a la acción neutralizadora y opsonizante de los anticuerpos. Por esta razón, muchos de estos microorganismos han desarrollado estrategias que modifican los epítopos susceptibles de generar una respuesta de producción de anticuerpos. Este mecanismo por el cual los microorganismos varían sus epítopos se denomina **variación antigénica**.

Un ejemplo de variación antigénica es la que muestra la bacteria *Streptococcus pneumoniae*. Esta bacteria habita normalmente las superficies epiteliales de las vías respiratorias, fosas nasales y pulmón, pero no causa enfermedad más que en las personas inmunodeprimidas de algún modo, así como en los ancianos y los niños. Es la principal causa de neumonía en estas personas, además de que puede causar también meningitis. Igualmente, es la principal causa de choque séptico en los pacientes de sida, susceptibles a infecciones generalizadas.

Se han identificado más de 90 tipos diferentes de bacterias de *S. pneumoniae* de acuerdo con su capacidad de generar anticuerpos en las personas infectadas. Como los tipos se han identificado de acuerdo con los anticuerpos presentes en el suero de estas personas, se han denominado **serotipos**. Cada serotipo de bacteria genera un anticuerpo que solo puede opsonizar a ese tipo particular, pero no puede opsonizar a otros tipos. De este modo, la respuesta inmunitaria eficaz contra uno

232

de los tipos deja completamente desprotegido frente a otros tipos de la misma bacteria, que pueden así infectar a la misma persona.

Esta capacidad de *S. pneumoniae* depende de su capacidad para generar cápsulas exteriores de polisacáridos, es decir, de unidades de hidratos de carbono, diferentes, que actúan como diferentes "disfraces" de la bacteria. En otras palabras, los más de 90 serotipos distintos de esta bacteria se muestran al sistema inmunitario como si fueran especies bacterias distintas gracias a sus diferentes capas exteriores que las encapsulan y las protegen. De este modo, la respuesta primaria de generación de anticuerpos solo es capaz de neutralizar uno de los tipos y, más importante, de generar memoria inmunológica exclusivamente contra ese tipo. Esto deja al organismo desprotegido frente a otros tipos de *S. pneumoniae*, que por esta razón puede causar enfermedad múltiples veces en la misma persona.

Este mecanismo de evasión del sistema inmunitario depende de la colaboración de los distintos serotipos de *S. pneumoniae* para transformarse unos en otros mediante la transmisión de ADN entre ellos. Este proceso se denomina **transformación bacteriana**, y *S. pneumoniae* lo utiliza con mucha eficacia para evadir la acción del sistema inmunitario, así como para transmitirse genes de resistencia a diferentes factores deletéreos, que incluyen algunos antibióticos.

Otro microorganismo que utiliza el mecanismo de la variación antigénica de una forma más dinámica y peligrosa que la anterior es el virus de la gripe. La gripe es una enfermedad que aparece en brotes anuales, en general en invierno en los hemisferios norte o sur, aunque cerca del ecuador los brotes pueden suceder en cualquier época del año. El virus causa varios millones de casos graves en el mundo que producen hasta medio millón de muertes al año, dependiendo de la variedad de virus que se haya generado y de su virulencia. No es de extrañar, porque el virus infecta cada año al 20 % de los niños y al 10 % de los adultos no vacunados ese año en todo el mundo. Esto quiere decir que haber superado la enfermedad de la gripe un año no asegura estar protegido por el sistema inmunitario contra los brotes de virus que sucedan en años posteriores. ¿Por qué sucede esto? Para entenderlo, debemos adentrarnos brevemente en el mecanismo de replicación del virus de la gripe.

En primer lugar, como sucede con todos los virus, el virus de la gripe debe unirse a una molécula de la membrana de la célula hospedadora y utilizarla como puerta de entrada al citoplasma y núcleo celulares. Para esta labor, el virus cuenta con una proteína llamada **hemaglutinina** (porque además de permitir al virus infectar a las células epiteliales del pulmón y vías aéreas, también es capaz de aglutinar glóbulos rojos uniéndose a su superficie). Esta proteína se une a la parte carbohidrato de algunas glicoproteínas de la membrana de las células epiteliales del pulmón, la nariz o la garganta. La unión desencadena de modo automático un mecanismo (llamado endocitosis) que obliga a la célula a incorporar a la partícula vírica en su interior, donde va a proceder la generación de cientos de nuevas partículas víricas utilizando para ello los recursos de la célula.

Cuando detecta la infección, el sistema inmunitario pone en marcha los mecanismos adecuados para defenderse de ella. Uno de los más eficaces y absolutamente necesario para evitar la progresión de la infección es la generación de anticuerpos neutralizantes del virus. Estos se unen a la hemaglutinina vírica e impiden que esta se una a las superficies de las células a las que el virus infecta. De este modo, incapaz de entrar en las células, el virus no puede replicarse y es, además, fagocitado por las células del sistema inmunitario que detectan los anticuerpos unidos a él. La infección es así vencida y se generan también células B memoria capaces de producir más rápidamente anticuerpos contra el mismo virus en caso de una posible infección recurrente. Sin embargo, como decíamos, esta memoria inmunológica, en este caso, no asegura una protección eficaz contra virus que aparecerán en años sucesivos. La razón se encuentra en la elevada tasa de mutación que sufre este virus en el proceso de su reproducción en las numerosas personas infectadas. Esto consigue que algunos virus mutantes varíen el gen de su hemaglutinina de modo que los anticuerpos generados contra virus anteriores dejen de poder neutralizar a las nuevas partículas de virus, a pesar de que la hemaglutinina mutada siga siendo capaz de unirse a las proteínas de la membrana celular e iniciar una infección.

Al igual que el virus VIH, el virus de la gripe también posee un genoma de ARN, particularmente susceptible a sufrir mutaciones. En

234

realidad, debería decir los virus de la gripe, ya que existen cuatro tipos de estos, A, B, C y D. Los tres primeros tipos pueden infectar al ser humano y, aunque no se ha detectado infección a humanos por el último tipo, que infecta a cerdos y vacas, no se descarta que pueda suceder.

A pesar de ser un virus cuyo genoma está formado por ARN, el mecanismo de replicación de este virus es diferente del que usa el VIH. El virus de la gripe no necesita transformar en ADN el ARN de su genoma, sino que este es utilizado directamente por un enzima vírico para generar nuevas copias de ARN. En otras palabras, el ARN no necesita al ADN como intermediario para copiarse. Algunas de las copias serán utilizadas como ARN mensajero para generar las proteínas de la partícula vírica y otras serán utilizadas como genoma para las nuevas partículas.

El enzima vírico (llamado ARN polimerasa dependiente de ARN) que genera las nuevas copias del ARN no es un enzima fiable y, en el proceso de copia, comete errores y cambia unas "letras" por otras. Esto genera virus mutantes que son ligeramente diferentes del original.

Entre estos virus mutantes pueden encontrarse varios tipos de nuevas partículas víricas. Algunas de estas partículas pueden ser inviables, es decir, aquellas en las que las mutaciones que han sucedido impiden que puedan infectar y reproducirse. Otro tipo de partículas mutantes serían aquellas que han mutado en otros genes, pero no en el de la hemaglutinina o, al menos, no de manera suficiente como para que los anticuerpos generados en una infección anterior no puedan seguir neutralizando estas nuevas partículas. Por último, se han podido también generar partículas víricas en las que haya mutado la hemaglutinina, de modo que esta puede seguir uniéndose a las células a las que el virus infecta, pero a la cual los anticuerpos generados en una infección anterior, y aún presentes en la sangre y en los tejidos, ya no pueden neutralizar con eficacia; estas nuevas partículas víricas serán infecciosas y habrán soslayado a la memoria inmunológica. Este proceso de mutación normal del virus de la gripe que se produce como consecuencia de su reproducción se denomina **deriva antigénica**.

Afortunadamente, la dinámica de las infecciones anuales por el virus de la gripe consigue que la mayoría de la población haya sufrido la gripe al menos una vez en la vida y haya generado memoria inmunológica, es decir, disponga de anticuerpos circulantes en la sangre y los líquidos corporales contra la variante del virus de la gripe que le infectó y pueda generar, gracias a las células memoria, mayor cantidad de anticuerpos con rapidez contra ese virus concreto. Estos anticuerpos no van dirigidos solo contra la hemaglutinina del virus, sino también contra otras proteínas víricas. Felizmente también, existe un límite a la extensión con la que el virus puede mutar. Las mutaciones no deben inutilizar a la hemaglutinina en su capacidad para unirse a las proteínas de la membrana de las células, o el virus dejará de poder reproducirse. Por esta razón, la mayoría de los virus mutantes que se producen cada año siguen pudiendo ser parcialmente neutralizados por los anticuerpos presentes en la mayoría de la población, y esta puede responder también con sus células memoria, que detectarán los epítopos del virus mutado, a pesar de las mutaciones. Sin embargo, esta neutralización y la respuesta memoria se producen con diferentes grados de eficacia, dependiendo de las células B y los anticuerpos concretos que cada individuo posea y de cómo estos encajen con mayor o menor fuerza en los epítopos mutados. No obstante, cada temporada de gripe una pequeña fracción de la población bien no habrá estado nunca infectada con el virus de la gripe y podrá ser contagiada por este, como puede ser el caso de niños pequeños, o si en años anteriores superó la gripe causada por un mutante concreto, no dispondrá de anticuerpos lo suficientemente eficaces para neutralizar al nuevo virus mutante que se haya producido esa temporada.

Lo anterior explica que la vacuna de la gripe tenga que producirse y administrarse cada año. Normalmente, una vacuna contra la gripe administrada un año concreto no asegura protección eficaz contra los virus mutantes que se producirán en la siguiente temporada de gripe, y la vacuna pierde toda su eficacia en solo unos pocos años. Las vacunas deben prepararse, además, con suficiente antelación con la variante de virus mutante detectada en el momento en que se hace necesario comenzar esta preparación. Detectar o predecir la variante de virus de la gripe para la siguiente temporada es responsabilidad de la Organización Mundial de la Salud. Esta información se comunica a las compañías farmacéuticas que preparan la vacuna, pero esto debe hacerse con al menos seis meses de antelación al inicio de la temporada de gripe, que comienza en diciembre o enero en el hemisferio norte, para que estas compañías tengan tiempo de preparar los millones de dosis de vacuna que deben ser administradas. Durante ese tiempo, la variante de virus detectada, y que se supone será la mayoritaria la próxima temporada de gripe, puede mutar y convertirse en una nueva variante para la que la vacuna preparada ese año puede no ser eficaz. Esto sucede de vez en cuando y, de hecho, sucedió el año 2018.

El mecanismo de mutación anterior explica también por qué cada año se producen dos epidemias de gripe en invierno, una en el hemisferio norte y otra en el hemisferio sur. Por suerte, las epidemias normalmente solo afectan a un porcentaje limitado de la población, como hemos explicado. No obstante, aún así, cada año se producen millones de casos, lo que es suficiente como para calificar la situación de epidemia.

Sin embargo, en ocasiones, pueden desencadenarse las denominadas pandemias de gripe, en las que la variante del virus producido puede infectar a un porcentaje más elevado de la población y diseminarse así más rápidamente. Estas pandemias no se generan normalmente mediante el proceso de la deriva antigénica mencionado antes, sino que se producen por un mecanismo más perverso en el que dos virus muy diferentes, tal vez uno que infecta a los humanos y otro que infecta a los cerdos, mezclan sus genomas al azar y generan, por mala suerte para nosotros, un nuevo virus infeccioso para el cual la mayoría de la población carece de anticuerpos y de células memoria que puedan neutralizarlo con eficacia y reaccionar contra él. Este mecanismo se denomina **cambio antigénico** y es más drástico que el anterior, ya que el nuevo virus no es solo un mutante, es un híbrido entre dos virus. Este virus híbrido puede producirse si un animal o un ser humano es infectado simultáneamente por dos virus de dos variantes diferentes. La infección simultánea posibilita que algunas células sean infectadas por ambos virus a la vez y al reproducirse simultáneamente, estos mezclen sus genomas y generen virus completamente nuevos. La probabilidad de que esto suceda no es muy elevada, pero aumenta en entornos en los que existe un contacto estrecho entre seres humanos y animales de granja que pueden ser infectados por el virus de la gripe. Esto hace posible que el nuevo virus pueda infectar a la especie humana al mismo tiempo que el virus estacional producido mediante deriva antigénica.

Vemos así cómo los mecanismos propios de la evolución de las especies, la generación de mutantes y su selección en un entorno dado, en este caso la población humana y sus anticuerpos neutralizantes, es aprovechado por el virus de la gripe para encontrarse en un estado de continua evasión del sistema inmunitario humano. Este sistema, en la población global, se encuentra siempre persiguiendo al virus por el espacio de mutaciones que este ocupa, siempre intentando neutralizarle, en general consiguiéndolo, pero siendo su objetivo frustrado más tarde por la continua generación de virus mutantes que se produce en mayor o menor extensión en cada individuo infectado.

Organismos más evolucionados y complejos que los virus pueden emplear el mecanismo de cambio antigénico de manera más sofisticada. Es el caso del protozoo *Trypanosoma brucei*, que causa la enfermedad del sueño. A lo largo de su evolución, este microorganismo ha generado un mecanismo genético específicamente diseñado para evadir la acción de los anticuerpos. Veamos cómo funciona.

*Trypanosoma brucei* tiene su superficie recubierta por alrededor de unos cinco millones de moléculas de una proteína llamada glicoproteína variante de superficie, o VSG. Esta proteína es fuertemente inmunogénica, es decir, induce una fuerte respuesta inmunitaria contra ella, en particular, induce la generación de anticuerpos, los cuales van a neutralizar, opsonizar y activar el complemento y van a eliminar rápidamente a los tripanosomas que expresan una variante concreta de VSG. ¿A todos? ¡No! Un pequeño porcentaje de ellos es capaz de cambiar la proteína VSG por otra variante a la cual los anticuerpos generados no pueden unirse. Este pequeño porcentaje de tripanosomas son ahora inmunes a la acción del anticuerpo y se reproducen rápidamente. El sistema inmunitario, no obstante, detecta, al igual que lo ha hecho antes, la nueva variante de la proteína VSG y genera de nuevo anticuerpos contra ella. Estos nuevos anticuerpos son también eficaces para neutralizar y opsonizar al tripanosoma, pero de nuevo un porcentaje de estos escapa a la acción del nuevo anticuerpo cambiando otra vez la proteína VSG por otra variante a la que los anticuerpos anteriores no pueden unirse. El tripanosoma vuelve de nuevo a reproducirse sin impedimentos hasta que un nuevo anticuerpo es generado contra esta tercera variante de VSG. Esos ciclos continúan hasta que sobreviene la muerte. Los ciclos continuados de inflamación en respuesta a los ciclos de variación antigénica acaban por comprometer la circulación sanguínea y pueden causar un fallo irreversible en un órgano vital, en particular en el riñón o el cerebro.

Como vemos, paradójicamente, este mecanismo supone inducir al sistema inmunitario a producir una intensa respuesta de anticuerpos contra las variantes de un antígeno concreto de este protozoo, y cambiar este antígeno por otro cuando los anticuerpos han sido producidos. Este cambio antigénico dirigido genéticamente convierte en inútil a los anticuerpos anteriores y fuerza al sistema inmunitario a producir más anticuerpos contra la nueva VSG. El mecanismo de variación se produce gracias a que el genoma de este microorganismo cuenta con alrededor de unas dos mil variantes de VSG. Un complejo mecanismo asegura que cada cierto tiempo, similar al tiempo necesario para que el sistema inmunitario genere anticuerpos, el fragmento de ADN que corresponde a una de estas variantes, elegido al azar, es copiado y trasladado al sitio del genoma de este tripanosoma que dirige la producción de ARN mensajero de la proteína VSG. De este modo, el sitio de producción del ARN mensajero está ocupado por variantes diferentes del gen de la VSG de manera periódica. Esta periodicidad mantiene al sistema inmunitario en un estado de "persecución constante" del microorganismo, sin nunca poder alcanzarlo y eliminarlo por completo.

Los ciclos de cambio antigénico generados por el parásito ayudan a explicar los ciclos de sopor y vigilia causados por el tripanosoma. Este produce una sustancia, llamada triptofol, que induce el sueño. En el momento de pico de infección, cuando el sistema inmunitario todavía no ha producido el primer anticuerpo, los tripanosomas son abundantes en la sangre y los tejidos, por lo que producen elevadas cantidades de esta sustancia. Cuando el anticuerpo se produce en cantidad suficiente y comienza a eliminar a los tripanosomas, la cantidad de triptofol disminuye y la persona infectada abandona momentáneamente el estado de sopor. El cambio de una variante de VSG por otra permite al tripanosoma escapar de la acción del anticuerpo y comienza a reproducirse de nuevo, por lo que la cantidad de triptofol producida aumenta y la persona infectada cae de nuevo en un estado de sopor. Y así sucesivamente.

## 7.3.- MÁS ASTUCIAS MICROBIANAS

Además de la técnica del "cambio de disfraces", mencionada arriba, los microorganismos cuentan con un arsenal de otros mecanismos para frenar la acción del sistema inmunitario contra ellos. Estos mecanismos, no lo perdamos de vista, se han ido desarrollando a lo largo de la evolución conjunta entre los microorganismos y los organismos a los que infectan. Si los últimos han ido desarrollando sistemas inmunitarios y mecanismos de erradicación de infecciones cada vez más potentes y sofisticados, los otros han ido "aprendiendo" cómo soslayar esos mecanismos o incluso como manipularlos en su propio beneficio. No hay truco que los microorganismos no intenten utilizar para evadir la acción del sistema inmunitario, o incluso para utilizarlo en beneficio propio. No importa cuán espectaculares y eficaces puedan ser las armas empleadas contra el enemigo, este puede también usarlas en contra nuestra. Vamos a explorar algunas de las argucias empleadas por los microorganismos para evadir al sistema inmunitario, las cuales solo pueden ser comprendidas bajo la luz de cómo este último funciona.

Comencemos con uno de los microorganismos más astutos para escapar a las defensas inmunes: la bacteria *Staphylococcus aureus*. Esta bacteria utiliza varias estrategias contra las células del sistema inmunitario. Una de ellas es que es capaz de dejarse fagocitar por los macrófagos, pero evitar ser digerida por ellos, por lo que la bacteria vive dentro de estas células. Cuando la bacteria detecta un cambio favorable de condiciones, se reproduce en el interior del macrófago, lo mata, e inicia otra infección. *S. aureus* es igualmente capaz de secretar sustancias tóxicas para los neutrófilos, ya que la muerte de muchas de estas células beneficia el progreso de la bacteria.

Por si esto fuera poco, *S. aureus* es capaz de utilizar al ADN de la red molecular secretada por los neutrófilos **(sección 2.8.1)** para producir sustancias tóxicas. Esta bacteria produce dos enzimas que degradan el ADN de la red molecular y lo transforman en una sustancia inductora de la apoptosis de los macrófagos. Estas dos enzimas catalizan reacciones químicas en el ADN de la red. El primer enzima es la **nucleasa del estafilococo**, que actúa sobre el ADN y lo rompe en sus constituyentes moleculares básicos, las "letras" individuales, rompiendo así buena parte de los hilos de la red molecular e inutilizándola. El segundo enzima es la llamada **adenosina sintasa**, que actúa sobre uno de los componentes del ADN (la adenina) y la convierte en una sustancia llamada 2´-desoxiadenosina. Es esta la inductora del suicidio de los macrófagos.

Otra estrategia bacteriana que, afortunadamente, no siempre funciona es la empleada por la micobacteria causante de la lepra, *Mycobacterium leprae*. Esta bacteria infecta a los macrófagos de los tejidos y a las células nerviosas, y vive en su interior hasta matarlas. Los anticuerpos no son eficaces contra ellas, ya que estas moléculas no pueden ser internalizadas por las células. La única forma eficaz de luchar contra las micobacterias intracelulares es su fagocitosis por los macrófagos o los neutrófilos y su destrucción en el interior de estos mediante la explosión respiratoria **(sección 2.2)**. Recordemos que esta necesita de la producción de IFN-γ y de la expresión de CD40L por las células $T_H1$. En ausencia de generación de esta clase de células T colaboradoras, la infección por *M. leprae* estará mucho menos controlada. En algunos casos, esta micobacteria puede confundir al sistema inmunitario haciéndole creer que es un microorganismo extracelular. Por tanto, el sistema inmunitario activará los mecanismos y las armas necesarias para luchar contra los organismos extracelulares, no contra los intracelulares. En esta situación, las células $T_H1$ no se generan. En su lugar, se producen células $T_H2$ (otro tipo de células T CD4 que ayudan a las células B a generar anticuerpos de la clase IgE) o células $T_{FH}$. Sin la ayuda de las células $T_H1$, los macrófagos no pueden ser estimulados a través de CD40L y la generación de IFN-γ y la explosión respiratoria en los macrófagos infectados no puede tener lugar. Además, las células $T_H2$ secretan citocinas que inhiben la generación de células $T_H1$, por lo que una vez que el sistema inmunitario es inducido a generar células $T_H2$ es prácticamente imposible que cambie de opinión y genere células $T_H1$.

Los desafortunados casos de infección con *M. leprae* que inducen de manera incorrecta la activación de células $T_H2$ generan un tipo de enfermedad de lepra grave, que se ha denominado **lepra lepromatosa**. En esta modalidad de lepra aparecen manchas en la piel, pápulas y nódulos, llamados lepromas. La progresión de la enfermedad sin el control adecuado del sistema inmunitario genera grave destrucción de los tejidos, en particular en el cartílago de la nariz y de las orejas, lo que deforma el rostro. En fases avanzadas de la enfermedad aparece la llamada cara leonina, caracterizadas por una deformación del rostro que lo asemeja vagamente al de un león porque se han desarrollado numerosos lepromas diseminados por toda la cara. También se producen pérdidas sensoriales debidas al daño generado a las células nerviosas. La enfermedad resulta mucho menos grave, aunque lo sigue siendo, en el caso en los que el sistema inmunitario de la persona infectada reacciona correctamente. En este caso la variedad de esta enfermedad se denomina **lepra tuberculoide**, y en ella las zonas de infección muestran gran cantidad de macrófagos y neutrófilos y muchas menos bacterias, aunque el daño colateral causado por la explosión respiratoria en esos tejidos es elevado.

Pasamos a comentar ahora otra estrategia que algunos virus y también algunas bacterias pueden emplear para evitar su detección. Esta estrategia es la **latencia.** La latencia es un estado en el que un organismo infeccioso, tras penetrar en el interior de una célula e infectarla, no se reproduce de manera activa hasta que las condiciones se lo aconsejan. Estas condiciones dependen en cierta medida de la salud de la célula que lo alberga y de la salud general del organismo, en particular del estado general de inmunocompetencia, es decir, de lo eficaz que en un momento dado pueda resultar el sistema inmunitario para luchar contra él. De alguna manera, los microorganismos latentes detectan cuándo el sistema inmunitario está en peor forma, tal vez por haber tenido que luchar contra otra infección, o por no estar debidamente nutrido, y en ese momento desencadena el proceso de su reproducción. En condiciones de menor competencia inmunitaria, el microorganismo tendrá mayores oportunidades de no ser erradicado antes de poder reproducirse lo suficiente como para contagiar a otro organismo.

La latencia es un mecanismo eficaz de resistencia porque, recordemos brevemente, para detectar la presencia de un microorganismo infeccioso, el sistema inmunitario necesita procesarlo y generar péptidos que deben ser presentados en moléculas del MHC. Los microorganismos adquieren el estado de latencia tras infectar una célula y evitan que esta pueda destruirlos y digerirlos en péptidos y, al no reproducirse, no producen tampoco proteínas, por lo que la célula no puede indicar que está infectada al ser incapaz de poder presentar péptidos derivados de proteínas del microorganismo en las moléculas de MHC. De este modo, el microorganismo pasa desapercibido para el sistema inmunitario.

Muchos virus adquieren el estado de latencia mediante la estrategia de integrar su genoma en algún cromosoma de la célula infectada. Una vez integrado allí, el genoma del virus permanece inactivado hasta que alguna señal indica que es un buen momento para activarlo y pasar al estado reproductivo, generando proteínas víricas para formar nuevas partículas de virus. Ya hemos visto que el virus del VIH integra su genoma en la célula a la que infecta y, en efecto, en algunas de ellas, en particular en células dendríticas y macrófagos, puede adquirir el estado de latencia. Esta es otra razón más por la que el sistema inmunitario no podría erradicarlo por completo ni en el caso de que pudiera producir anticuerpos más eficaces contra él.

Entre los virus que nos infectan con frecuencia y que utilizan la latencia para evadirse del sistema inmunitario podemos mencionar a los virus de la familia de virus herpes. Entre estos se encuentra el virus del herpes común que produce las morreras que pueden aparecer durante o después de los catarros y que son producidas por este virus y no por el virus del catarro. El virus del herpes común infecta las células epiteliales, a las que daña. La reacción inmunitaria contra estas células infectadas es lo que genera la inflamación y la morrera, que desaparece a los pocos días. Sin embargo, el virus es capaz de infectar no solo a las células epiteliales, sino también a las neuronas. Desde el labio pasa a las terminaciones nerviosas que lo inervan y se establece en las neuronas del ganglio trigémino, que se encuentra a la altura de la oreja. En las neuronas, el virus adquiere un estado latente, que es además favorecido por el hecho de que las células nerviosas expresan bajas cantidades de moléculas de MHC-1, debido a que son células que no deben ser blanco fácil de las células citotóxicas. Matar a las neuronas, aun infectadas, siempre supone un riesgo mayor que matar a otra clase de células, por lo que antes de matarlas es necesario asegurarse de que es irremediable hacerlo.

Otro virus que nos acompaña prácticamente a todos y que también utiliza la latencia, entre otros mecanismos de evasión, como medio de resistencia frente al sistema inmunitario, es el **virus de Epstein-Barr** (llamado virus **EBV**), que también pertenece a la familia de los virus herpes. Tuve la ocasión de conocer personalmente al doctor Sir Michael Anthony Epstein mientras me encontraba realizando mi tesis doctoral en Francia, con motivo de la concesión de un premio por su contribución al descubrimiento de este virus y el papel de este en el desarrollo del llamado linfoma de Burkitt, que el virus es capaz de causar en regiones donde la malaria es endémica. Al parecer, la infección conjunta con malaria y virus EBV da como resultado un aumento importante de la incidencia de este tipo de tumores.

Se estima que alrededor del 95 % de la población humana está infectada con el virus EBV, que causa la enfermedad llamada **mononucleosis infecciosa**. Normalmente, la infección sucede en la infancia temprana, tras dejar de mamar y dejar por ello de estar protegidos por los anticuerpos que la madre nos pasa con la leche. El virus infecta a los linfocitos B y a células epiteliales y genera una respuesta inmunitaria contra él. Sin embargo, cuando la infección sucede en la infancia, la respuesta inmunitaria no es muy intensa y no genera síntomas graves. En países en los que las condiciones de higiene son muy elevadas, como sucede en general en muchas regiones de los países desarrollados, la infección puede retrasarse hasta la adolescencia, en la que la enfermedad suele contraerse gracias al primer beso en la boca que se recibe. Por esta razón, esta enfermedad es conocida popularmente como **la enfermedad del beso**. En este caso, la respuesta inmunitaria es más fuerte y genera síntomas que pueden ser graves, los cuales incluyen fiebre, irritación de garganta, una importante inflamación de los ganglios linfáticos del cuello, y cansancio. En los casos más graves puede sobrevenir también una inflamación del hígado y del bazo.

Tras la infección inicial, el virus entra en un estado de latencia en el interior de las células a las que ha infectado. Este estado impide a los linfocitos T citotóxicos activados, generados en respuesta a la infección, identificar a las células infectadas, por lo que el virus permanece oculto en el organismo, a la espera de alguna oportunidad que le permita reproducirse. Esta oportunidad puede provenir de una disminución del estado de las defensas, o de cambios en el estado metabólico de la célula, que el virus detecta de alguna forma, tras lo que se reactiva. En condiciones normales, parece haber algunos picos de reproducción que, no obstante, suelen ser finalmente controlados por la activación de las células T memoria citotóxicas. Estas células se activan y detectan a las células infectadas, matándolas. El organismo se encuentra así en una situación de tablas con el virus, incapaz de vencerlo completamente, pero no dejando tampoco que este nos venza.

Sin embargo, el virus EBV no se conforma solo con esperar oportunidades que causan inmunodepresión. El virus cuenta con una serie de genes que cuando se ponen en marcha contribuyen a que algunos de los linfocitos B a los que ha infectado proliferen, lo que aumenta la probabilidad de que se puedan convertir en tumorales. Los linfocitos en estado de reproducción celular continua son los que al virus más le convienen para reproducirse más rápidamente. En general los virus no se reproducen en células quiescentes, es decir, en aquellas que se encuentran en un estado de reproducción suspendida. De este modo, la transformación de algunos linfocitos B en tumorales estimula también la reproducción del virus EVB en ellos. Estas células tumorales, no obstante, presentarán péptidos del virus en su MHC-1 y podrán ser eliminadas por las células T citotóxicas. Esta es la razón por la que, a pesar de que la mayoría de la población está infectada por el virus EBV, pocas personas desarrollan leucemias o linfomas, que son los principales tipos de tumores inducidos por este virus. Sin embargo, si el sistema inmunitario no puede matar a las células transformadas, se producen linfomas y también otra serie de tumores como cáncer gastrointestinal y carcinoma nasofaríngeo.

Además de la latencia, como ya hemos mencionado, los microorganismos utilizan otras estrategias para subvertir el sistema inmunitario e impedir que este funcione normalmente. De hecho, es posible que no exista mecanismo del sistema inmunitario que no sea manipulado de una manera u otra por un microorganismo u otro. En particular, son los virus cuyo genoma está formado por ADN, y no por ARN, los que más estrategias han desarrollado para subvertir al sistema inmunitario. La razón es que este tipo de virus no puede mutar con la rapidez con la que lo hacen los virus cuyo genoma es ARN y no pueden utilizar este mecanismo para evadir al sistema inmunitario. Sin embargo, la menor tasa de mutación permite a estos virus poseer genomas más grandes que los de los virus de ARN. La razón para esto es que una alta tasa de mutación tiene más probabilidades de inutilizar, por acumulación de errores, un genoma grande que uno pequeño. Estos mayores genomas permiten a los virus de ADN contar con un mucho mayor número de genes que los virus de ARN y, entre estos genes, cuentan con algunos que actúan sobre los mecanismos de acción del sistema inmunitario. De hecho, estos genes son tan importantes para la supervivencia de los virus de ADN que hasta la mitad del genoma de algunas especies de esta clase de virus está dedicada a contener genes que subvierten al sistema inmunitario. Estos genes han sido capturados por los virus a lo largo de la evolución, a partir del propio genoma de los organismos a los que estos infectan. Algunos de estos genes funcionan como oncogenes, es decir, estimulan la formación de tumores, lo que favorece a la reproducción de los virus, como ya hemos dicho. Otros genes capturados, sin embargo, son genes que producen proteínas que interfieren sobre los mecanismos del sistema inmunitario que pretenden controlar la infección de los virus, en particular sobre la actividad de las células T CD8 citotóxicas y de las células *Natural Killer* (NK), de las que hablaremos con más detalle un poco más adelante. Algunos virus son también capaces de engañar al sistema inmunitario haciéndole creer que la infección ha sido vencida, aunque en realidad no lo ha sido, y ponen en marcha los normales mecanismos de frenado de la respuesta inmunitaria una vez vencida la infección, lo que evidentemente permite que la infección continúe y no pueda ser vencida.

Uno de estos genes es el que produce la proteína interleucina-10 (IL-10). Esta citocina genera diversos efectos antiinflamatorios, es decir, de frenado de la respuesta inmunitaria. Entre ellos, se encuentra la disminución de la secreción de citocinas por las células $T_H1$, y la disminución de la expresión de moléculas MHC-2 y moléculas coestimuladoras por los macrófagos. Estos efectos disminuyen la activación de las células $T_H1$ y, por tanto, la capacidad de estas para activar a las células T CD8, lo que permite al virus mayores oportunidades de supervivencia.

Otros genes actúan sobre la activación de la respuesta inflamatoria, la cuál es siempre necesaria para estimular los mecanismos de defensa, o actúan sobre los propios mecanismos de defensa y su coordinación. Entre los genes robados a sus hospedadores por varias especies de virus se encuentran genes de receptores de diversas citocinas, quimiocinas, del complemento o incluso de los anticuerpos. Estos genes producen proteínas solubles que van a ser secretadas al medio exterior por la célula infectada. Al ser proteínas receptoras de diversas proteínas, y estar libres en el medio exterior, van a unirse a estas y a impedir así que se unan a sus verdaderos receptores, presentes en la membrana externa de las células del sistema inmunitario. Por ejemplo, un receptor viral de una citocina va a asociarse a ella y a impedir así que esta citocina se una al verdadero receptor expresado sobre la superficie de una célula del sistema inmunitario, impidiendo que esta se active correctamente o actúe. Entre los receptores solubles producidos por algunos virus caben destacar los de la interleucina-1 (IL-1), del TNF-$\alpha$ y del IFN-$\gamma$. Estas citocinas son importantes estimuladoras de la inflamación y de la lucha contra los virus.

Otros receptores solubles producidos por virus que bloquean la acción de algún componente importante del sistema inmunitario son los receptores de Fc y del complemento. Al unirse a los anticuerpos, los receptores Fc solubles bloquean su función efectora, por ejemplo, impidiendo que estos activen al complemento, lo que evitará la opsonización de las partículas de virus y su eliminación por fagocitosis, o impidiendo también la fagocitosis mediada por los receptores Fc expresados por los fagocitos y que capturan microorganismos opsonizados por los anticuerpos. Los falsos receptores del complemento igualmente se asociarán con componentes del complemento y bloquearán su función efectora o su activación, en particular bloquearán que las partículas de virus opsonizadas sean captadas por las células que expresan los verdaderos receptores del complemento.

### 7.3.1.- MICRO ARN

Los virus de ADN son capaces también de generar los llamados **micro ARN (miARN)**. Estos son fragmentos pequeños de ARN, de unas 19 a 22 "letras" (nucleótidos), cuya secuencia es complementaria a la secuencia de "letras" de uno u otro ARN mensajero (ARNm) producido por un gen. Normalmente, estos miARN se unen a la cola de un ARNm concreto (a su región 3'), lo que lo desestabiliza e impide que este sea traducido a proteína.

De nuevo, los virus que más utilizan esta estrategia para impedir la traducción a proteínas de ARNm producidos por genes involucrados en la respuesta antiviral son los virus de la familia herpes; en particular, el virus de Epstein-Bar. El EBV codifica al menos 44 miARN que son capaces, en teoría, de impedir o, al menos, disminuir el funcionamiento de cientos de genes. Estos miARN son producidos por el virus en prácticamente todas las fases de su complicado ciclo reproductivo y pueden afectar a células del sistema inmunitario tanto innato como adaptativo.

El conocimiento acumulado hasta la fecha indica que una de las funciones de los miARN producidos por el virus EBV es promover la supervivencia de las células B infectadas por él. Esto tiene sentido, puesto que, si la célula B infectada por el EBV muere, el virus muere con ella. Por esta razón, estos miARN también promueven el crecimiento de las células B que se han convertido en tumorales ayudadas por la actividad del virus.

No obstante, un buen número de los miARN generados por el virus EBV está también destinado a evadir la acción del sistema inmunitario. Estos miARN pueden atacar la acción de los interferones $\alpha$ o $\beta$, unas importantes moléculas producidas y secretadas en respuesta a la infección por virus y que desencadenan una variedad de efectos para dificultar su reproducción. Los miARN también pueden afectar a la actividad de ciertas citocinas importantes para la respuesta adaptativa celular y la activación de las células $T_H1$ y T CD8, o a las quimiocinas necesarias para la movilización y organización de los mecanismos de defensa. Igualmente, los miARN pueden afectar a la actividad del IFN-$\gamma$ e incluso a la actividad de los receptores Toll especializados en la detección de moléculas propios de los virus. Finalmente, pueden también afectar a la actividad de las células NK, de las que vamos a hablar en detalle más adelante.

### 7.3.2.- Inmunoevasinas

No obstante, el mecanismo celular más importante sobre el que actúan los virus para escapar del sistema inmunitario es el de la presentación de péptidos por moléculas de MHC-1. Si esta presentación es inhibida de una manera u otra en una célula infectada, las células T CD8 citotóxicas no podrán detectar a las células infectadas y no podrán inducir su apoptosis mediante las perforinas y las granzimas. Por esta razón, muchos virus de ADN cuentan con genes que producen una o varias proteínas llamadas **inmunoevasinas,** las cuales impiden la presentación de péptidos en las moléculas MHC-1. Esto, de hecho, causa que no se exprese MHC-1 en la superficie de las células infectadas, puesto que, en ausencia del péptido, las moléculas MHC-1 son inestables y son dirigidas a su degradación. De nuevo, a lo largo de la evolución conjunta del virus y del sistema inmunitario de los animales, los virus han sido capaces de adquirir inhibidores para cada uno de los pasos que las células emplean para poder procesar péptidos de las proteínas producidas en el citosol y unirlos a las moléculas de MHC-1.

No hemos hablado todavía de este mecanismo, que corresponde a la segunda fase del proceso global de carga de péptidos a las moléculas de MHC-1 después de que el proteasoma **(sección 5.2.2.2)** haya degradado las proteínas en el citosol y generado los péptidos que deben ser unidos por las moléculas de MHC-1 para su transporte a la membrana externa de la célula. Vamos a explicarlo brevemente a continuación, lo que nos permitirá comprender mejor las astucias empleadas por los virus para bloquearlo.

Las moléculas que la célula necesita transportar a la membrana externa, como son las moléculas de MHC-1, son sintetizadas en un sistema de vesículas formado por una bicapa lipídica similar a la de la membrana externa, llamado **retículo endoplasmático o endoplásmico,** que es uno de los orgánulos celulares más importantes. Las moléculas de proteína que deben ser colocadas en la membrana o secretadas al exterior son sintetizadas dentro de este sistema. Las membranas del retículo endoplásmico se fusionan con la membrana externa y de este modo colocan en la membrana exterior o secretan a las proteínas sintetizadas en su interior. Es la manera como la célula ha resuelto el problema de separar las proteínas que deben destinarse hacia el exterior de las proteínas que deben quedarse en el interior de la célula.

Sin embargo, la solución del problema anterior ha creado otro. Este es que los péptidos producidos en el citosol gracias a la acción del proteasoma deben ser transportados al interior del retículo endoplásmico, donde se han sintetizado las moléculas de MHC-1, las cuales deben cargar péptidos propios o extraños antes de ser transportadas a la membrana exterior. Esto implica que los péptidos producidos en el citosol deben ser ayudados a pasar a través de la bicapa lipídica del retículo endoplasmático, ya que los péptidos, siendo de naturaleza hidrófila al tener sus extremos siempre cargados, no pueden atravesarla sin ser transportados a través de ella. Este transporte es fundamental, porque las moléculas de MHC-1 que, por alguna razón, no puedan cargar debidamente péptidos son inestables y son transportadas al interior de la célula, no a su exterior, para su degradación.

El transporte de los péptidos desde el citosol al retículo endoplasmático debe hacerse de manera activa, es decir, mediante la acción de proteínas que los captan en el citosol y los introducen dentro del retículo endoplasmático gracias al aporte de energía metabólica. Existen dos proteínas trasportadoras que actúan de manera conjunta, las llamadas **TAP-1** y **TAP-2** (*Transporter associated with Antigen Processing 1 and 2*). Estas proteínas se insertan en la membrana del retículo endoplasmático y la atraviesan juntas, formando un canal por el que introducen activamente a los péptidos desde el citosol. La parte de estas proteínas que se encuentra en la cara citosólica de la membrana cuenta con una zona llamada casete de unión al ATP. Esta zona es capaz de unir a la molécula que todas las células emplean como fuente de energía metabólica, el adenosín trifosfato (ATP). La hidrólisis del ATP proporciona la energía necesaria para que los péptidos capturados en el citosol por esas casetes sean translocados al interior del retículo endoplasmático, donde se encuentran las moléculas de MHC-1 que están siendo activamente sintetizadas ahí. Esto consigue que los péptidos generados en el citosol por el proteasoma se puedan cargar en la hendidura de unión de péptidos de las moléculas de MHC-1.

Ahora que sabemos la base del transporte de los péptidos producidos por el proteasoma desde el citosol al retículo endoplásmico podemos entender mejor cómo funcionan las inmunoevasinas víricas. Una de estas moléculas es capaz de interaccionar con la casete de unión al ATP, que supone la puerta de entrada de los péptidos, y bloquearla, impidiendo que estos penetren en el interior del retículo endoplásmico. Ya hemos dicho que, en ausencia de péptido, las moléculas de MHC son inestables y son degradadas, por lo que la célula infectada por virus con este tipo de inmunoevasinas mostrará una cantidad menor de la normal de moléculas de MHC-1 en su membrana exterior. Esto conseguirá que las células T CD8 que hayan podido generarse en respuesta a la infección vírica tengan serias dificultades para detectar y eliminar a las células infectadas, lo que impedirá erradicar a la infección.

Los péptidos que son trasportados al interior del retículo endoplásmico no se cargan en las moléculas de MHC-1 por mera difusión. Al contrario, existe un complejo formado por tres proteínas diferentes, llamado **complejo de carga del péptido**, que participa en la unión de los péptidos a la hendidura de unión de las moléculas MHC-1. Existe incluso un enzima que corta a los péptidos demasiado largos, que no pueden unirse a las moléculas de MHC-1, para reducirles la longitud de manera que sí puedan caber en la hendidura de unión.

El complejo de carga de péptidos funciona como un mecanismo de seguridad. Este complejo de proteínas mantiene a las moléculas MHC-1 en un estado semiestable y la retiene en el retículo endoplasmático para darle un tiempo prudencial a que un péptido u otro se una fuertemente a la hendidura de unión. El complejo solo suelta a la molécula MHC-1 cuando esta ha capturado un péptido de manera fuerte y no lo suelta. Si, tras la unión, el péptido se suelta, es que el enlace con la molécula de MHC-1 no era estable y esta debe esperar a que otro péptido de los transportados al retículo endoplasmático se una de manera fuerte y estable. La unión del péptido debe ser muy fuerte, porque una vez en el exterior de la célula el péptido no debe separarse de la molécula de MHC-1, y esto por dos razones. La primera es que, si el péptido se separara, la molécula de MHC-1 se volvería inestable y sería degradada. La segunda razón es que la identidad de las células, su estado de salud, es decir, si son células completamente propias o han sido subvertidas por un virus, depende de que los péptidos derivados de las proteínas celulares estén continuamente presentados por las moléculas de MHC-1. Sin péptidos unidos establemente por estas moléculas en la superficie de las células estas no pueden indicar su identidad ni su estado de salud correctamente y serán eliminadas por las células *Natural Killer*, como veremos en la siguiente sección.

No resulta sorprendente, por tanto, comprobar que algunos virus producen proteínas que interfieren con el mecanismo de carga de los péptidos a la hendidura de unión de las moléculas de MHC-1. Puesto que mientras estos péptidos no sean cargados, la célula no permite el transporte de las moléculas de MHC-1 a la superficie, estas células infectadas tendrán impedido el mecanismo de presentación de péptidos, contarán también con escasas moléculas de MHC-1 en la superficie, y tampoco podrán ser debidamente eliminadas por los linfocitos T CD8.

Aunque numerosas especies de virus de ADN cuentan con mecanismos de evasión que afectan a la presentación de péptidos por las moléculas de MHC-1, los virus de la familia herpes son los que a lo largo de la evolución han adquirido el arsenal más extenso de herramientas para disminuir esta presentación. La familia de estos virus cuenta con genes que producen proteínas evasivas de la presentación de péptidos por el MHC-1. Una de estas proteínas promueve la degradación de las moléculas MHC-1. Este mecanismo de degradación recibe el nombre de **dislocación**, porque disloca, es decir, coloca fuera de su sitio normal, a las moléculas de MHC-1. Las moléculas víricas que consiguen esto son **ligasas de ubiquitina** que los virus han robado a lo largo de la evolución de los hospedadores a los que infectan. Estas ligasas de ubiquitina van a unir ubiquitina a las moléculas de MHC-1, lo cual va a dirigirlas al proteasoma para su degradación. Paradójicamente este mecanismo destruye en el proteasoma a las proteínas que necesitan de este orgánulo para realizar su función.

Otras moléculas producidas por algunos virus consiguen retener a las proteínas de MHC-1 en las membranas del aparato de Golgi y evitar que desde ahí sean exportadas a la membrana externa. El aparato de Golgi es el orgánulo encargado de recoger a las moléculas sintetizadas en el retículo endoplásmico y dirigirlas a su correcta localización celular. En este sentido, el aparato de Golgi funciona como una especie de oficina de correos para muchas de las moléculas producidas por la célula. Las moléculas producidas por algunos virus interfieren con este proceso en el caso de las moléculas de MHC-1.

Aún otras moléculas producidas por algunos virus pueden interferir con la síntesis de proteínas de MHC-1, lo que conduce a una disminución de su expresión en la membrana. Otras moléculas víricas dejan que las moléculas de MHC-1 lleguen a la membrana con sus péptidos, pero aceleran el proceso normal de reciclado de estas moléculas, estimulando el proceso de endocitosis, por el cual las células incorporan moléculas desde el exterior. Las moléculas de MHC-1 son así rápidamente retiradas de la membrana sin dar tiempo suficiente a los linfocitos T para detectarlas.

No obstante, los **transportadores TAP** son la diana más importante afectada por las inmunoevasinas de los virus. Estas proteínas impiden la actividad de estos transportadores y evitan que los péptidos entren en el retículo endoplasmático. En esas condiciones es obviamente imposible la carga de péptidos en el MHC-1 y ya sabemos que estas moléculas sin su péptido son inestables y rápidamente degradadas. Se han identificado cuatro proteínas inhibidoras de los trasportadores TAP. Estas proteínas impiden por distintos medios que estos transportadores capten los péptidos en el citoplasma y los introduzcan en el interior del retículo endoplásmico.

Además de los mecanismos que bloquean la expresión de moléculas de MHC-1 y la presentación de péptidos por estas, algunos virus también cuentan con mecanismos que dificultan o impiden la expresión de péptidos en el MHC-2. Recordemos que uno de los mecanismos inmunitarios que estarán disminuidos sin una suficiente expresión de péptidos por el MHC-2 será la producción de las clases adecuadas de anticuerpos de afinidad elevada que puedan neutralizar adecuadamente a los virus. Los anticuerpos neutralizantes son fundamentales para erradicar las infecciones víricas ya que los linfocitos T CD8 activados no pueden erradicarla por sí solos. Por consiguiente, impedir que se produzcan anticuerpos eficaces en una concentración adecuada es una buena estrategia vírica para mantener la infección en un hospedador.

Por supuesto, afectar al proceso de presentación de péptidos no es la única estrategia posible para evitar que péptidos derivados de los virus sean presentados a las células T. Otra estrategia es impedir que las células dendríticas maduren y se activen y viajen a los ganglios linfáticos para realizar su función presentadora de antígenos y activadora de las células T. En efecto, algunos virus cuentan con genes que interfieren con la activación y la maduración de las células dendríticas. Uno de esos virus es el virus de la hepatitis C. Otro es el virus del sarampión. Aun otra estrategia defensiva empleada por los virus es afectar a las moléculas de adhesión necesarias para que las células T CD8 o las células NK puedan unirse a las células infectadas y matarlas. De estas últimas células vamos a hablar más en detalle a continuación.

### 7.4.- LAS CÉLULAS *NATURAL KILLER*

Los virus tienen a su disposición numerosos mecanismos evasivos, pero el sistema inmunitario de los animales no se ha quedado quieto frente a las estrategias empleadas por estos parásitos intracelulares para mantenerse vivos y continuar con su capacidad infecciosa. La evolución del sistema inmunitario también ha continuado y ha generado nuevos mecanismos de defensa. Uno de ellos es la actividad de las células *Natural Killer*.

Hemos visto que uno de los mecanismos de defensa de los virus frente al sistema inmunitario es disminuir la expresión de los genes MHC-1 en las células infectadas. Son estas moléculas las encargadas de unir péptidos de las proteínas sintetizadas por la propia célula y de indicar así si las proteínas sintetizadas son propias o provienen de un organismo extraño que se reproduce en su interior. Si las moléculas de MHC-1 no son producidas en cantidad adecuada, la célula no puede expresar su identidad, ya que carecerá de "caras" para hacerlo. En esta situación, las células T CD8 citotóxicas, incluso si han sido correctamente activadas por células dendríticas cDC1 **(sección 2.7)** que han captado los virus desde el exterior, sin ser infectadas, y les han presentado péptidos derivados de las proteínas víricas por presentación cruzada, no podrán atacar a la célula infectada ni inducir su apoptosis, al no poder detectar con su "careta", su receptor T, que la célula está infectada. Por consiguiente, los virus capaces de impedir la expresión de las moléculas MHC-1 en las células infectadas tienen una gran ventaja.

Sin embargo, como hemos comprobado, a lo largo de la evolución se ha producido, y se sigue produciendo, una verdadera guerra entre los parásitos y los organismos parasitados. A cada "avance tecnológico" conseguido por los primeros para mejorar su ataque se suele producir otro "avance tecnológico" en los organismos parasitados o infectados que contrarresta el primero y mejora su defensa frente a ellos. En el caso de los virus, el avance tecnológico se tradujo en la generación de unas células especializadas en detectar la ausencia de "caras" o incluso una disminución de la cantidad de "caras" normalmente expresadas por una célula del organismo. Estas células especializadas son las células *Natural Killer* (NK), o asesinas naturales.

Las células NK se identificaron porque son algo más grandes que los linfocitos T y B, y poseen gránulos citoplasmáticos distintivos que contienen proteínas citotóxicas similares a las de los linfocitos T CD8 activados, entre ellas perforina y granzima. Gracias a ello, poseen la capacidad de matar a células tumorales de ciertos tipos y a células infectadas por virus sin necesidad de inmunización previa. Esta propiedad les confirió su nombre, porque los linfocitos T CD8 deben ser "entrenados" y activados para matar, mientras que las células NK poseen esta capacidad de manera "natural". La mayoría de las células NK del organismo se encuentran en el hígado, el cual es un órgano importante para las defensas, porque genera las proteínas del complemento, así como también las proteínas de fase aguda. La razón de la abundancia de estas células en el hígado no es conocida con certeza. Se cree que estas células podrían participar, además de en funciones defensivas, en la homeostasis del órgano, pero esto no ha sido demostrado.

La ausencia o disminución de la cantidad de moléculas MHC-1 en la membrana revela que la célula no se encuentra en un estado normal. Esta anormalidad puede provenir de la infección por un virus que manipula el nivel de expresión de los genes MHC-1, pero también puede suceder que la célula se haya transformado en una célula tumoral. Las células tumorales han mutado algunos de sus genes y muestran por ello péptidos anormales en sus moléculas MHC-1. Esto permite su eliminación por las células T CD8 y genera una presión de selección también en las células tumorales. Aquellas que expresen menores niveles de moléculas MHC-1 podrán tal vez escapar a la muerte inducida por las células T CD8 y serán las que acaben por prevalecer en el tumor, que crecerá sin control. Por consiguiente, vemos ahora que en aquellos casos en que algunas células del organismo han dejado de jugar en equipo con las demás, lo cual se produce cuando las células han sido infectadas por un parásito y "seducidas" a obedecerle en pos de sus intereses reproductivos, o se han transformado en tumorales y pretenden reproducirse sin freno sin obedecer las órdenes del resto del organismo que le indican que no deben reproducirse, las células encuentran ventajoso disminuir la expresión de las moléculas MHC-1, porque así evitan ser eliminadas por los linfocitos T CD8.

Es en este caso cuando las células NK intervienen. Las células NK se encuentran patrullando por los diversos órganos y tejidos en busca de células que intentan esconderse de la actividad de las células T CD8 citotóxicas evitando la expresión de moléculas MHC-1. Las células NK son del linaje linfoide, es decir, están relacionadas con los linfocitos, no tanto con los granulocitos, pero su funcionamiento está más relacionado con la inmunidad innata que con la adaptativa, porque carecen de receptores específicos para detectar antígenos y son funcionales sin necesidad de haber sido previamente estimulada por un antígeno. **Al contrario, las células NK poseen receptores específicos para moléculas propias, entre las que se encuentran las moléculas de MHC-1**. Cuando estos receptores detectan a las moléculas MHC-1 envían una señal bioquímica al interior de la célula que impide su actividad asesina. Sin embargo, si una célula NK en contacto con otra célula no recibe esa señal inhibidora entonces secreta gránulos citotóxicos que contienen granzima y perforina, como también hacen las células T CD8. Al igual que sucedía con estas últimas, la perforina forma poros en la membrana de la célula diana por los que penetra la granzima, la cual induce la apoptosis. De forma alternativa, la célula NK puede inducir la muerte de la célula diana simplemente por contacto, estimulando "**receptores de muerte**" en la superficie de esta. Estos receptores de muerte, al ser estimulados por una molécula específica, desencadenan un mecanismo bioquímico en el interior de la célula que induce su muerte por apoptosis. Las células NK expresan en su superficie la molécula **TRAIL**, la cual es un ligando para los receptores de muerte **DR4** y **DR5** (*death receptors* 4 y 5).

Además de su papel detector de la disminución o ausencia de moléculas MHC-1, las células NK participan también en la inmunidad adaptativa en conjunción con los anticuerpos. Anticuerpos de la clase IgG capaces de unirse en la superficie de nuestras propias células a antígenos virales o propios modificados, que indicarían una infección o una transformación tumoral, respectivamente, pueden ser detectados por un receptor Fc específico (el receptor llamado **FcγRIII**) expresado por las células NK. Cuando esto sucede, las células NK liberan también sus gránulos citotóxicos e inducen la muerte por apoptosis de las células diana. Este proceso se denomina **citotoxicidad mediada por anticuerpos** (ADCC por sus siglas en inglés: *Antibody-Dependent Cell-mediated Cytotoxicity*), y participa sobre todo en el control de las infecciones víricas. Este mecanismo necesita de la activación de la inmunidad adaptativa para potenciar la actividad protectora de células de la inmunidad innata, como son las células NK, por lo que conecta estos dos tipos de inmunidad.

La actividad de las células NK puede ser grandemente estimulada por moléculas y citocinas secretadas por células que han sido infectadas por virus. Entre estas moléculas se encuentran los interferones α y β (IFN-α e IFN-β) **(sección 7.5)** o la IL-12, una citocina secretada tras la detección de patógenos por las células dendríticas y los macrófagos. Las células NK activadas por estas moléculas pueden mostrar una actividad de 20 a 100 veces superior a la mostrada por células NK no activadas por estas sustancias. Esta actividad incrementada, en particular frente a células infectadas por virus, da tiempo a la inmunidad adaptativa para generar células T CD8 citotóxicas, las cuales serán aún más eficaces en la eliminación de células infectadas por virus, y también conceden tiempo para la generación de anticuerpos neutralizantes de los virus, que, como hemos mencionado, son fundamentales para controlar la infección junto con la acción de las células T CD8 citotóxicas. Al mismo tiempo que la actividad de las células NK aumenta por la acción de los interferones α y β y de la IL-12, estas células secretan elevadas cantidades de Interferón-γ (IFN-γ), una importante citocina que activa a los macrófagos y a las células dendríticas. Además de aumentar la actividad citotóxica de los macrófagos, el IFN-γ estimula a las células dendríticas a presentar antígenos y a estimular así a su vez a las células T CD4 vírgenes a diferenciarse hacia el fenotipo $T_H1$, que también produce IFN-γ. Como vemos, una vez desencadenada la activación de las células NK, estas aceleran la puesta en marcha de la inmunidad adaptativa y estimulan la activación de células de la inmunidad innata tan importantes como las células dendríticas y los macrófagos.

El estudio de las células NK ha permitido descubrir interesantes hechos sobre ellas, en particular la manera en que estas "deciden" si han encontrado una célula sana o enferma, en cuyo caso deben eliminarla. Lo que los estudios han revelado es que la detección de células sanas o enfermas y la decisión de actuar sobre ellas es aún más complicada que la llevada a cabo por las células T, porque depende de un complicado equilibrio entre la acción de receptores activadores y la acción de receptores inhibidores expresados en la superficie de las células NK, que no solo involucra a las moléculas del MHC-1. Estos receptores reciben señales de las células con las que las células NK interaccionan. Si estas últimas presentan adecuadas moléculas en su superficie capaces de actuar sobre los receptores inhibidores, estos inhibirán la actividad citotóxica de la célula NK y esta no actuará matándolas. Estas moléculas suelen ser abundantemente expresadas por las células sanas y entre ellas se encuentran las moléculas MHC-1, aunque estas no son las únicas. Por el contrario, si una célula con la que la célula NK interacciona no es capaz de aplacar molecularmente la agresividad natural de esta, la célula NK la matará. Además, hay situaciones en las que las células del organismo pueden expresar mayores niveles de lo normal de moléculas activadoras de la citotoxicidad de las células NK. Esto sucede, por ejemplo, cuando la célula ha sido infectada o se encuentra bajo estrés metabólico, como en el caso de que se haya transformado en tumoral, o haya sufrido un daño en el ADN que no ha podido reparar y que le impide funcionar correctamente. Este cambio de identidad celular bajo estrés es otro importante fenómeno detectado por las células NK, que se une al fenómeno de la disminución de moléculas MHC-1 mencionado antes.

Por último, es interesante mencionar que, aunque sean parte de la inmunidad innata, las células NK sufren un proceso llamado **educación**

**de las células NK**. Los detalles moleculares de este fenómeno aún no se conocen, pero el resultado de esta educación es que diversas células NK están adaptadas a detectar diferentes niveles de expresión de las moléculas propias antes de actuar. En otras palabras, diferentes células NK son calibradas de modo particular para actuar solo cuando detectan niveles particulares de receptores activadores e inhibidores en sus células diana. La complejidad de nuestro sistema inmunitario y su sofisticación es fenomenal.

## 7.5.- LAS CÉLULAS DENDRÍTICAS PLASMACITOIDES Y LOS IFN DE TIPO I

La defensa frente a los virus es sin duda fundamental para la supervivencia de todos los organismos. Tal vez por esta razón, así como por la "astucia" desplegada por los virus para escaparse de la acción del sistema inmunitario, los animales contamos con numerosos mecanismos de acción frente a ellos. Además de las células T CD8 citotóxicas y de las células NK, existen aún mecanismos adicionales para frenar el avance de los virus. Uno de estos lo efectúan un tipo de células dendríticas que no hemos encontrado aún: **las células dendríticas plasmacitoides**. Estas células no se encuentran en los ganglios linfáticos, sino circulando en la sangre y diseminadas por los diversos tejidos, donde se encuentran a la espera de potenciales intentos de infecciones víricas. Cuando estas células detectan componentes de las partículas víricas, sobre todo mediante sus receptores Toll TLR-7 y TLR-9, que responden a la presencia de ácidos nucleicos extraños, como los que son propios de las partículas víricas que hayan podido ser captadas por estas células, producen y secretan al exterior elevadísimas cantidades de las moléculas llamadas **interferones de tipo I**. Estos son principalmente de dos tipos: los llamados interferón-α (IFN-α) e interferón-β (IFN-β). Existen trece tipos diferentes de IFN-α, producidos cada uno por un gen diferente. Son estos los interferones producidos principalmente por las células dendríticas plasmacitoides. Existen solo dos tipos de IFN-β, los cuales no son producidos por las células dendríticas plasmacitoides, sino principalmente por los fibroblastos de la piel y del tejido conectivo, unas células encargadas de conferir integridad a las barreras epiteliales y muy importantes en la cicatrización de las heridas, y que también participan en la defensa frente a los virus. Sin embargo, ambos tipos de interferones pueden ser también producidos, aunque en menor cantidad, por linfocitos T y B, por los macrófagos, por las células NK e incluso por las células endoteliales.

Mediante la secreción de interferones las células que han captado directamente a los componentes de los virus comunican a otras células la información de que existe un peligro de infección vírica. Una vez han sido detectados por receptores específicos presentes en la membrana externa de las células, los interferones estimulan en ellas numerosos efectos contra los virus. Los receptores específicos, tras ser activados, ponen en marcha una serie de mecanismos moleculares en el interior de las células, así como también pueden desencadenar la producción y secreción de otras sustancias que activan la inmunidad adaptativa.

Los efectos ejercidos por los interferones son de varios tipos y se complementan para poner en marcha una defensa global frente a las infecciones víricas. En primer lugar, ponen en marcha genes que dirigen la producción de enzimas para degradar a los componentes virales, en particular a los ácidos nucleicos. En segundo lugar, activan el funcionamiento de genes que van a disminuir o impedir la síntesis de proteínas en el interior de las células, y de este modo impiden la generación de las proteínas víricas, necesarias para la producción de nuevas partículas virales. En tercer lugar, los interferones estimulan la actividad del proteasoma y la producción de moléculas de MHC-1, facilitando de este modo la presentación de péptidos derivados de las proteínas víricas, que pueden ayudar a que la célula infectada sea detectada por las células T citotóxicas. Por último, los interferones α pueden estimular la generación de fiebre al unirse a receptores de opiáceos presentes en las neuronas del hipotálamo y, además, estimular la producción de prostaglandina E2, con lo que aceleran así la respuesta inmunitaria adaptativa.

## 8.- LA COVID-19 Y TU SISTEMA INMUNITARIO

A finales de 2019, se cree que, en una fecha cercana al 17 de noviembre, aunque el virus podía ya estar circulando desde unos pocos meses antes, aparecieron en la ciudad china de Wuhan, capital de la provincia de Hubei, los primeros casos de una enfermedad respiratoria similar a la aparecida en 2002, también en China, pero en este caso en la provincia de Guangdong, a cerca de 1.000 kilómetros de distancia de Wuhan. Esta última enfermedad se denominó SARS, por sus siglas en inglés (*Severe Acute Respiratory Syndrome*), y causó 8.422 casos registrados en el mundo, con un total de 774 víctimas mortales. El brote de SARS apareció el 27 de noviembre de 2002 y la epidemia fue oficialmente declarada terminada por la Organización Mundial de la Salud el 5 de julio de 2003.

El virus causante de la epidemia de SARS (hoy denominado SARS-CoV-1) fue identificado como perteneciente a la familia de los coronavirus, llamados así por su característica "corona" de proteínas que aparece visible al microscopio electrónico y que es ligeramente reminiscente de la corona solar que puede verse en los eclipses totales de sol. El genoma de este virus, que como los de otros coronavirus, es muy grande, de cerca de 30.000 nucleótidos, fue secuenciado en abril de 2003. Poco después, se confirmó que era el causante de la enfermedad mediante la realización de experimentos con monos macacos, que al ser infectados por el virus desarrollaban una enfermedad similar a la humana. El genoma del virus indicó que su probable origen era algún animal que se encontraba en contacto frecuente con los seres humanos.

Un mes más tarde, unos investigadores descubrieron que el virus se encontraba en una especie de civetas, más concretamente en la llamada civeta de las palmeras, aunque no parecía causar enfermedad en esos animales. Esto condujo a eliminar más de 10.000 ejemplares de este animal en un intento de controlar posibles contagios adicionales a seres humanos. Sin embargo, poco después se comprobó que el virus SARS-CoV-1 infectaba también a otros animales, como a una especie de zorro y a otra de comadreja asiática, y también a los gatos domésticos. En 2005, un estudio identificó a los murciélagos asiáticos como los animales que posiblemente actuaban como depósitos de los coronavirus en el reino animal. Estos animales están crónicamente infectados por numerosas especies de coronavirus, pero estas no parecen causar enfermedad en ellos. Estudios adicionales indicaron que el virus había sido capaz de pasar desde una especie de murciélago a la civeta de las palmeras y desde esta especie había infectado al ser humano.

En 2017, un grupo de investigación del Instituto de Virología de Wuhan fue capaz de identificar a la especie de murciélago desde la que el virus SARS-CoV-1 se originó. Estos murciélagos se encontraban en una gruta de la provincia de Yunnan, sorprendentemente situada a mas de 1.000 kilómetros de la provincia de Guangdong, donde brotó la epidemia. Esta especie estaba infectada con una cepa de coronavirus lo suficientemente similar a la cepa de virus SARS-CoV-1 como para poder concluir que era la originaria de este. Debido a su inquietante descubrimiento, los investigadores avisaron de que una epidemia similar a la causada por SARS-CoV-1 podría surgir en cualquier momento si no se tomaban medidas para limitar el contacto entre los seres humanos y los animales que están en contacto cercano con los murciélagos.

Estos estudios dejaron claro que el virus SARS-CoV-1 había surgido en un proceso de mutación que algún coronavirus de murciélago había sufrido y que le había permitido atravesar la barrera de las especies y causar una zoonosis, es decir, una enfermedad infecciosa originada por un microorganismo propio de una especie animal que normalmente no infecta a los humanos. A lo largo de la historia reciente, ha habido varias epidemias o pandemias causadas por zoonosis. Quizá la más conocida sea la epidemia de SIDA, causada por el virus VIH **(sección 7.1)**, pero ha habido otras más recientes, como la epidemia de gripe porcina surgida en 2009. Las epidemias generadas por el salto de la barrera de las especies por algún microorganismo no se limitan a las sufridas por el ser humano, y otras especies pueden sufrirlas igualmente. Pero ¿qué es la barrera de las especies? ¿Qué supone que un microorganismo sea capaz de saltarla? Para entenderla mejor, vamos a tener que desviarnos ligeramente del sistema inmunitario y adentrarnos brevemente por el también fascinante mundo de la genética y la biología celular.

## 8.1.- Saltando la barrera de las especies

La barrera de las especies es, en realidad, una barrera genética y molecular generada por la diferencia genética y molecular que existe entre las diferentes especies y que en general limita a sus capacidades de reproducción a solo los individuos de una especie dada. En otras palabras, en términos generales, los individuos de una especie solo pueden reproducirse con individuos de la misma especie, y no con individuos de otras especies, ni siquiera muy relacionadas. Hay excepciones a esta regla, como lo revela el hecho de que la especie humana posee en su genoma un cierto porcentaje de ADN del Neanderthal, lo que indica que los híbridos entre individuos de ambas especies eran viables y podrían incluso reproducirse con sujetos de cualquiera de ambas especies.

¿Por qué sucede esto? En primer lugar, en cada evento reproductivo se producen mutaciones, cambios en los genes del nuevo miembro de la especie con respecto a sus antecesores. Estos cambios no son lo suficientemente importantes como para que las piezas de la maquinaria celular generadas a partir de esas instrucciones genéticas dejen de encajar adecuadamente con las piezas generadas a partir de instrucciones genéticas procedentes de otro individuo de sexo opuesto de la misma generación. En otras palabras, los cambios genéticos ocurridos en solo una generación no son lo suficientemente importantes como par impedir la reproducción entre los miembros de la misma generación de esa especie. Sin embargo, si dos poblaciones de individuos de la misma especie se reproducen de manera aislada por un número suficientemente elevado de generaciones, ambas poblaciones irán derivando genéticamente una de la otra, generación tras generación. Las piezas celulares generadas a partir de las instrucciones almacenadas en el genoma de ambas poblaciones se irán haciendo, generación tras generación, paulatinamente diferentes. Si esta situación se mantiene por un tiempo suficientemente largo, al menos una o varias de las piezas de la maquinaria celular generadas a partir de las instrucciones del genoma de una población dejarán de encajar de manera adecuada con las piezas de la maquinaria celular generadas por las instrucciones genéticas de la otra población. Incluso es posible que se hayan perdido o ganado genes y piezas celulares en una u otra población durante el aislamiento. Esta incompatibilidad causada por la acumulación de mutaciones y cambios genómicos a lo largo del tiempo impedirá el funcionamiento de las células derivadas de la fusión de dos gametos provenientes de individuos de sexo opuesto de cada una de las poblaciones. En ese momento, podremos decir que se han generado dos especies diferentes, aisladas genéticamente la una de la otra debido a la incompatibilidad de sus genomas para generar, juntas, un nuevo organismo viable o, al menos, un nuevo organismo capaz a su vez de reproducirse.

Ciertamente puede haber otras incompatibilidades generadas por cambios genéticos que, no obstante, no impiden el funcionamiento de las células híbridas, aunque sí impiden la reproducción cruzada. Por ejemplo, no es fácil imaginar cómo un chihuahua y un gran danés podrían reproducirse de manera cruzada. La diferencia de talla entre las dos razas de perros hace su reproducción cruzada por medios naturales prácticamente imposible. Sin embargo, ambas razas podrían reproducirse por medios artificiales, aunque, probablemente, la hembra debería ser siempre la de la raza de mayor tamaño, porque la hembra de la raza de menor talla no podría mantener el embarazo. No obstante, esta situación ha sido creada por la rápida selección artificial llevada a cabo con las diferentes razas de perros, y no es en absoluto habitual en la Naturaleza.

Excepciones al margen, podemos ver ahora un poco más claramente lo que supone la barrera de las especies. Es una incompatibilidad entre los genes y las proteínas generadas por las células de unas y otras especies que impide su reproducción cruzada. Pues bien, esta incompatibilidad molecular ejerce también un efecto fundamental en los virus que, en general, son capaces de infectar a una o unas pocas especies genéticamente relacionadas entre sí, pero no son capaces de infectar a especies genéticamente más lejanas. Al igual que sucede con las piezas moleculares de las células de dos especies diferentes, las piezas moleculares que forman parte de los virus se han tenido que adaptar para poder ser compatibles con las piezas moleculares de una o unas pocas especies relacionadas. Esta adaptación hace generalmente imposible que un virus que infecta a una o unas pocas especies cercanas infecte a otras especies genéticamente alejadas de ellas.

No obstante, es un hecho que los virus cuyo genoma no está formado por ADN, sino por ARN, grupo de virus al que pertenecen los virus del SIDA, de la gripe y los coronavirus, pueden mutar con cierta frecuencia. Esta frecuente mutación consigue que, a medida que un virus infecta a una o unas pocas células de un animal o ser humano y este va generando más y mas partículas virales, al final el individuo infectado lo está no con un solo virus sino con una población de virus, una "nube" formada por hasta miles de variantes de virus mutantes que difieren más o menos del original. A esta población de virus mutantes, derivada de uno original, se le ha denominado una **cuasi especie**. Para entender mejor este concepto, podemos asimilar el genoma de un virus a una frase, que también está formada por una sucesión de letras y espacios. Supongamos la frase: "No llamaré idiota a mi padre nunca más". Supongamos también que, como sucedía antaño, castigamos a un niño que ha llamado idiota a su padre a escribir la frase cien veces en un folio. Siendo rebelde como es, el niño decide cometer un error a cada copia de la frase. Así, comienza escribiendo: "no llamaré idiota a mi madre nunca más". Y luego escribe: "no llamará idiota a mi padre nunca más". Y aún luego: "no llamaré idioti a mi padre nunca más". Y continúa así generando frases con errores, hasta completar las cien. Al final de su tarea, el niño habrá generado cien frases ligeramente diferentes que constituirán una cuasi especie de la frase original: "no llamaré idiota a mi padre nunca más".

Las diferentes variantes de los virus que forman una cuasi especie se sitúan cada una en un punto u otro del llamado **paisaje adaptativo**. Este paisaje es similar al paisaje natural que podemos visualizar si imaginamos una cadena de montañas. Existen picos y valles en esa cadena montañosa. Los picos más altos del paisaje adaptativo estarían ocupados por mutantes muy eficientes en reproducirse en las células de la especie a la que el virus infecta. Los picos más bajos o los valles estarían ocupados por variantes de virus menos eficientes en reproducirse en esas células. Puesto que cada variante de virus, cuando se reproduce en el interior de una célula, genera una pequeña población de virus mutantes, no clones idénticos del virus original, cuando los virus se han reproducido en cientos o miles de células, la población de las variantes de virus que forman la cuasi especie en el individuo infectado se encuentra prácticamente en equilibrio, es decir, generación tras generación de virus, la población de estos va a tener una distribución similar de las variantes víricas generadas, aunque en ocasiones puede haber desviaciones de este punto de equilibrio. En todo caso, en esta población dominarán las variantes más eficaces para reproducirse en las células de la especie a la que el virus infecta, pero habrá también mutantes que, aunque no sean los más eficaces para infectar a las células de esa especie, tal vez podrán infectar con mayor eficacia a las células de otras especies, si entran en contacto con ellas.

Podemos imaginar que las distintas especies animales que conviven más o menos cerca unas de otras se sitúan a lo largo de una línea a distintas distancias, distancias que representan su susceptibilidad a ser infectadas por un virus que infecta de manera óptima a una especie concreta. Esta línea sitúa a una especie a la distancia evolutiva (filogenética) que tiene con las otras con las que puede encontrarse. Por ejemplo, si la línea tuviera una distancia en unidades del 1 al 100, y colocamos a la especie humana arbitrariamente en el número 90, los chimpancés podrían situarse en el número 89, los orangutanes en el 85, los murciélagos en el 72, los ratones en el 70, y los champiñones en el 10, por poner un ejemplo. Aunque las distancias escogidas intentan reflejar una distancia genética aproximada entre las diferentes especies mencionadas y la especie humana, no son distancias exactas que reflejen fielmente la relación genética entre ellas. En todo caso, lo que la línea intenta reflejar es que resulta mucho más probable que un virus que infecta a los chimpancés pueda "saltar" para infectar a un ser humano o a un orangután, que a un ratón. Obviamente en los dos primeros casos la distancia del "salto" es mucho menor que en el último.

Sobre la línea anterior podemos colocar la distribución de variantes de una cuasi especie de virus de acuerdo con su capacidad infectiva a una especie dada. Cada una de las variantes de virus de una cuasi especie capaz de infectar a una especie concreta estará en una determinada frecuencia en la población de virus. Esta frecuencia dependerá de su eficacia infectiva a las células de esa especie. Por tanto, las variantes mejor adaptadas a infectar a las células de esa especie serán más frecuentes y coincidirán sobre la línea anterior con el número otorgado a la especie a la que el virus infecta. Las variantes menos infecciosas se situarán algo a la derecha o algo a la izquierda de ese número, siguiendo una distribución similar a la de la conocida campana de Gauss. Esto quiere decir que en la distribución de variantes de virus que infectan a una especie dada, algunas tendrán mayor facilidad para poder infectar a una especie cercana a ella que otras; sin embargo, la cantidad de virus de esas variantes en la población de virus que infecta a los individuos de la especie canónica será pequeña, y será tanto más pequeña cuanto peor sean las variantes capaces de infectar a su especie anfitriona, es decir, más alejada se encuentre su capacidad infectiva del número óptimo correspondiente a su especie. La figura siguiente ilustra esta idea.

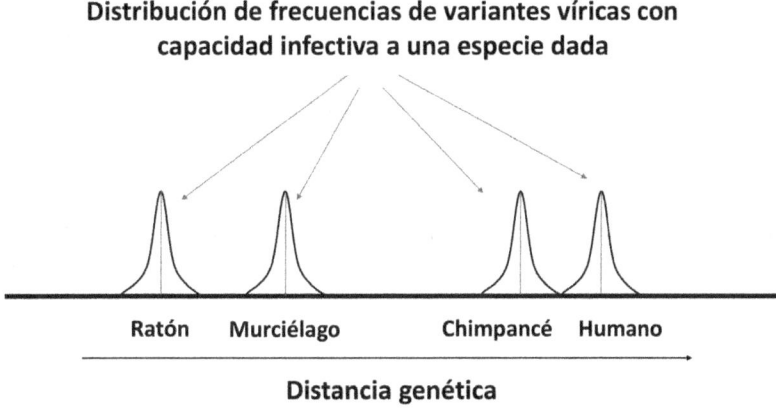

**Distribución de frecuencias de variantes víricas con capacidad infectiva a una especie dada**

Ratón    Murciélago    Chimpancé   Humano

**Distancia genética**

Lo anterior implica que resulta muy improbable que un virus de una especie infecte a otra. Esto es así porque hace falta que muchos individuos de una especie estén infectados para que la población de virus que infecta a esa especie en ese momento disponga de un número suficiente de individuos infectados con variantes lo suficientemente diferentes de las más eficaces, y mayoritarias, como para poder infectar a un individuo de otra especie. Hace falta también que en el momento en que esas variantes se han generado y durante el breve tiempo en que van a ser viables, porque morirán pronto al no poder reproducirse con eficacia en su especie canónica, se produzca un encuentro infectivo (es decir, haya cercanía e incluso contacto) entre un individuo de una especie genéticamente próxima a la infectada y un individuo de la especie infectada que cuente con las variantes más capaces de infectar a esa especie.

Por supuesto, lo mencionado antes es solo una simplificación de la realidad con un objetivo educativo, para facilitar explicar la idea de lo que puede suceder. Lo que sucede es realidad es más complejo, y eso al menos por dos razones. La primera es que no todos los individuos de una especie se concentran genéticamente en una misma línea delgada, como se muestra en la figura. Los individuos de una especie también se distribuyen en una campana de Gauss de acuerdo con su susceptibilidad genética para ser infectados por una o u otra variante de la población vírica que se genera cuando un virus infecta a una especie. Esto aumenta la dispersión, es decir, la anchura de la curva de las variantes víricas capaces de infectar a una especie, y acerca algo más entre sí a las especies en su susceptibilidad de ser infectadas por un virus propio de otra especie. En otras palabras, hay chimpancés más susceptibles de ser infectados por un virus humano que otros, y hay humanos más susceptibles de ser infectados por un virus de chimpancé que otros, no todos son igualmente susceptibles como representa de manera simplificada la línea de la figura que divide a cada curva en dos partes simétricas. La segunda razón es que los virus no solo producen variantes con diferentes capacidades infectivas de una forma continua. Esto es lo que se llamaría la deriva antigénica. Sin embargo, los virus, en particular los virus de ARN, como los coronavirus y los virus de la gripe, pueden también sufrir el proceso de cambio antigénico (sección 7.2) mediante recombinación génica entre dos variantes de virus que infectan a una misma célula. Esta recombinación puede generar, aún con muy baja probabilidad, variantes muy alejadas del óptimo de infectividad de la especie a la que infecta, que sin embargo pueden ser capaces de infectar a otras especies cercanas con efectividad.

El salto directo entre especies alejadas genéticamente es tan improbable que normalmente no se produce. Para que un virus procedente de una especie alejada de la especie humana, como por ejemplo una especie cualquiera de murciélago, pueda pasar a infectar a la especie humana normalmente requiere primero saltar a una especie genéticamente más cercana a nosotros. Esto es lo que se cree sucedió con el coronavirus que causó el brote epidémico de SARS en 2002, que desde los murciélagos saltó a las civetas y otros animales genéticamente más próximos a los humanos. En el momento en que escribo esto (agosto de 2021) se sigue desconociendo desde qué especie pudo contagiarnos el virus SARS-CoV-2. No obstante, los estudios indican que el coronavirus de murciélago RaTG13, que infecta a la especie *Rhinolophus affinis,* posee un genoma que es un 96,2% idéntico al de SARS-CoV-2, aunque la proteína que este emplea para unirse al receptor que le permite infectar a las células es bastante diferente de la del virus de murciélago, lo que en principio hace incapaz a este de infectar a células humanas. Sin embargo, como hemos explicado arriba, es posible que algunos raros mutantes o recombinantes tengan mutaciones en esa proteína que le permita unirse al receptor y esto haya hecho posible el salto directo desde esa especie de murciélago a la especie humana. Dadas las diferencias entre los genomas de ambos virus, esto es también improbable. Habrá que esperar a estudios futuros para averiguar cuál es el origen preciso de este virus.

## 8.2.- COVID-19

La enfermedad COVID-19 (*coronavirus disease* 2019), bautizada de este modo por la Organización Mundial de la Salud, es la enfermedad causada por la infección con el virus SARS-Cov-2. Este virus, como el SARS-CoV-1, infecta a las células que poseen en su superficie una proteína particular a la que el virus puede unirse con fuerza y desencadenar así un proceso molecular que conduce a la fusión de la membrana del virus con la membrana del citoplasma celular y a la internalización del virus por la célula. Esta proteína particular es la llamada ACE2, o enzima convertidor de angiotensina 2. Esta proteína se encuentra expresase por células del pulmón, de las arterias, del intestino, del corazón y del riñón, por lo que potencialmente el virus SARS-CoV-2 podría infectar a cualquiera de esos tipos celulares y causar enfermedad. El enzima ACE2 es muy importante para regular la presión sanguínea, ya que convierte a la hormona angiotensina II, una hormona peptídica, en angiotensina 1-7. Mientras la angiotensina II es un vasoconstrictor, y por tanto aumenta la presión sanguínea, la angiotensina 1-7 es un vasodilatador y la disminuye. La correcta expresión y actividad de la ACE2 es, por tanto, fundamental para el control de la presión arterial. Sin embargo, el virus SARS-CoV-2 no tiene nada que ver con la presión sanguínea. Simplemente, este virus, así como otros coronavirus a lo largo de la evolución, ha podido desarrollar mecanismos infecciosos que utilizan una proteína necesaria para la vida de los animales. Estos no pueden ni eliminar ni mutar de manera significativa dicha proteína para impedir la infección por coronavirus sin causarse un serio perjuicio.

Los síntomas de la enfermedad COVID-19, así como las consecuencias de esta, son muy variables. Los síntomas más comunes incluyen fiebre, tos seca y dificultad respiratoria. Otros síntomas más infrecuentes incluyen irritación de garganta, diarrea, dolores musculares y/o abdominales y producción de esputo. El contagio de unas personas a otras se produce generalmente mediante la inhalación de pequeñas gotitas que contienen al virus y que se producen por las personas infectadas al toser, estornudar, hablar o cantar. Las gotas más pequeñas producidas pueden flotar en el aire y si este es estático, es decir, no hay corrientes de aire, las gotillas pueden quedar en suspensión por varias horas, como si de una niebla mortal e invisible se tratara, y podrían ser inhaladas por quienes entren o se encuentren en ese espacio cerrado y poco ventilado. Las gotitas más grandes caen más rápido y pueden depositarse sobre las superficies de los objetos. El virus puede perdurar sobre ellas hasta 72 horas. Al tocar la superficie contaminada con la mano y tocarnos a continuación la boca, la nariz o los ojos, el virus puede también infectar a las células epiteliales de la nariz (incluso a mediante el conducto lacrimal) o garganta. Obviamente, contactos más estrechos entre las personas, como besos o abrazos, pueden también generar contagios. Tras el contagio inicial, se inicia un periodo de incubación asintomático que puede durar de 2 a 14 días, aunque el periodo medio se sitúa en los 5 días.

No todas las personas contagiadas con el virus desarrollan síntomas. Muchas no lo hacen. Otras desarrollan síntomas leves, como un poco de fiebre; aun otras pueden desarrollar fiebre más elevada y dolores diversos. Finalmente, otras pueden desarrollar una severa neumonía. Entre las personas que desarrollan una enfermedad más severa se encuentran, sobre todo, personas de más edad. La mortalidad es por ello más elevada conforme más edad tienen las personas afectadas.

Todavía queda mucho por aprender de esta enfermedad para poder explicar todas las características que manifiesta y aún otras que no mencionamos. En lo que nos ocupa a nosotros, vamos a utilizar las propiedades de la enfermedad para intentar aprender algo más sobre cómo el sistema inmunitario puede protegernos o no, y en este último caso, puede incluso matarnos. Para ello, vamos a comenzar explicando la curiosa relación entre los murciélagos, de los que deriva el SARS-CoV-2 y otros coronavirus que han afectado a la especie humana, y el sistema inmunitario de estos entrañables animalillos.

## 8.3.- LA CURIOSA RELACIÓN ENTRE LOS MURCIÉLAGOS Y LOS CORONAVIRUS

Además de los coronavirus SARS-CoV-1 y SARS-CoV-2, recientemente ha habido brotes epidémicos de otros coronavirus que, por fortuna, no han causado tanto dolor como el último. En 2011 apareció un nuevo coronavirus en Oriente Medio, causante de un síndrome respiratorio similar al SARS, si bien no en todas las personas infectadas. El virus se denominó MERS-CoV (*Middle-East Respiratory Syndrome*) y, por lo que se sabe, apareció en la península arábiga. A diferencia del SARS-COV-1, este virus sigue aún en circulación, pero afortunadamente lo que permitió controlar la epidemia fue su baja tasa de infectividad, ya que cada persona infectada infectaba solo a una o ninguna por término medio.

En 2016, otro nuevo coronavirus, aparecido en la provincia china de Guandong, la misma en donde apareció también el SARS-CoV-1, causó una severa epidemia en cerdos de granja, que morían de diarreas severas. Este virus, llamado SADS (*Severe Acute Diarrhea Syndrome*), mató a 20.000 cerdos jóvenes, y alcanzó una tasa de mortalidad del 90% en esos animales. Afortunadamente, no afectó a los seres humanos en esta ocasión.

Así pues, el nuevo coronavirus SARS-CoV-2 no es sino uno de una serie de nuevos coronavirus que han aparecido en los últimos años. Ante esta constatación, podemos hacernos algunas preguntas: ¿por qué los nuevos virus han aparecido en los últimos años? ¿Por qué los nuevos virus aparecen en China o en Asia? Los datos obtenidos, principalmente por investigadores chinos, desde la aparición de la primera epidemia de

SARS hasta ahora, han revelado que la mayoría de las especies de coronavirus conocidas, de las que siete son capaces de infectar al ser humano, se encuentran en los murciélagos de China, animales a los que estos virus infectan de manera crónica sin causarles excesivo daño. Desde estos animales, los coronavirus pueden saltar a otras especies y afectar al ser humano y a animales domésticos. Por tanto, también podemos preguntarnos: ¿Qué tienen de especial los murciélagos para que puedan albergar a los coronavirus sin que por ello sean gravemente afectados?

Los murciélagos no son solo infectados por coronavirus, aunque se estima que este grupo de virus es probablemente el que los infecta de manera mayoritaria. Los murciélagos pueden ser también vehículos de otros virus de ARN, como los virus de la rabia, el virus Zika y el virus del Ébola. Al parecer, los murciélagos son una clase de animales a los que numerosos virus pueden infectar y sin causarles serias epidemias, ni enfermedad grave.

Esta propiedad convierte a los murciélagos en el depósito de virus, en particular de coronavirus, más importante de la Naturaleza. Esto es así porque los murciélagos son el segundo orden de mamíferos más numeroso del planeta, después de los roedores. Existen más de 1.300 especies de murciélagos, el 20% de todas las especies de mamíferos. La mayoría de ellas viven en China y el sur de Asia. Esta información por sí sola ya ayuda a explicar por qué los nuevos coronavirus que infectan al ser humano surgen en Asia y, en particular, en China. La gran diversidad de especies de coronavirus que infectan a los murciélagos aumenta además la probabilidad de recombinación entre dos virus diferentes y la generación de un nuevo virus recombinante, mezcla de otros dos, que puede resultar infeccioso y para el cual careceríamos de defensa inmunitaria. No obstante, la mayoría de los virus generados por recombinación probablemente no serán eficaces para infectar a las células de murciélago y morirán pronto. Unos pocos, en cambio, pueden sobrevivir y podrían tarde o temprano saltar a otra especie, incluida la humana.

Como sabemos, los murciélagos son los únicos mamíferos voladores, lo que les permite recorrer mayores distancias que otros mamíferos y diseminarse por amplios territorios con mayor facilidad. Esto maximiza la probabilidad de que se produzcan encuentros infecciosos con numerosas otras especies, entre las que se encuentra, por supuesto, el ser humano, que ha reducido, además, buena parte del hábitat de estos animales debido a su imparable e insensata expansión por el planeta, causando deforestación intensa e importantes efectos en los ecosistemas. Sin duda, uno de los países en los que más rápidamente se ha producido la expansión de la especie humana en las últimas décadas, tanto en número de individuos como en intensidad de recursos consumidos y efectos sobre el entorno, ha sido China.

Pero ¿qué hace a los murciélagos tan susceptibles a albergar coronavirus y otras especies de virus? Para comprenderlo, deberemos sumergirnos brevemente por el sistema inmunitario de estos animales, en donde puede encontrarse la explicación.

Para comenzar, es necesario decir que con más de 1.300 especies de murciélagos no es esperable que todas posean sistemas inmunitarios idénticos, ni que los mecanismos utilizados por los sistemas inmunitarios de los murciélagos para poder convivir con los virus y controlarlos sin que les causen enfermedad sean los mismos. Sin embargo, los estudios llevados a cabo en varias especies de murciélagos han desvelado algunas sorprendentes adaptaciones del sistema inmunitario de estos animales frente a los virus.

En primer lugar, la secuenciación de los genomas de algunas especies de murciélagos indica que estos poseen un menor porcentaje de genes dedicados a las funciones inmunitarias. Mientras el ser humano o el ratón poseen un 7% de sus genes dedicados al funcionamiento del sistema inmunitario, las especies de murciélagos de las que se ha secuenciado sus genomas solo poseen entre un 3% y un 3,5% de sus genes dedicados a este sistema. No obstante, no está claro aún si los murciélagos no poseen genes adicionales aún no descubiertos que están dedicados al funcionamiento del sistema inmunitario.

Otros estudios han desvelado que las células NK de los murciélagos no poseen un conjunto de receptores similar a los de otros mamíferos. Recordemos, (sección 7.4) que las células NK son un tipo de células fundamental en la lucha contra infecciones víricas y que están dotadas de un conjunto de receptores activadores o inhibidores de su actividad citotóxica. No lo hemos mencionado antes, pero las células NK poseen dos conjuntos de genes inhibidores de su actividad citotóxica, capaces de detectar a las moléculas MHC-1, que indican que las células están sanas. El primer conjunto lo constituyen los genes llamados **KIR** (*killer cell immunoglobulin-like receptors*) y el segundo, los genes **KLR** (*killer cell lectin-like receptors*), también conocidos como receptores **Ly49**. Pues bien, ninguno de esos dos conjuntos de genes se encuentra en los genomas de algunas especies de murciélagos cuyo genoma se ha secuenciado, lo que indica que estos animales deben poseer un conjunto diferente de receptores para detectar a las moléculas MHC-1. Sin embargo, otros estudios indican que ciertas especies de murciélagos tienen expandidos en sus genomas genes de la familia KLR que generan un equilibrio en la actividad de las células NK más inclinado hacia la inhibición que hacia la activación, es decir, hacia una mayor tolerancia de las células que pueden estar infectadas por virus, a las que no inducen la apoptosis con facilidad. No obstante, la propagación de estos genes también puede permitir una mayor delicadeza en la detección de las células no infectadas en comparación con las infectadas y manipuladas por los virus para tratar de pasar desapercibidas por las células NK. Esto conduciría tal vez a una mayor eficacia de estas células para controlar las infecciones víricas. En todo caso, una respuesta inflamatoria fuerte sería evitada. Esta respuesta inflamatoria depende de la potencia de señalización de los receptores activadores, porque estimulan la producción de citocinas y quimiocinas. Pues bien, los receptores NK de muchos murciélagos poseen un modo de señalización que es menos potente que el de los receptores de las células NK de otros mamíferos y la inducción de citocinas y quimiocinas por estas células es menor, lo que disminuye la respuesta inflamatoria.

La potencial finura en la detección de células que expresan MHC-1, cuyos bajos niveles de expresión pueden indicar que las células están infectadas, se ve acompañada en los genomas de los murciélagos por una expansión de los genes del complejo MHC-1, algunos de los cuales se sitúan en lugares de los cromosomas diferentes de donde se encuentra el locus canónico que reúne a los genes del MHC-1 y MHC-2 en el resto de los mamíferos. El mayor número de genes MHC-1 puede resultar en un aumento de la cantidad de estas moléculas expresada en la superficie de las células, lo que, de nuevo, sitúa a las células NK en un modo inhibitorio.

Además de la expansión de genes del Complejo Mayor de Histocompatibilidad, las propias moléculas de MHC-1 son diferentes a las de otros mamíferos. En primer lugar, las moléculas MHC-1 de murciélago pueden acomodar en su surco de unión péptidos de una longitud mayor a la de otros mamíferos, lo que posiblemente también aumenta la diversidad de péptidos que estas moléculas son capaces de presentar. Los aminoácidos implicados en la unión de los péptidos en el surco de algunas de estas moléculas son también diferentes de los presentes en otros mamíferos, lo que puede reflejar un proceso evolutivo que ha seleccionado variantes del MHC-1 capaces de presentar con mayor eficiencia péptidos de los virus que con más frecuencia infectan a los murciélagos. En efecto, el estudio de la estructura de las moléculas de MHC-1 en una especie de murciélago (*Pteropus alecto*) ha revelado la presencia de tres aminoácidos adicionales que no se encuentran en otras especies de mamíferos. Estos tres aminoácidos están involucrados en la formación de un enlace iónico adicional entre la molécula de MHC-1 y los péptidos que presentan, lo que se cree que puede estar relacionado con una mayor eficacia para la presentación de péptidos derivados de los virus y con la activación de una respuesta más eficaz por parte de las células T.

Sin embargo, quizá la mayor adaptación del sistema inmunitario de los murciélagos se haya producido en los genes de los interferones de tipo I, cuyas acciones antivirales analizamos en la **sección 7.5**. Los murciélagos podrían tolerar las infecciones víricas en gran medida al minimizar los efectos proinflamatorios de los interferones de tipo I. Estos son secretados por diversas células, tras detectar algunos componentes víricos con sus receptores Toll u otros receptores de la inmunidad innata. Los ácidos nucleicos virales son uno de estos componentes. Por ejemplo, el ARN vírico de hebra simple que constituye el genoma de los virus de ARN puede ser detectado por el receptor TLR-7. TLR-9 detecta, en cambio ADN vírico o bacteriano. Sea como sea, estos receptores al ser estimulados por componentes víricos desencadenan una serie de eventos moleculares en el citoplasma que desembocan en el transporte al núcleo de factores de transcripción, los cuales ponen en marcha los genes para la producción de los interferones de tipo I. Estos son secretados al exterior y son detectados por células vecinas, las cuales tal vez no han detectado directamente ningún componente vírico, pero saben de este modo que sus vecinas sí lo han hecho. Una vez detectados los interferones mediante receptores específicos para ellos, estos receptores, a su vez, desencadenan una señal bioquímica en el interior de la célula que pone en marcha genes responsables de llevar a cabo los mecanismos de defensa antivírica delineados en la **sección 7.5**. Estos genes reciben el nombre genérico de **genes estimulados por interferón (GEI)**, e incluyen algunos que van a estimular una fuerte respuesta inflamatoria, así como la generación de fiebre.

Diferentes interferones particulares interaccionan con diferentes receptores e inducen un conjunto diferente de GEIs, dependiendo del conjunto de interferones presencialmente estimulado por la señal recibida por los receptores TLR u otros. Esto determina finalmente si los efectos sobre el organismo resultan más beneficiosos que perjudiciales. Esto es así porque una respuesta de interferón exacerbada puede conducir a una fuerte respuesta inflamatoria que causará daños colaterales importantes, mientras que una respuesta insuficiente puede dejarnos finalmente indefensos frente al avance de la infección vírica.

Los estudios realizados con diversas especies de murciélagos indican que la familia de genes de interferones ha sufrido una expansión en esos animales. Esta expansión parece permitir la generación de respuestas más "personalizadas" frente a la infección de virus concretos. Sin embargo, lo más importante es que mientras esta respuesta puede ser muy eficaz para evitar la progresión de la infección vírica, no desencadena una potente respuesta inflamatoria que podría causar un daño severo a los órganos más afectados por la infección, como podrían ser los pulmones en el caso de los coronavirus.

Esta mayor diversidad de la respuesta de los interferones de tipo I en los murciélagos se cree que puede tener que ver con su historia evolutiva. El hecho de que los murciélagos sean los únicos animales capaces de volar no les sale gratis. Durante el vuelo, las necesidades energéticas y metabólicas son tan elevadas que la temperatura corporal de estos animales puede alcanzar los 41°C. La elevada tasa metabólica necesaria para generar la energía para sostener el vuelo y la elevada temperatura generan radicales de oxígeno en sus mitocondrias que dañan al ADN mitocondrial y a estos orgánulos, con la consecuencia de que el ADN de la mitocondria puede pasar al citosol. La presencia de ADN en el citosol es también indicativa de un daño posible al ADN del núcleo y puede ser confundida con un intento de infección vírica. Por estas dos razones, los murciélagos, en primer lugar, poseen una maquinaria muy eficiente de reparación del ADN. En segundo lugar, y mas importante para el tema que estamos abordando, las células de murciélago han disminuido su capacidad de desarrollar una respuesta de interferón frente a la presencia de ADN en el citoplasma, ya que este ADN puede ser ADN del propio organismo y reaccionar contra él de manera fuerte generaría un ataque autoinmunitario que sería muy perjudicial.

Una manera en la que muchas especies de murciélagos han conseguido a lo largo de la evolución evitar desencadenar una respuesta de interferón intensa frente a la presencia de ADN citosólico ha sido la pérdida de genes encargados de la producción de proteínas específicamente implicadas en la detección de ADN en el citosol y que unen su activación a la de los receptores TLR para desencadenar una respuesta de interferón. Estas proteínas pertenecen a una familia de proteínas llamada PYHIN. Los genes para la producción de estas proteínas han sido eliminados del genoma de las especies de murciélagos que han sido estudiadas hasta ahora. Otra manera en la que las células de murciélago evitan desencadenar una fuerte respuesta a la presencia de ADN citosólico es una mutación en otra proteína citosólica implicada en la detección de ADN: la proteína STING (*stimulator of interferon genes*). Esta proteína funciona como un sensor directo de ADN citosólico y como un adaptador de la señal de los interferones de tipo I por diversos mecanismos moleculares. La mutación que posee el gen *STING* en los murciélagos disminuye su capacidad de acción y permite una respuesta de interferón más disminuida frente, en este caso, a virus de ADN. La intensidad de la respuesta de interferón, sin embargo, parece ser suficiente para controlar a los virus.

Aunque estas adaptaciones sean destinadas a tolerar ADN en el citoplasma, puesto que los genes y mecanismos que detectan este son en parte comunes a los que detectan ARN vírico, el resultado es que la respuesta global de interferón ha sido atemperada en las células de murciélago con respeto a las de otros mamíferos. En conclusión, todas estas adaptaciones consiguen que los murciélagos sean capaces de tolerar una alta carga de virus infecciosos en sus cuerpos sin legar a generar por ello una reacción inflamatoria fuerte que sería la que podría causarles la muerte. En otras palabras, los murciélagos, debido a su fisiología y a las exigencias metabólicas del vuelo se han visto obligados a desarrollar un sistema inmunitario más tolerante con el daño generado en las propias células por las necesidades energéticas para mantener el vuelo. Esto ha conducido, probablemente al hecho de que sean también más tolerantes a las infecciones por diversas especies de virus. La respuesta antiviral innata es capaz, sin embargo, de frenar el progreso del virus mediante mecanismos que no generan una fuerte respuesta inflamatoria, pero que dan tiempo, no obstante, a poner en marcha los mecanismos de la inmunidad adaptativa, que eventualmente podrán erradicar al virus, aunque esta erradicación dure más tiempo del que llevaría hacerlo con métodos más expeditivos, pero que serían más dañinos.

## 8.4.- ¿POR QUÉ ALGUNOS SÍ Y OTROS NO?

Armados con los conocimientos sobre el sistema inmunitario y el virus SARS-CoV-2 que hemos aprendido hasta ahora, podemos comenzar a analizar las posibles causas por las que unas personas infectadas por el coronavirus SARS-CoV-2 son gravemente afectadas y muchas mueren, mientras que otras pueden pasar la enfermedad sin llegar a desarrollar síntomas apreciables. La respuesta a esta pregunta depende de varios factores. Vamos a mencionar algunos de los más probables aquí, pero es casi seguro que existen otros aún desconocidos.

Un primer factor que puede influir en la diferencia de la gravedad de la enfermedad COVID-19 puede provenir de diferencias entre las personas en la proteína ACE2, que es la que el virus utiliza para infectar a las células. De existir estas diferencias podrían afectar a la afinidad con la que el virus se une a ACE2 en la superficie de las células. El virus SARS-CoV-2 utiliza una proteína de su "corona" la llamada proteína S (del inglés, *Spike*) para unirse a la proteína ACE2 en las células e infectarlas. La proteína S está formada por dos subunidades, S1 y S2, que ejercen diferentes funciones. S1 se une a la proteína ACE2 y S2 es necesaria para la fusión de la membrana del virus con la membrana celular y la entrada del virus al interior de la célula. ACE2 es también la proteína utilizada por el virus SARS-CoV-1. Hasta la fecha, no ha habido estudios que hayan indicado la presencia de polimorfismos en el gen humano de ACE2 que pudieran afectar a la eficiencia infecciosa del virus. Posiblemente, de existir, estos polimorfismos no ejercerían un efecto determinante para explicar las diferencias en la evolución de la enfermedad observadas en las diferentes personas.

Sin embargo, como sabemos, no solo la afinidad de la unión entre dos proteínas es importante para permitir que estas interaccionen por un tiempo suficiente como para ejercer su función. La avidez es también muy importante, a veces incluso más que la afinidad. La avidez, como sabemos, depende del número de puntos de unión, en este caso del número de puntos de unión que una partícula de virus pueda establecer con la superficie de una célula. Por esta razón, el nivel de expresión de la proteína ACE2, es decir, el número de estas moléculas que pueden situarse en la superficie de las diferentes células que expresan esta proteína, también podría ser un factor determinante que afectara a la entrada del virus a las células. Este nivel de expresión no es seguramente el mismo en diferentes personas y, muy probablemente, esté distribuido en la población de acuerdo con una curva normal, es decir, una curva en forma de campana de Gauss. Si la cantidad de proteína ACE2 en la superficie de las células necesitara ser elevada para que el virus pudiera causar una infección intensa y eficaz, por ejemplo, que solo poseyera una cantidad suficiente de ACE2 el 20% de la población humana, esto podría ayudar a explicar por qué un porcentaje similar de personas desarrollan una enfermedad más grave, que podría estar relacionada con el mayor porcentaje de eficiencia de infección de las partículas víricas en esas personas, lo que favorecería el curso de la infección. En efecto, las personas con menores niveles de ACE2 serían infectadas de manera menos eficaz por las partículas de virus, lo que daría más tiempo al sistema inmunitario para controlar la infección.

Además de la proteína ACE2, el coronavirus SARS-CoV-2 necesita de la actividad de otra proteína en la membrana de las células. Esta proteína se denomina TMPRSS2 y es una enzima que corta las cadenas de proteína, es decir, es una proteasa, como lo son, recordemos, muchas proteínas de la cascada del complemento. La actividad de TMPRSS2 es necesaria para cortar a la proteína S2 del virus una vez que S1 se ha unido a ACE2 y generar así un fragmento de esa proteína, llamado un péptido de fusión. Este es un péptido capaz e insertarse en la membrana de la célula y de facilitar la fusión entre la membrana del virus y la membrana de la célula. Por consiguiente, los niveles de expresión de esta proteína podrían también influir en la entrada de las partículas víricas en las diferentes células. Al igual que en el caso anterior, los niveles de expresión de esta proteasa se distribuirán, muy probablemente de acuerdo con una curva de Gauss y habrá personas que poseerán un mayor número por célula de moléculas TMPRSS2 que otras y podrán así ser más susceptibles a una infección inicial y al progreso de la infección una vez iniciada esta.

Los niveles de expresión de ACE2 y TMPRSS2 podrían por consiguiente influir en un factor que es fundamental para controlar todas las infecciones, como ya hemos hablado al principio: el tiempo. Si la mayoría de las partículas de virus producidas por una célula y liberadas al exterior pueden unirse a otras células vecinas e infectarlas, la infección progresará en ese organismo con mucha rapidez. No obstante, si una menor fracción de partículas víricas una vez liberadas desde una célula infectada puede unirse a las células vecinas, debido a que en el organismo en el que el virus se encuentra los niveles de ACE2 o de TMPRSS2 no son muy elevados, entonces la infección vírica progresará más lentamente. Esta progresión mas lenta puede dar tiempo suficiente para el desarrollo de una respuesta inmunitaria adaptativa que controle y acabe por eliminar la infección. Desgraciadamente, una infección rápida que no puede ser controlada habrá causado ya un serio daño a las células de la superficie de los bronquios y alveolos pulmonares antes de que la respuesta inmune adaptativa haya tenido tiempo de activarse, lo que podrá desencadenar una infección por las bacterias inhaladas con el aire y que se encuentran también tapizando la superficie pulmonar mantenidas a raya por la integridad de la barreta epitelial del pulmón. Si el daño a esta barrera causado por el virus es demasiado grande y se produce a mayor velocidad de lo que pueda ser reparado, las bacterias podrán penetrar esa barrera y generar una respuesta inflamatoria intensa. Esta respuesta intensa puede originar lo que se denominan **tormentas de**

**citocinas**, más académicamente llamadas **síndrome de liberación de citocinas**. Este síndrome se desencadena cuando elevados números de monocitos, células dendríticas, macrófagos, linfocitos B y T y células NK se activan simultáneamente y liberan una alta cantidad de citocinas inflamatorias, las cuales, a su vez, activan aún a más células inmunes que van a producir aún más citocinas y mayor inflamación. Las células del endotelio de los vasos sanguíneos también son actores importantes en la producción de citocinas que conducen a la tormenta de citocinas. La producción de citocinas se ve también acompañada por una elevada producción de quimiocinas que atraen a los linfocitos a los sitios de inflamación. Se ha comprobado que en el caso de otras infecciones víricas que afectan al pulmón, como la gripe, son las células del endotelio de los vasos sanguíneos pulmonares las principales responsables de la producción de las citocinas que causan la tormenta que afecta a ese órgano. La infiltración de linfocitos y su actividad sobre los vasos sanguíneos del pulmón dificulta la función vital de este órgano, que no es otra que el intercambio de gases con el entorno. Si la función del pulmón se ve severamente disminuida, se produce la muerte por asfixia. En algunos casos puede incluso generarse una sepsis que también conduce a la muerte. Evidentemente, en esta situación, evitar o detener la tormenta de citocinas es vital, y para ello debemos intervenir de alguna forma para limitar la actividad del sistema inmunitario. Afortunadamente, no todas las tormentas de citocinas son de la misma gravedad y al igual que los huracanes, se clasifican en una escala del 1 al 5. La administración de fármacos antihistamínicos y antiinflamatorios y de ciertos anticuerpos monoclonales contra ciertas citocinas, como la IL-6, es útil, aunque no siempre el tratamiento farmacológico con estas sustancias es capaz de detener las tormentas más graves.

La eficacia con la que el virus puede expandir su población e infectar a las células pulmonares u otras no es el único factor que puede acortar o alargar el tiempo para controlar una infección por parte del sistema inmunitario adaptativo. Lo que conocemos sobre el sistema inmunitario de los murciélagos en relación con los coronavirus nos indica que, al menos, puede haber otros dos factores importantes.

El primer factor es la intensidad de la respuesta del interferón de tipo I. Esta respuesta, de nuevo, depende de la eficiencia del conjunto de genes que cada persona tenga y se distribuirá en la población de acuerdo con una curva de Gauss. Si la respuesta de interferón de tipo I es adecuada, la reproducción del virus en las células del epitelio bronquial a las que infecta será frenada y el virus no podrá causar un daño elevado a ese epitelio. Esto dará tiempo a que el sistema inmunitario adaptativo se ponga en marcha antes de que el daño sea elevado y la infección será eliminada antes de que cause una enfermedad grave. Hay que tener en cuenta que esta respuesta adaptativa no solo supone la generación de anticuerpos neutralizantes contra el virus, que impedirán su fijación a las células, sino que implica también la generación de linfocitos T CD8 citotóxicos que podrán matar a las células infectadas. Si estos son escasos porque la respuesta del interferón ha controlado bien la infección y estas células no son muy requeridas, estos linfocitos no causarán un daño colateral excesivo.

Si, por el contrario, la respuesta del interferón no es adecuada, es posible que el virus se reproduzca a mayor velocidad y dañe con más gravedad al epitelio pulmonar. Cuando la respuesta adaptativa se genere, esta no va a poder detener la infección. Peor aún, los linfocitos T CD8 van a matar a las probablemente numerosas células infectadas por el coronavirus y van a causar un daño importante al epitelio de los bronquios. En esas circunstancias, las bacterias que se inhalan con el aire y las que tapizan ese epitelio bronquial podrán penetrar a través de este y desencadenar una respuesta inflamatoria fuerte por parte de los numerosos macrófagos que se encuentran al otro lado de este. Estos pueden desencadenar la mencionada tormenta de citocinas, y van a reclutar así a numerosos monocitos, macrófagos, neutrófilos y células T CD8 al tejido dañado por el virus, exacerbando de manera muy intensa el daño al pulmón y comprometiendo de manera importante e incluso crítica la función de este órgano. Además, los macrófagos van también a secretar enzimas proteolíticos como las metaloproteasas (**sección 2.5**), que van a dañar al tejido circundante.

Lo anterior nos proporciona una lección yo creo que valiosa para comprender los límites del sistema inmunitario y por qué si estos se sobrepasan el sistema inmunitario puede resultar mortal en su actividad defensiva. Es claro que la respuesta adaptativa contra el virus que supone la generación de células T CD8 citotóxicas es eficaz cuando la mayoría de las células de un tejido u órgano no están infectadas y gracias a la respuesta innata han podido defenderse bien del ataque del virus, aunque no lo hayan erradicado. Si la respuesta inmune innata no es adecuada para detener el virus, este se extiende ampliamente sobre un órgano vital y se desencadena una respuesta citotóxica adaptativa generalizada que puede causar más daño que bien.

El segundo factor que podría afectar a la eficacia de la respuesta inmunitaria y a la capacidad de detener la progresión de virus es el tipo de genes MHC-1 y MHC-2 que cada persona posea en su genoma. Ya vimos antes (**sección 5.2.2.6**) que estos genes se caracterizan por ser poligénicos y polimórficos. La poligenia implicaba la presencia de múltiples genes para el MHC-1 y MHC-2 en el genoma de cada persona. El polimorfismo significaba que existían numerosas formas de estos genes en la población humana. La combinación de la poligenia y el polimorfismo genera la situación de que cada persona posee prácticamente un conjunto de genes MHC-1 y MHC-2 único, difícilmente presente en otras personas. Cada persona dispondrá, por tanto, de un conjunto de genes MHC-1 y MHC-2 que tendrán una eficacia mayor o menor respecto a su capacidad de presentar péptidos derivados de las proteínas del coronavirus SARS-CoV-2. Según sea esta eficacia, es posible que la respuesta inmunitaria adaptativa, tanto la humoral para la generación de anticuerpos de la clase correcta, como la repuesta celular, con la generación de células T CD8, puedan ser más o menos eficientes y afectar así al desarrollo de la enfermedad.

Los factores anteriores pueden ayudar a explicar por qué personas de la misma edad y en condiciones de salud general similares pueden no obstante desarrollar cursos de la enfermedad muy diferentes. Por supuesto, las mismas consideraciones pueden ser pertinentes para explicar una diferente evolución de otras enfermedades infecciosas y por qué algunos las superan mientras que otros sucumben a ellas. Hay también otros factores, como el nivel de estrés o de actividad física y en particular el estado de nutrición general, que son fundamentales para que el sistema inmunitario pueda disponer de la energía necesaria para montar una respuesta eficaz.

Y la necesidad de energía para montar una respuesta eficaz y rápida nos introduce de manera muy conveniente en la posible explicación de por qué la mortalidad por la enfermedad COVID-19 es mayor cuanto mayor es la edad de las personas que la sufren. La generación de energía en forma de ATP tiene sobre todo lugar en las mitocondrias. El ATP es fundamental para proporcionar energía para la reproducción del ADN durante la expansión clonal, así como para la generación y secreción de las citocinas y los mediadores de la respuesta inflamatoria.

Una de las características del envejecimiento, que es un proceso de degeneración genética y molecular que impacta sobre la función de las células, es que las mitocondrias pierden eficacia en la generación de ATP. Esto quiere decir, que todas las células del sistema inmunitario de las personas de más edad habrán perdido eficacia para generar la energía necesaria para montar una respuesta innata y adaptativa lo más rápida posible; para secretar cantidades adecuadas de interferón; para fosforilar las proteínas de señalización, que requiere ATP; para la expresión de los genes, que requiere ATP para la síntesis de ARN mensajero, y para la síntesis de proteínas, que también requiere de grandes cantidades de ATP. Por consiguiente, las personas de edad más avanzada tendrán más dificultades, o será incluso imposible para ellas, generar una respuesta inmunitaria lo suficientemente rápida al inicio de la infección como para contener el progreso de la infección vírica con eficacia. La situación es comparable a la que se generaría si personas de edades diferentes debieran ponerse a salvo corriendo de una amenaza, tal vez de un animal peligroso que les ataca. Evidentemente las personas más jóvenes, que pueden generar energía más eficientemente, correrán más rápido que las de más edad, en general, y tendrán mayores probabilidades de salvarse. De la misma manera, los sistemas inmunitarios de las personas pueden "correr" más, o menos. Es incluso posible que un sistema inmunitario joven sea parcialmente defectuoso de modo que haya permitido la supervivencia de la persona en un entorno higienizado y limpio, en el que se administran vacunas para las enfermedades más peligrosas, es decir, deja al sistema inmunitario preparado, entrenado, frente a las amenazas más difíciles. Sin embargo, ese mismo sistema inmunitario puede no ser suficientemente eficaz para controlar la infección con un nuevo virus para el que se carece de defensas previas.

Las consideraciones anteriores sobre los factores que pueden afectar a la eficiencia del sistema inmunológico pueden también ayudar a explicar las importantes diferencias de mortalidad debidas a COVID-19 que se han observado en diferentes países. Es cierto, la toma adecuada de decisiones epidemiológicas y clínicas para detener la pandemia a tiempo pueden incidir sobre la extensión de la epidemia en un territorio concreto, pero no pueden explicar por sí solas las diferentes tasas de mortalidad observadas. Es posible que estas sean, sobre todo, debidas a factores genéticos, es decir, a diferencias genéticas entre las diferentes poblaciones humanas que habitan distintas regiones del planeta. Diferencias en los alelos de los genes del MHC, de los genes de los interferones de tipo I, de las proteínas ACE2 y TMPRSS2, e incluso de otros genes aún no conocidos pero que podrían también participar en la eficacia de los mecanismos de defensa antivirales del sistema inmunitario, podrían, juntas o por separado, incidir, como hemos dicho, en la gravedad de la enfermedad causada por la infección con SARS-CoV-2.

Y con estas palabras, damos por terminado este pequeño paseo por el mundo de la inmunología. Espero que te haya interesado, ilustrado y maravillado, y que ahora puedas apreciar algo mejor los extraordinarios mecanismos que tienen lugar en tu organismo, todos los días, para mantenerte vivo frente a las constantes amenazas que siempre están al acecho.

## 9.- Bibliografía

Para elaborar este libro he consultado diversas fuentes bibliográficas que listo a continuación. De particular importancia para mí han sido los libros de texto de Inmunología que incluyo en el apartado correspondiente. Igualmente, ha sido de gran ayuda la consulta de la enciclopedia Wikipedia, en su versión inglesa, que en ocasiones cuenta con excelentes entradas muy bien documentadas y basadas en artículos científicos referenciados. Por último, he consultado también publicaciones científicas especializadas que incluyo al final de este apartado.

### 9.1.- Libros de texto

1. Janeway's Immunobiology (Ninth Edition, March 22, 2016), by Kenneth M. Murphy (Author), Casey Weaver (Author). W. W. Norton & Company Ed. ISBN-10: 0815345054; ISBN-13: 978-0815345053.

2. Case Studies in Immunology: A Clinical Companion (Seventh Edition, February 1, 2016), by Raif S. Geha (Author), Luigi Notarangelo (Author). W. W. Norton & Company Ed. ISBN-10: 9780815345121; ISBN-13: 978-0815345121.

3. Fundamental Immunology (Seventh Edition, December 19, 2012), by William E. Paul (Author). LWW Ed. ISBN-10: 9781451117837; ISBN-13: 978-1451117837.

4. Principles of Mucosal Immunology (First Edition, April 18, 2012) by Society for Mucosal Immunology (Author), Phillip D. Smith (Editor), Thomas T. MacDonald (Editor), Richard S. Blumberg (Editor). Garland Science, Ed. ISBN-10: 9780815344438; ISBN-13: 978-0815344438

## 9.2.- Artículos en revistas científicas

Ahn, M., Anderson, D. E., Zhang, Q., Tan, C. W., Lim, B. L., Luko, K., et al. (2019). Dampened NLRP3-mediated inflammation in bats and implications for a special viral reservoir host. *Nature Microbiology*, *4*(5), 1–14. http://doi.org/10.1038/s41564-019-0371-3

Akondy, R. S., Fitch, M., Edupuganti, S., Yang, S., Kissick, H. T., Li, K. W., et al. (2017). Origin and differentiation of human memory CD8 T cells after vaccination. *Nature*, *552*(7685), 362–367. http://doi.org/10.1038/nature24633

Albanese, M., Tagawa, T., Buschle, A., & Hammerschmidt, W. (2017). MicroRNAs of Epstein-Barr Virus Control Innate and Adaptive Antiviral Immunity. *Journal of Virology*, *91*(16), 355. http://doi.org/10.1128/JVI.01667-16

Alcover, A., Alarcón, B., & Di Bartolo, V. (2018). Cell Biology of T Cell Receptor Expression and Regulation. *Annual Review of Immunology*, *36*(1), 103–125. http://doi.org/10.1146/annurev-immunol-042617-053429

Allen, T. M., Brehm, M. A., Bridges, S., Ferguson, S., Kumar, P., Mirochnitchenko, O., et al. (2019). Humanized immune system mouse models: progress, challenges and opportunities. *Nature Immunology*, *20*(7), 770–774. http://doi.org/10.1038/s41590-019-0416-z

Amsen, D., Helbig, C., & Backer, R. A. (2015). Notch in T Cell Differentiation: All Things Considered. *Trends in Immunology*, *36*(12), 802–814. http://doi.org/10.1016/j.it.2015.10.007

Andersen, K. G., Rambaut, A., Lipkin, W. I., Holmes, E. C., & Garry, R. F. (2020). The proximal origin of SARS-CoV-2. *Nature Medicine*, *26*(4), 450–452. http://doi.org/10.1038/s41591-020-0820-9

Banerjee, A., Baker, M. L., Kulcsar, K., Misra, V., Plowright, R., & Mossman, K. (2020). Novel Insights Into Immune Systems of Bats. *Frontiers in Immunology*, *11*, 26. http://doi.org/10.3389/fimmu.2020.00026

Barral, D. C., & Brenner, M. B. (2007). CD1 antigen presentation: how it works. *Nature Reviews. Immunology*, *7*(12), 929–941. http://doi.org/10.1038/nri2191

Barthels, C., Ogrinc, A., Steyer, V., Meier, S., Simon, F., Wimmer, M., et al. (2017). CD40-signalling abrogates induction of RORγt+ Treg cells by intestinal CD103+ DCs and causes fatal colitis. *Nature Communications*, *8*(1), 14715–13. http://doi.org/10.1038/ncomms14715

Benn, C. S., Netea, M. G., Selin, L. K., & Aaby, P. (2013). A small jab - a big effect: nonspecific immunomodulation by vaccines. *Trends in Immunology*, *34*(9), 431–439. http://doi.org/10.1016/j.it.2013.04.004

Biram, A., Davidzohn, N., & Shulman, Z. (2019). T cell interactions with B cells during germinal center formation, a three-step model. *Immunological Reviews*, *288*(1), 37–48. http://doi.org/10.1111/imr.12737

Bordt, E. A., & Bilbo, S. D. (2020). Stressed-Out T Cells Fragment the Mind. *Trends in Immunology*, *41*(2), 94–97. http://doi.org/10.1016/j.it.2019.12.008

Bosteels, C., Neyt, K., Vanheerswynghels, M., van Helden, M. J., Sichien, D., Debeuf, N., et al. (2020). Inflammatory Type 2 cDCs Acquire Features of cDC1s and Macrophages to Orchestrate Immunity to Respiratory Virus Infection. *Immunity*, *52*(6), 1039–1056.e9. http://doi.org/10.1016/j.immuni.2020.04.005

Boudreau, J. E., & Hsu, K. C. (2018a). Natural Killer Cell Education and the Response to Infection and Cancer Therapy: Stay Tuned. *Trends in Immunology*, *39*(3), 222–239. http://doi.org/10.1016/j.it.2017.12.001

Boudreau, J. E., & Hsu, K. C. (2018b). Natural killer cell education in human health and disease. *Current Opinion in Immunology*, *50*, 102–111. http://doi.org/10.1016/j.coi.2017.11.003

Cartier, A., & Hla, T. (2019). Sphingosine 1-phosphate: Lipid signaling in pathology and therapy. *Science*, *366*(6463), eaar5551. http://doi.org/10.1126/science.aar5551

Chang, V. T., Fernandes, R. A., Ganzinger, K. A., Lee, S. F., Siebold, C., McColl, J., et al. (2016). Initiation of T cell signaling by CD45 segregation at 'close contacts'. *Nature Immunology*, *17*(5), 574–582. http://doi.org/10.1038/ni.3392

Chen, L., & Flies, D. B. (2013). Molecular mechanisms of T cell co-stimulation and co-inhibition. *Nature Reviews. Immunology*, *13*(4), 227–242. http://doi.org/10.1038/nri3405

Chen, X., Liu, Q., & Xiang, A. P. (2018). CD8+CD28- T cells: not only age-related cells but a subset of regulatory T cells. *Cellular & Molecular Immunology*, *15*(8), 734–736. http://doi.org/10.1038/cmi.2017.153

Chou, C., & Li, M. O. (2018). Re(de)fining Innate Lymphocyte Lineages in the Face of Cancer. *Cancer Immunology Research*, *6*(4), 372–377. http://doi.org/10.1158/2326-6066.CIR-17-0440

Cohen, N. R., Garg, S., & Brenner, M. B. (2009). Antigen Presentation by CD1 Lipids, T Cells, and NKT Cells in Microbial Immunity. *Advances in Immunology*, *102*, 1–94. http://doi.org/10.1016/S0065-2776(09)01201-2

Cruz-Muñoz, M. E., Valenzuela-Vázquez, L., Sánchez-Herrera, J., & Santa-Olalla Tapia, J. (2019). From the "missing self" hypothesis to adaptive NK cells: Insights of NK cell-mediated effector functions in immune surveillance. *Journal of Leukocyte Biology*, *105*(5), 955–971. http://doi.org/10.1002/JLB.MR0618-224RR

Dilucca, M., Forcelloni, S., Georgakilas, A. G., Giansanti, A., & Pavlopoulou, A. (2020). Codon Usage and Phenotypic Divergences of SARS-CoV-2 Genes. *Viruses*, *12*(5), 498. http://doi.org/10.3390/v12050498

Domingo, E., Sheldon, J., & Perales, C. (2012). Viral quasispecies evolution. *Microbiology and Molecular Biology Reviews : MMBR*, *76*(2), 159–216. http://doi.org/10.1128/MMBR.05023-11

Duan, Z., Li, F.-Q., Wechsler, J., Meade-White, K., Williams, K., Benson, K. F., & Horwitz, M. (2004). A novel notch protein, N2N, targeted by neutrophil elastase and implicated in hereditary neutropenia. *Molecular and Cellular Biology*, *24*(1), 58–70. http://doi.org/10.1128/mcb.24.1.58-70.2004

Duffy, K. R., Wellard, C. J., Markham, J. F., Zhou, J. H. S., Holmberg, R., Hawkins, E. D., et al. (2012). Activation-induced B cell fates are selected by intracellular stochastic competition. *Science*, *335*(6066), 338–341. http://doi.org/10.1126/science.1213230

Fink, K. (2012). Origin and Function of Circulating Plasmablasts during Acute Viral Infections. *Frontiers in Immunology*, *3*, 78. http://doi.org/10.3389/fimmu.2012.00078

Ford, M. L. (2016). T Cell Cosignaling Molecules in Transplantation. *Immunity*, *44*(5), 1020–1033. http://doi.org/10.1016/j.immuni.2016.04.012

Freud, A. G., Mundy-Bosse, B. L., Yu, J., & Caligiuri, M. A. (2017). The Broad Spectrum of Human Natural Killer Cell Diversity. *Immunity*, *47*(5), 820–833. http://doi.org/10.1016/j.immuni.2017.10.008

Gascoigne, N. R. J., Rybakin, V., Acuto, O., & Brzostek, J. (2016). TCR Signal Strength and T Cell Development. *Annual Review of Cell and Developmental Biology*, *32*(1), 327–348. http://doi.org/10.1146/annurev-cellbio-111315-125324

Gennery, A. (2019). Recent advances in understanding RAG deficiencies. *F1000Research*, *8*(148), 148. http://doi.org/10.12688/f1000research.17056.1

Giamarellos-Bourboulis, E. J., Netea, M. G., Rovina, N., Akinosoglou, K., Antoniadou, A., Antonakos, N., et al. (2020). Complex Immune Dysregulation in COVID-19 Patients with Severe Respiratory Failure. *Cell Host & Microbe*, *27*(6), 992–1000.e3. http://doi.org/10.1016/j.chom.2020.04.009

Gravbrot, N., Gilbert-Gard, K., Mehta, P., Ghotmi, Y., Banerjee, M., Mazis, C., & Sundararajan, S. (2019). Therapeutic Monoclonal Antibodies Targeting Immune Checkpoints for the Treatment of Solid Tumors. *Antibodies (Basel, Switzerland)*, *8*(4), 51. http://doi.org/10.3390/antib8040051

Gu, B., Zhang, J., Chen, Q., Tao, B., Wang, W., Zhou, Y., et al. (2010). Aire regulates the expression of differentiation-associated genes and self-renewal of embryonic stem cells. *Biochemical and Biophysical Research Communications*, *394*(2), 418–423. http://doi.org/10.1016/j.bbrc.2010.03.042

Hanna, S., & Etzioni, A. (2014). MHC class I and II deficiencies. *The Journal of Allergy and Clinical Immunology*, *134*(2), 269–275. http://doi.org/10.1016/j.jaci.2014.06.001

Heinonen, S., Rodriguez-Fernandez, R., Diaz, A., Oliva Rodriguez-Pastor, S., Ramilo, O., & Mejias, A. (2019). Infant Immune Response to Respiratory Viral Infections. *Immunology and Allergy Clinics of North America*, *39*(3), 361–376. http://doi.org/10.1016/j.iac.2019.03.005

Henning, A. N., Klebanoff, C. A., & Restifo, N. P. (2018). Silencing stemness in T cell differentiation. *Science*, *359*(6372), 163–164. http://doi.org/10.1126/science.aar5541

Hewitt, E. W. (2003). The MHC class I antigen presentation pathway: strategies for viral immune evasion. *Immunology*, *110*(2), 163–169. http://doi.org/10.1046/j.1365-2567.2003.01738.x

Inglesfield, S., Cosway, E. J., Jenkinson, W. E., & Anderson, G. (2019). Rethinking Thymic Tolerance: Lessons from Mice. *Trends in Immunology*, *40*(4), 279–291. http://doi.org/10.1016/j.it.2019.01.011

Janssen, B. J. C., Huizinga, E. G., Raaijmakers, H. C. A., Roos, A., Daha, M. R., Nilsson-Ekdahl, K., et al. (2005). Structures of complement component C3 provide insights into the function and evolution of immunity. *Nature*, *437*(7058), 505–511. http://doi.org/10.1038/nature04005

Katkere, B., Rosa, S., Caballero, A., Repasky, E. A., & Drake, J. R. (2010). Physiological-range temperature changes modulate cognate antigen processing and presentation mediated by lipid raft-restricted ubiquitinated B cell receptor molecules. *Journal of Immunology (Baltimore, Md. : 1950)*, *185*(9), 5032–5039. http://doi.org/10.4049/jimmunol.1001653

Keir, M. E., Liang, S. C., Guleria, I., Latchman, Y. E., Qipo, A., Albacker, L. A., et al. (2006). Tissue expression of PD-L1 mediates peripheral T cell tolerance. *The Journal of Experimental Medicine*, *203*(4), 883–895. http://doi.org/10.1084/jem.20051776

Kieback, E., Hilgenberg, E., Stervbo, U., Lampropoulou, V., Shen, P., Bunse, M., et al. (2016). Thymus-Derived Regulatory T Cells Are Positively Selected on Natural Self-Antigen through Cognate Interactions of High Functional Avidity. *Immunity*, *44*(5), 1114–1126. http://doi.org/10.1016/j.immuni.2016.04.018

Kisielow, P. (2019). How does the immune system learn to distinguish between good and evil? The first definitive studies of T cell central tolerance and positive selection. *Immunogenetics, 71*(8-9), 513–518. http://doi.org/10.1007/s00251-019-01127-8

Klein, J. S., Gnanapragasam, P. N. P., Galimidi, R. P., Foglesong, C. P., West, A. P., & Bjorkman, P. J. (2009). Examination of the contributions of size and avidity to the neutralization mechanisms of the anti-HIV antibodies b12 and 4E10. *Proceedings of the National Academy of Sciences of the United States of America, 106*(18), 7385–7390. http://doi.org/10.1073/pnas.0811427106

Kont, V., Laan, M., Kisand, K., Merits, A., Scott, H. S., & Peterson, P. (2008). Modulation of Aire regulates the expression of tissue-restricted antigens. *Molecular Immunology, 45*(1), 25–33. http://doi.org/10.1016/j.molimm.2007.05.014

Kubes, P., & Jenne, C. (2018). Immune Responses in the Liver. *Annual Review of Immunology, 36*(1), 247–277. http://doi.org/10.1146/annurev-immunol-051116-052415

Kuka, M., & Iannacone, M. (2018). Viral subversion of B cell responses within secondary lymphoid organs. *Nature Reviews. Immunology, 18*(4), 255–265. http://doi.org/10.1038/nri.2017.133

Kurosaki, T., Kometani, K., & Ise, W. (2015). Memory B cells. *Nature Reviews. Immunology, 15*(3), 149–159. http://doi.org/10.1038/nri3802

la Peña, de, A. H., Goodall, E. A., Gates, S. N., Lander, G. C., & Martin, A. (2018). Substrate-engaged 26S proteasome structures reveal mechanisms for ATP-hydrolysis-driven translocation. *Science, 362*(6418), eaav0725. http://doi.org/10.1126/science.aav0725

Le Nours, J., Shahine, A., & Gras, S. (2018). Molecular features of lipid-based antigen presentation by group 1 CD1 molecules. *Seminars in Cell & Developmental Biology, 84*, 48–57. http://doi.org/10.1016/j.semcdb.2017.11.002

Li, X., Zai, J., Zhao, Q., Nie, Q., Li, Y., Foley, B. T., & Chaillon, A. (2020). Evolutionary history, potential intermediate animal host, and cross-species analyses of SARS-CoV-2. *Journal of Medical Virology, 6*(6), 6–611. http://doi.org/10.1002/jmv.25731

Lindh, E., Lind, S. M., Lindmark, E., Hässler, S., Perheentupa, J., Peltonen, L., et al. (2008). AIRE regulates T-cell-independent B-cell responses through BAFF. *Proceedings of the National Academy of Sciences of the United States of America, 105*(47), 18466–18471. http://doi.org/10.1073/pnas.0808205105

Liston, A., Lesage, S., Wilson, J., Peltonen, L., & Goodnow, C. C. (2003). Aire regulates negative selection of organ-specific T cells. *Nature Immunology, 4*(4), 350–354. http://doi.org/10.1038/ni906

Longdon, B., Hadfield, J. D., Webster, C. L., Obbard, D. J., & Jiggins, F. M. (2011). Host phylogeny determines viral persistence and replication in novel hosts. *PLoS Pathogens, 7*(9), e1002260. http://doi.org/10.1371/journal.ppat.1002260

Lu, C., Zanker, D., Lock, P., Jiang, X., Deng, J., Duan, M., et al. (2019). Memory regulatory T cells home to the lung and control influenza A virus infection. *Immunology and Cell Biology*, *97*(9), 774–786. http://doi.org/10.1111/imcb.12271

Ma, C. S., & Phan, T. G. (2017). Here, there and everywhere: T follicular helper cells on the move. *Immunology*, *152*(3), 382–387. http://doi.org/10.1111/imm.12793

Ma, C. S., Uzel, G., & Tangye, S. G. (2014). Human T follicular helper cells in primary immunodeficiencies. *Current Opinion in Pediatrics*, *26*(6), 720–726. http://doi.org/10.1097/MOP.0000000000000157

Mårtensson, I.-L., Almqvist, N., Grimsholm, O., & Bernardi, A. I. (2010). The pre-B cell receptor checkpoint. *FEBS Letters*, *584*(12), 2572–2579. http://doi.org/10.1016/j.febslet.2010.04.057

Menachery, V. D., Yount, B. L., Debbink, K., Agnihothram, S., Gralinski, L. E., Plante, J. A., et al. (2015). A SARS-like cluster of circulating bat coronaviruses shows potential for human emergence. *Nature Medicine*, *21*(12), 1508–1513. http://doi.org/10.1038/nm.3985

Menachery, V. D., Yount, B. L., Sims, A. C., Debbink, K., Agnihothram, S. S., Gralinski, L. E., et al. (2016). SARS-like WIV1-CoV poised for human emergence. *Proceedings of the National Academy of Sciences of the United States of America*, *113*(11), 3048–3053. http://doi.org/10.1073/pnas.1517719113

Methot, S. P., & Di Noia, J. M. (2017). Molecular Mechanisms of Somatic Hypermutation and Class Switch Recombination. *Advances in Immunology*, *133*, 37–87. http://doi.org/10.1016/bs.ai.2016.11.002

Mueller, S. N., Gebhardt, T., Carbone, F. R., & Heath, W. R. (2013). Memory T cell subsets, migration patterns, and tissue residence. *Annual Review of Immunology*, *31*(1), 137–161. http://doi.org/10.1146/annurev-immunol-032712-095954

Muro, R., Takayanagi, H., & Nitta, T. (2019). T cell receptor signaling for γδT cell development. *Inflammation and Regeneration*, *39*(1), 6–11. http://doi.org/10.1186/s41232-019-0095-z

Ng, J. H. J., Tachedjian, M., Deakin, J., Wynne, J. W., Cui, J., Haring, V., et al. (2016). Evolution and comparative analysis of the bat MHC-I region. *Scientific Reports*, *6*(1), 21256–18. http://doi.org/10.1038/srep21256

Nguyen, A., David, J. K., Maden, S. K., Wood, M. A., Weeder, B. R., Nellore, A., & Thompson, R. F. (2020). Human leukocyte antigen susceptibility map for SARS-CoV-2. *Journal of Virology*, *94*(13), 727. http://doi.org/10.1128/JVI.00510-20

Nicolai, S., Wegrecki, M., Cheng, T.-Y., Bourgeois, E. A., Cotton, R. N., Mayfield, J. A., et al. (2020). Human T cell response to CD1a and contact dermatitis allergens in botanical extracts and commercial skin care products. *Science Immunology*, *5*(43), eaax5430. http://doi.org/10.1126/sciimmunol.aax5430

Nutt, S. L., Hodgkin, P. D., Tarlinton, D. M., & Corcoran, L. M. (2015). The generation of antibody-secreting plasma cells. *Nature Reviews. Immunology, 15*(3), 160–171. http://doi.org/10.1038/nri3795

O'Neill, L. A. J., Kishton, R. J., & Rathmell, J. (2016). A guide to immunometabolism for immunologists. *Nature Reviews. Immunology, 16*(9), 553–565. http://doi.org/10.1038/nri.2016.70

Olson, W. J., Jakic, B., & Hermann-Kleiter, N. (2020). Regulation of the Germinal Center Response by Nuclear Receptors and Implications for Autoimmune Diseases. *The FEBS Journal, 41*, 529. http://doi.org/10.1111/febs.15312

Pavlovich, S. S., Lovett, S. P., Koroleva, G., Guito, J. C., Arnold, C. E., Nagle, E. R., et al. (2018). The Egyptian Rousette Genome Reveals Unexpected Features of Bat Antiviral Immunity. *Cell, 173*(5), 1098–1102.e18. http://doi.org/10.1016/j.cell.2018.03.070

Poggio, M., Hu, T., Pai, C.-C., Chu, B., Belair, C. D., Chang, A., et al. (2019). Suppression of Exosomal PD-L1 Induces Systemic Anti-tumor Immunity and Memory. *Cell, 177*(2), 414–427.e13. http://doi.org/10.1016/j.cell.2019.02.016

Poli, A., Michel, T., Patil, N., & Zimmer, J. (2018). Revisiting the Functional Impact of NK Cells. *Trends in Immunology, 39*(6), 460–472. http://doi.org/10.1016/j.it.2018.01.011

Pradeu, T., & Pasquier, Du, L. (2018). Immunological memory: What's in a name? *Immunological Reviews, 283*(1), 7–20. http://doi.org/10.1111/imr.12652

Praest, P., Liaci, A. M., Förster, F., & Wiertz, E. J. H. J. (2019). New insights into the structure of the MHC class I peptide-loading complex and mechanisms of TAP inhibition by viral immune evasion proteins. *Molecular Immunology, 113*, 103–114. http://doi.org/10.1016/j.molimm.2018.03.020

Próchnicki, T., & Latz, E. (2017). Inflammasomes on the Crossroads of Innate Immune Recognition and Metabolic Control. *Cell Metabolism, 26*(1), 71–93. http://doi.org/10.1016/j.cmet.2017.06.018

Pupovac, A., & Good-Jacobson, K. L. (2017). An antigen to remember: regulation of B cell memory in health and disease. *Current Opinion in Immunology, 45*, 89–96. http://doi.org/10.1016/j.coi.2017.03.004

Rankin, L. C., & Artis, D. (2018). Beyond Host Defense: Emerging Functions of the Immune System in Regulating Complex Tissue Physiology. *Cell, 173*(3), 554–567. http://doi.org/10.1016/j.cell.2018.03.013

Samir, P., & Kanneganti, T.-D. (2019). Hidden Aspects of Valency in Immune System Regulation. *Trends in Immunology, 40*(12), 1082–1094. http://doi.org/10.1016/j.it.2019.10.005

Schildberg, F. A., Klein, S. R., Freeman, G. J., & Sharpe, A. H. (2016). Coinhibitory Pathways in the B7-CD28 Ligand-Receptor Family. *Immunity*, *44*(5), 955–972. http://doi.org/10.1016/j.immuni.2016.05.002

Schoggins, J. W. (2019). Interferon-Stimulated Genes: What Do They All Do? *Annual Review of Virology*, *6*(1), 567–584. http://doi.org/10.1146/annurev-virology-092818-015756

Schoggins, J. W., & Rice, C. M. (2011). Interferon-stimulated genes and their antiviral effector functions. *Current Opinion in Virology*, *1*(6), 519–525. http://doi.org/10.1016/j.coviro.2011.10.008

Schreiner, D., & King, C. G. (2018). CD4+ Memory T Cells at Home in the Tissue: Mechanisms for Health and Disease. *Frontiers in Immunology*, *9*, 2394. http://doi.org/10.3389/fimmu.2018.02394

Sharpe, A. H., & Pauken, K. E. (2018). The diverse functions of the PD1 inhibitory pathway. *Nature Reviews. Immunology*, *18*(3), 153–167. http://doi.org/10.1038/nri.2017.108

Shortman, K., & Heath, W. R. (2010). The CD8+ dendritic cell subset. *Immunological Reviews*, *234*(1), 18–31. http://doi.org/10.1111/j.0105-2896.2009.00870.x

Srivastava, S., Grace, P. S., & Ernst, J. D. (2016). Antigen Export Reduces Antigen Presentation and Limits T Cell Control of M. tuberculosis. *Cell Host & Microbe*, *19*(1), 44–54. http://doi.org/10.1016/j.chom.2015.12.003

Stebegg, M., Kumar, S. D., Silva-Cayetano, A., Fonseca, V. R., Linterman, M. A., & Graca, L. (2018). Regulation of the Germinal Center Response. *Frontiers in Immunology*, *9*, 2469. http://doi.org/10.3389/fimmu.2018.02469

tenOever, B. R. (2016). The Evolution of Antiviral Defense Systems. *Cell Host & Microbe*, *19*(2), 142–149. http://doi.org/10.1016/j.chom.2016.01.006

Theisen, D., & Murphy, K. (2017). The role of cDC1s in vivo: CD8 T cell priming through cross-presentation. *F1000Research*, *6*(98), 98. http://doi.org/10.12688/f1000research.9997.1

Tom, J. K., Albin, T. J., Manna, S., Moser, B. A., Steinhardt, R. C., & Esser-Kahn, A. P. (2019). Applications of Immunomodulatory Immune Synergies to Adjuvant Discovery and Vaccine Development. *Trends in Biotechnology*, *37*(4), 373–388. http://doi.org/10.1016/j.tibtech.2018.10.004

Tuttle, K. D., Krovi, S. H., Zhang, J., Bedel, R., Harmacek, L., Peterson, L. K., et al. (2018). TCR signal strength controls thymic differentiation of iNKT cell subsets. *Nature Communications*, *9*(1), 2650–13. http://doi.org/10.1038/s41467-018-05026-6

Vabret, N., Britton, G. J., Gruber, C., Hegde, S., Kim, J., Kuksin, M., et al. (2020). Immunology of COVID-19: Current State of the Science. *Immunity*, *52*(6), 910–941. http://doi.org/10.1016/j.immuni.2020.05.002

van de Weijer, M. L., Luteijn, R. D., & Wiertz, E. J. H. J. (2015). Viral immune evasion: Lessons in MHC class I antigen presentation. *Seminars in Immunology*, *27*(2), 125–137. http://doi.org/10.1016/j.smim.2015.03.010

Walker, J. A., & McKenzie, A. N. J. (2018). TH2 cell development and function. *Nature Reviews. Immunology*, *18*(2), 121–133. http://doi.org/10.1038/nri.2017.118

Wang, N., Li, S.-Y., Yang, X.-L., Huang, H.-M., Zhang, Y.-J., Guo, H., et al. (2018). Serological Evidence of Bat SARS-Related Coronavirus Infection in Humans, China. *Virologica Sinica*, *33*(1), 104–107. http://doi.org/10.1007/s12250-018-0012-7

Ward-Kavanagh, L. K., Lin, W. W., Šedý, J. R., & Ware, C. F. (2016). The TNF Receptor Superfamily in Co-stimulating and Co-inhibitory Responses. *Immunity*, *44*(5), 1005–1019. http://doi.org/10.1016/j.immuni.2016.04.019

West, E. E., Kolev, M., & Kemper, C. (2018). Complement and the Regulation of T Cell Responses. *Annual Review of Immunology*, *36*(1), 309–338. http://doi.org/10.1146/annurev-immunol-042617-053245

Wood, K. J., Bushell, A. R., & Jones, N. D. (2010). The discovery of immunological tolerance: now more than just a laboratory solution. *Journal of Immunology (Baltimore, Md. : 1950)*, *184*(1), 3–4. http://doi.org/10.4049/jimmunol.0990108

Woolhouse, M. E. J., Haydon, D. T., & Antia, R. (2005). Emerging pathogens: the epidemiology and evolution of species jumps. *Trends in Ecology & Evolution*, *20*(5), 238–244. http://doi.org/10.1016/j.tree.2005.02.009

Wu, Aiping, Peng, Y., Huang, B., Ding, X., Wang, X., Niu, P., et al. (2020a). Genome Composition and Divergence of the Novel Coronavirus (2019-nCoV) Originating in China. *Cell Host & Microbe*, *27*(3), 325–328. http://doi.org/10.1016/j.chom.2020.02.001

Wu, Yan, Wang, F., Shen, C., Peng, W., Li, D., Zhao, C., et al. (2020b). A noncompeting pair of human neutralizing antibodies block COVID-19 virus binding to its receptor ACE2. *Science*, *368*(6496), 1274–1278. http://doi.org/10.1126/science.abc2241

Wu, Yanling, Li, C., Xia, S., Tian, X., Kong, Y., Wang, Z., et al. (2020c). Identification of Human Single-Domain Antibodies against SARS-CoV-2. *Cell Host & Microbe*, *27*(6), 891–898.e5. http://doi.org/10.1016/j.chom.2020.04.023

Xie, F., Xu, M., Lu, J., Mao, L., & Wang, S. (2019). The role of exosomal PD-L1 in tumor progression and immunotherapy. *Molecular Cancer*, *18*(1), 146–10. http://doi.org/10.1186/s12943-019-1074-3

Yamazaki, T., Akiba, H., Iwai, H., Matsuda, H., Aoki, M., Tanno, Y., et al. (2002). Expression of programmed death 1 ligands by murine T cells and APC. *Journal of Immunology (Baltimore, Md. : 1950)*, *169*(10), 5538–5545. http://doi.org/10.4049/jimmunol.169.10.5538

Yu, D., & Ye, L. (2018). A Portrait of CXCR5+ Follicular Cytotoxic CD8+ T cells. *Trends in Immunology*, *39*(12), 965–979. http://doi.org/10.1016/j.it.2018.10.002

Zhang, G., Cowled, C., Shi, Z., Huang, Z., Bishop-Lilly, K. A., Fang, X., et al. (2013). Comparative analysis of bat genomes provides insight into the evolution of flight and immunity. *Science*, *339*(6118), 456–460. http://doi.org/10.1126/science.1230835

Zhang, Y.-Z., & Holmes, E. C. (2020). A Genomic Perspective on the Origin and Emergence of SARS-CoV-2. *Cell*, *181*(2), 223–227. http://doi.org/10.1016/j.cell.2020.03.035

Zhou, Z., He, H., Wang, K., Shi, X., Wang, Y., Su, Y., et al. (2020). Granzyme A from cytotoxic lymphocytes cleaves GSDMB to trigger pyroptosis in target cells. *Science*, *146*(6494), eaaz7548. http://doi.org/10.1126/science.aaz7548

Zhuang, X., & Long, E. O. (2019). Inhibition-Resistant CARs for NK Cell Cancer Immunotherapy. *Trends in Immunology*, *40*(12), 1078–1081. http://doi.org/10.1016/j.it.2019.10.004